普通高等教育"十三五"规划教材

21 世纪全国高校应用人才培养信息技术类规划教材

单片机及可编程片上系统实验与实践教程

主编　张启升

参编　王　猛　赵　晓　郭林燕

陈　凯　曾卫华　李文豪

乔帅卿　郭　丰　吴　祯

北京大学出版社

PEKING UNIVERSITY PRESS

图书在版编目(CIP)数据

单片机及可编程片上系统实验与实践教程/张启升主编. —北京：北京大学出版社，2020.1
21 世纪全国高校应用人才培养信息技术类规划教材
ISBN 978-7-301-30274-3

Ⅰ.①单… Ⅱ.①张… Ⅲ. ①单片微型计算机—高等学校—教材 ②可编程序控制器—高等学校—教材 Ⅳ.①TP368.1 ②TM571.6

中国版本图书馆 CIP 数据核字（2019）第 034245 号

书　　名　单片机及可编程片上系统实验与实践教程
　　　　　DANPIANJI JI KEBIANCHENG PIANSHANG XITONG SHIYAN YU SHIJIAN JIAOCHENG
著作责任者　张启升　主编
策划编辑　周　丹
责任编辑　周　丹
标准书号　ISBN 978-7-301-30274-3
出版发行　北京大学出版社
地　　址　北京市海淀区成府路 205 号　100871
网　　址　http://www.pup.cn　　新浪微博: @北京大学出版社
电子信箱　zyjy@pup.cn
电　　话　邮购部 010-62752015　发行部 010-62750672　编辑部 010-62756923
印 刷 者　大厂回族自治县彩虹印刷有限公司
经 销 者　新华书店
　　　　　787 毫米 ×1092 毫米　16 开本　17.75 印张　443 千字
　　　　　2020 年 1 月第 1 版　2020 年 1 月第 1 次印刷
定　　价　48.00 元

前　言

单片机自 20 世纪 70 年代诞生以来,发展迅速。它具有结构简单、价格低廉、易于掌握、功能齐全、应用灵活、集成度高、可靠性高等优点,在工业控制、机电一体化、通信终端、智能仪表和家用电器等诸多领域得到广泛的应用,已成为传统机电设备进化为智能化机电设备的重要手段。然而,单片机的应用意义不仅在于它的应用广泛,更重要的是它从根本上改变了传统的控制系统设计思想和方法,它通过软件来实现硬件电路的大部分功能,简化了硬件电路结构,并实现了智能化的控制。

在单片机如火如荼快速发展之时,另一种特殊的嵌入式电子技术——可编程片上系统(System On a Programmable Chip,SOPC)技术也悄然问世。SOPC 技术最早由美国 Altera 公司(目前已被 Intel 公司收购)在 2000 年提出,它是一种灵活、高效的系统级芯片解决方案。它将处理器、存储器、I/O 口、低电压差分信号(Low-Voltage Differential Signaling,LVDS)等系统需要的功能模块集成到一个可编程逻辑器件(Programmable Logic Device,PLD)上,构成一个可编程的片上系统。SOPC 技术是一门全新的综合型电子设计技术,涉及面极广。因此对于新时代创新人才来说,除了需要了解基本的电子设计自动化(Electronics Design Automation,EDA)软件、硬件描述语言和现场可编程门阵列(Field Programmable Gate Array,FPGA)器件相关知识外,还要熟悉计算机组成与接口、C 语言、嵌入式开发等知识。

显然,知识面的拓宽必将推动电子信息及工程类各学科分支与相应课程类别间的融合,而这种融合必将有助于学生设计理念的培养和创新思维的升华。电子信息技术日新月异,以 EDA 技术和嵌入式微处理器技术为代表的现代电子技术飞速发展,为了紧跟其步伐,培养既有理论知识又有动手能力和创新思想的优秀人才,各院校一直进行着与现代电子技术相关的实践教学。而在实践教学过程中,也存在着不少问题:首先,长期以来独立的单片机和 EDA 实验教学出现了较明显的分离,一般学生很少有机会同时参与两方面的学习实践;其次,现有的 SOPC 课程及其实验门槛较高,与基础教学内容脱节;最后,在实践学习中,学生往往关注新的软件、语言和器件方面的知识学习,对实验过程仅限于简单的演示结果复现,缺乏面对实验问题的正确态度和有效解决工程问题的手段。

针对上述问题,作者结合自身在校多年的教学经验,以及自己与学生之间的交流探讨,决定将之前独立的 EDA 和单片机实验平台整合为一体化的实验开发平台;基于本实验平台所开发的 51 单片机与 FPGA 硬件,对现有独立的 EDA 应用实验和单片机应用实验进行优化与整合;并结合全国大学生电子设计竞赛,提出 EDA 和 51 单片机相结合的 SOPC 综合实验训练项目。该综合实验开发平台使单片机技术、EDA 技术和 SOPC 技术相互渗透并融为一体,使得代表最新设计思想的 SOPC 技术能更广泛地被学生所接受,在培养学生综合实践能力,特别是系统性思维能力的同时,获得更好的教学效果。

本书是上述实验教学的配套教材,其特点如下。

(1) 本书为国内少有的将 EDA 技术、51 单片机技术及二者结合的 SOPC 技术整合在同一实验开发平台上进行实验课程开设的配套教材。

（2）适合多类型和多层次的实验教学需求：可支撑独立的EDA类基础实验教学及其综合实验教学；可支撑独立的单片机类基础实验教学及其综合实验教学；可支撑EDA和单片机相结合的SOPC实验教学。

（3）本书是作者在多年实验教学和全国大学生电子设计竞赛培训等工作的基础上编写而成的。书中提供大量的实验项目，其选材既注重内容的典型性和实用性，又强调实验过程的可操作性和延续性。教材中既有原理知识的铺垫，又有基础操作和程序代码的参考，还有综合应用项目的训练，更有创新设计的挑战。不同层次的读者可各取所需，并保持持续的学习兴趣。

全书分为三篇，共38章。第一篇为51单片机部分，第1、2章介绍单片机实验板硬件及其开发环境与C语言基础，第3～13章则是通过11个典型的单片机实验让读者能够轻松地掌握51单片机；第二篇为可编程片上系统实验部分，第14、15章分别介绍SOPC的实验板硬件环境及软件运行环境（Quartus Ⅱ），第16、17章分别介绍可编程片上系统实验的基础语言——Verilog HDL和VHDL，第18～36章则为基于本书SOPC开发套件的几个经典实验，由浅入深地引导读者掌握SOPC的运用；第三篇为创新与自主设计实践部分，第37、38章分别为51单片机和SOPC的两个综合实验，让读者在掌握开发套件的各个模块之后，系统性思维能力能够得到进一步的升华与训练。

本书各章节编写的分工及安排为：第1～4章、第14～26章由张启升编写，第5～13章由郭林燕编写，第27～33章由赵晓编写，第34～38章由王猛编写；全书由张启升统稿，曾卫华、陈凯、李文豪、乔帅卿、郭丰、吴祯等参与了本书的编写和实验验证。

本书在编写和出版过程中，得到了北京大学出版社的大力支持，在此谨向他们表示衷心的感谢。

由于作者水平有限，书中难免存在不足或疏漏，恳请广大师生和读者批评指正。

作者

2019年4月

目　　录

第一篇　51 单片机

第三篇　创新与自主设计实践

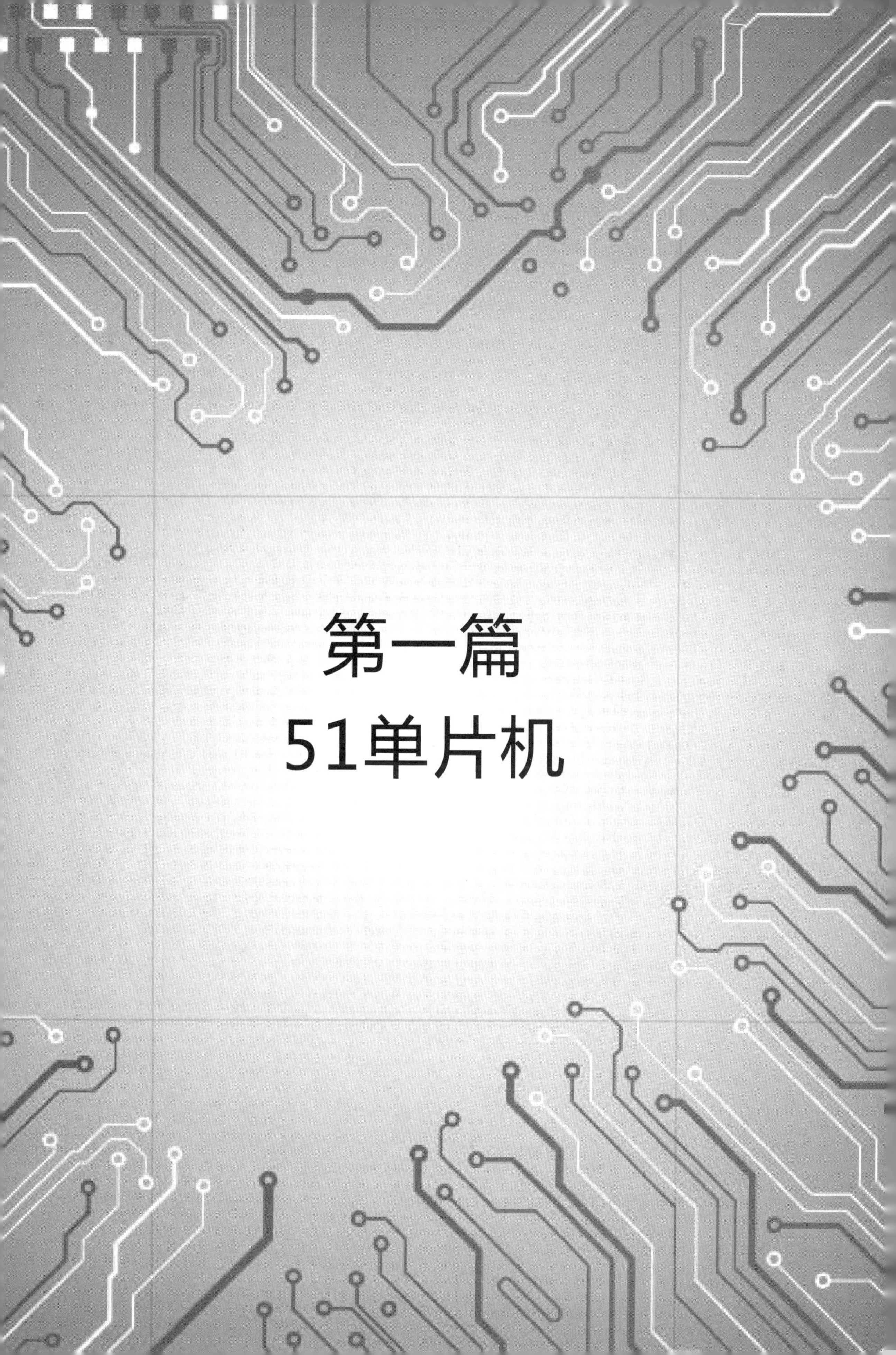

第一篇
51单片机

第 1 章　51 单片机实验板硬件及其开发环境

1.1　开发套件

图 1-1 所示的是本书作者自主研发的一套 51 单片机实验板。它综合了流水灯、键盘、定时器/计数器、中断的应用、串口的应用、AD/DA 转换、LCD(Liquid Crystal Display)的应用、温度传感器、蜂鸣器及 51 单片机各个主要功能模块。

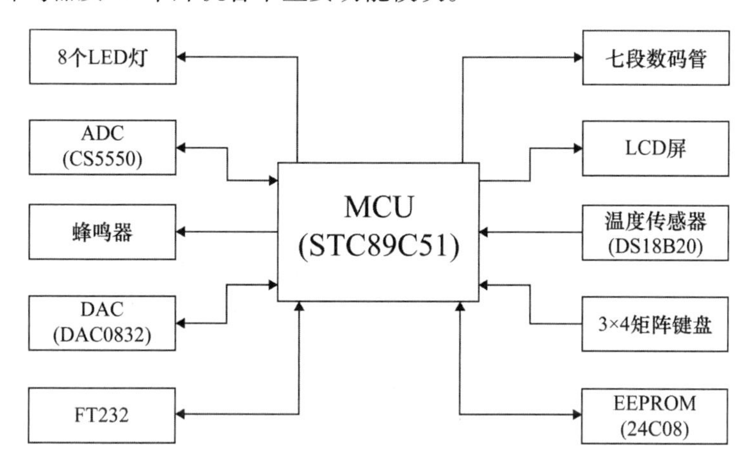

图 1-1　51 单片机硬件结构图

51 单片机实验板实习套件主要包括以下内容:

(1) 51 单片机实验板一块。

(2) 原理图、开发所涉及软件资源、芯片资料等。

(3) USB 串口线一根。

(4) 工具盒一个。

1.2　硬件特性

51 单片机实验板的硬件特性如下。

(1) 11 个高亮发光二极管(跑马灯、指示灯、红绿灯等)。

(2) 80C51 核心处理单元(STC89C51 的引脚如图 1-2 所示)。

① 5 V 的工作电压,操作频率为 0～40 MHz。

② 8 位微处理器。

③ 64 KB 的片内 Flash 程序存储器(ROM),具有在系统编程(ISP)和在应用编程(IAP)的功能。

引脚	名称	名称	引脚
1	P1.0	VCC	40
2	P1.1	P0.0	39
3	P1.2	P0.1	38
4	P1.3	P0.2	37
5	P1.4	P0.3	36
6	P1.5	P0.4	35
7	P1.6	P0.5	34
8	P1.7	P0.6	33
9	RST/VPD	P0.7	32
10	P3.0/RxD	EA/VPP	31
11	P3.1/TxD	ALE/PROG	30
12	P3.2/$\overline{INT0}$	PSEN	29
13	P3.3/$\overline{INT1}$	P2.7	28
14	P3.4/T0	P2.6	27
15	P3.5/T1	P2.5	26
16	P3.6/WR	P2.4	25
17	P3.7/RD	P2.3	24
18	XTAL2	P2.2	23
19	XTAL1	P2.1	22
20	GND	P2.0	21

图 1-2　STC89C51 引脚图

④ 内部 128 B 数据存储器(RAM),外部最多可扩展至 6 KB。

⑤ 4 个可位寻址的 8 位 I/O 口,即 P0(双向 I/O 口)、P1(准双向 I/O 口)、P2(准双向 I/O 口)及 P3(准双向 I/O 口)。

⑥ 一个全双工的串行接口(Serial Port),即通用异步收发传输器(Universal Asynchronous Receiver/Transmitter,UART)。

⑦ 两个 16 位定时器/计数器(Timer/Counter),即定时器/计数器 T0 和定时器/计数器 T1。

⑧ 5 个中断源,即$\overline{INT0}$、$\overline{INT1}$、T0、T1、RxD(串行输入口)或 TxD(串行输出口)。

⑨ 4 根控制线,即 RST(复位输入信号,高电平有效)、EA/VPP(片外程序存储器访问允许信号,低电平有效)、ALE/PROG(地址锁存允许信号)。

⑩ 兼容 TTL 和 CMOS 逻辑电平。

⑪ 掉电检测。

⑫ 可编程看门狗定时器(Watch Dog Timer,WDT)。

⑬ 低功耗模式包括两种:一种是掉电模式,外部中断唤醒;另一种是空闲模式。

(3) 14 个按键可配置成两个独立按键和 3×4 矩阵键盘(人机接口输入)。

(4) 4 个高亮数码管。

(5) LCD 屏。

(6) EEPROM 24C08(数据存储)。

(7) DS18B20 接口(1-wire 数字温度检测)。

① 独特的单线接口方式,DS18B20 在与微处理器连接时仅需要一条端口线即可实现微处理器与 DS18B20 的双向通信。

② DS18B20 支持多点组网功能,多个 DS18B20 可以并联在唯一的三线上,实现多点测温。

③ DS18B20 在使用中不需要任何外围元件。

④ 测温范围为 -55～125 ℃,固有测温分辨率为 0.5 ℃。

(8) USB 口供电。

(9) CS5550(24 位模数转换器)和 DAC0832(数模转换器)。

(10) 蜂鸣器(用于报警及音乐播放)。

1.3　环境搭建

Keil μ Vision 软件是目前开发 51 系列单片机最为常用的软件,Keil 提供了包括 C 编译器、宏汇编、连接器、库管理和功能强大的仿真调试器等在内的完整开发方案,通过一个集成开发环境(μ Vision)把这些部分组合在一起。安装过程如下。

(1) 双击 Keil 安装文件,弹出如图 1-3 所示的安装界面,单击 Next 按钮。

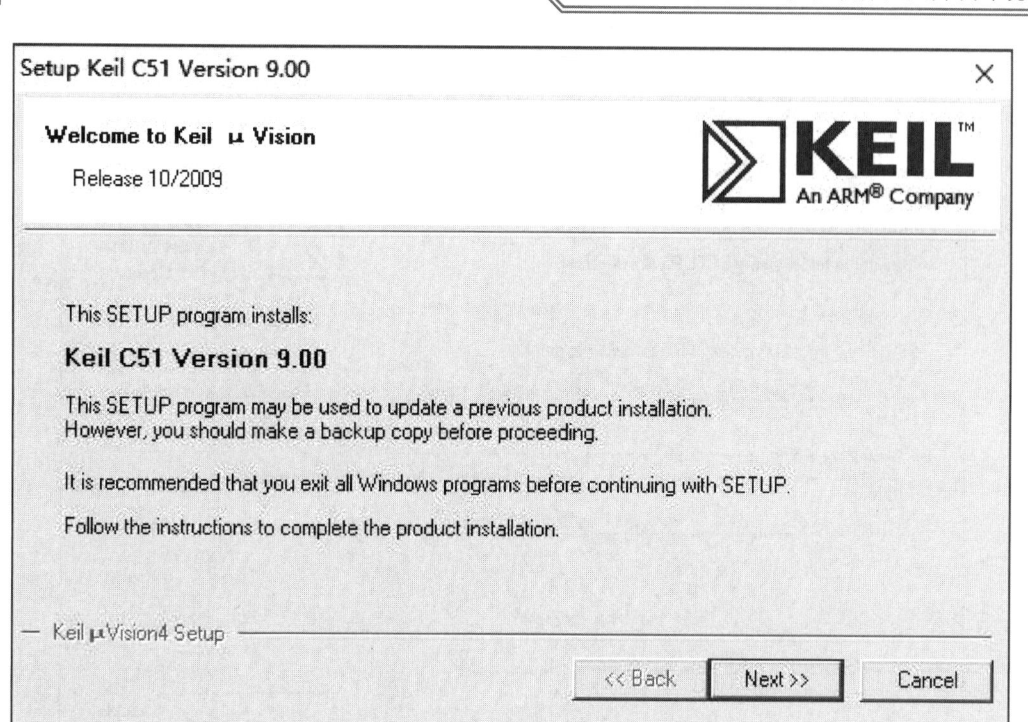

图 1-3 **Keil µ Vision 欢迎界面**

（2）在 License Agreement 界面，选中 I agree to all the terms of the preceding License Agreement复选框，如图 1-4 所示，然后单击 Next 按钮。

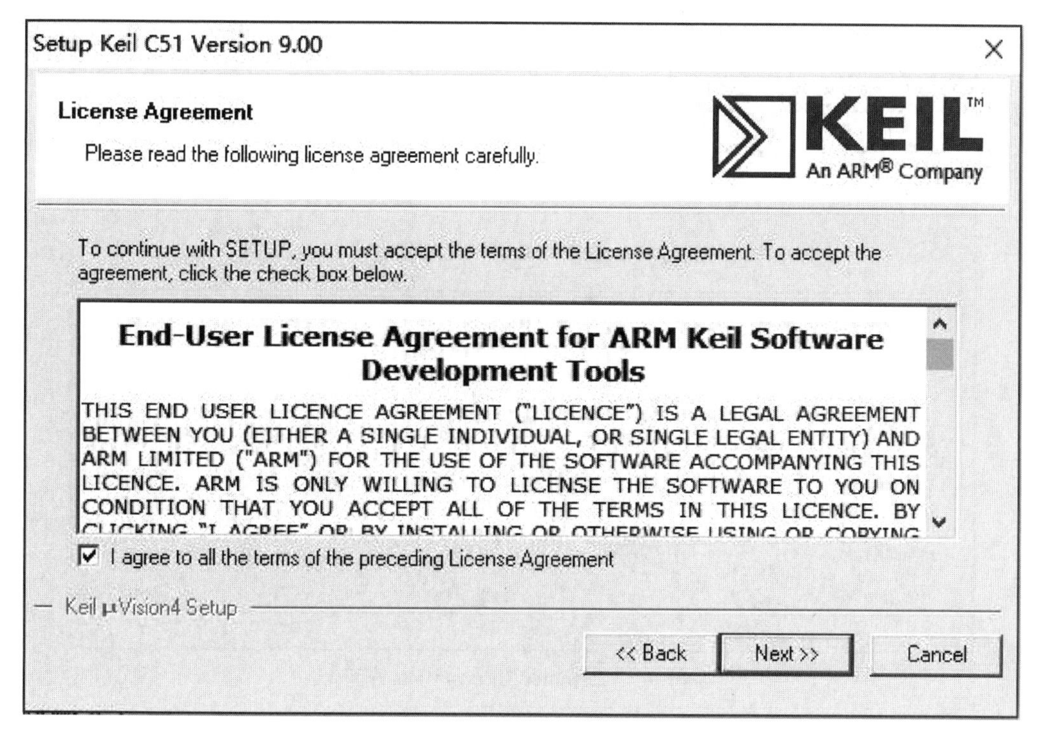

图 1-4 **License Agreement 界面**

(3) 在 Folder Selection 界面选择安装路径,推荐安装在默认的路径下,避免由于系统的不同而导致安装失败,如图 1-5 所示,单击 Next 按钮。

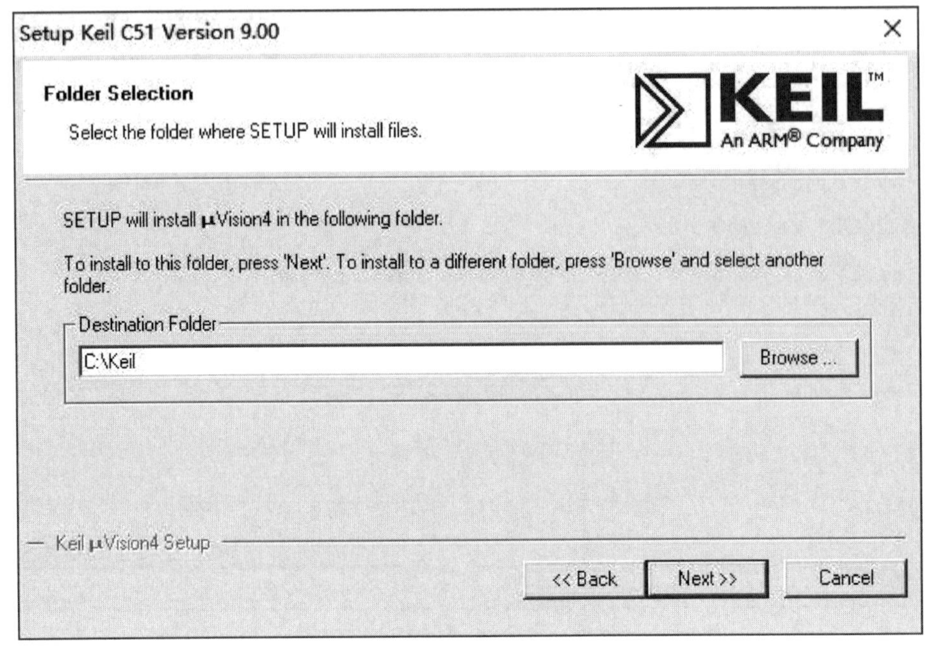

图 1-5　Folder Selection 界面

(4) 如图 1-6 所示,在 Customer Information 界面,输入用户信息后,Next 按钮就会变亮,然后单击 Next 按钮。

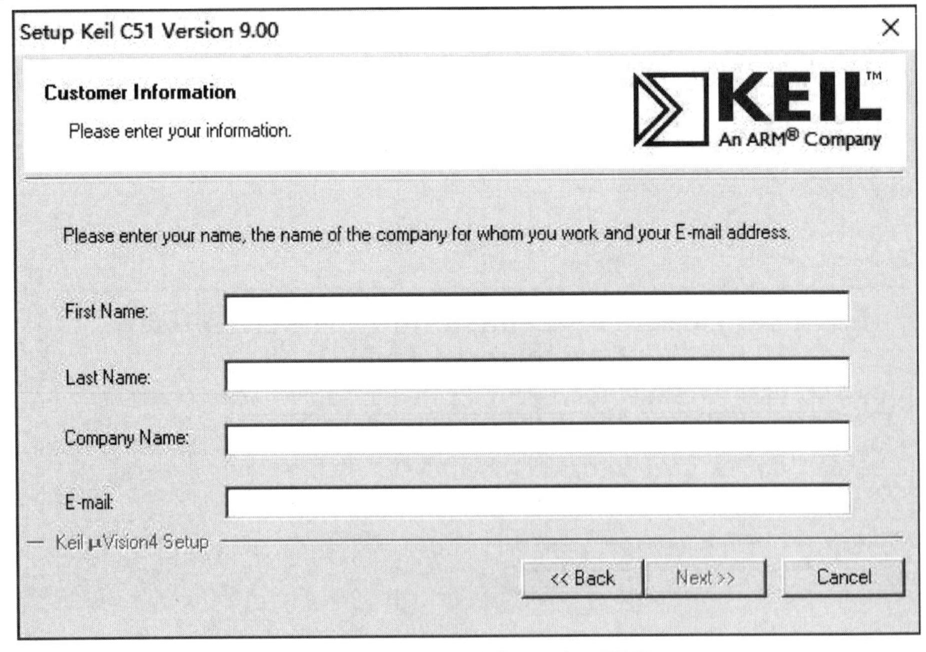

图 1-6　Customer Information 界面

(5) 安装成功界面如图 1-7 所示。

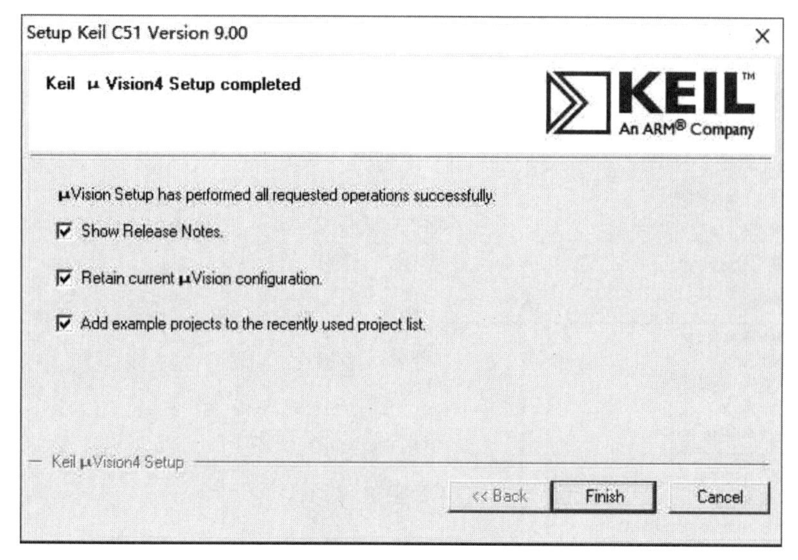

图 1-7　安装成功界面

1.4　体验 51 单片机

在项目开发过程中，经常会涉及多个源程序，并且需要为该项目选择不同类型的 CPU，确定编译通过、汇编、连接的参数，制定调试的方式，有些项目还会由多个文件组成，所以建立一个工程文件(Project)是必不可少的。将这些设置和所需要的文件都放置在一个工程中，只能对工程而不能对单一的源程序进行编译、汇编和连接等操作，下面介绍工程文件建立的具体操作步骤。

(1) 在菜单栏中选择 Project→New µ Vision Project 选项，新建文件夹用来存放工程文件，输入文件名，单击"保存"按钮，如图 1-8 所示。

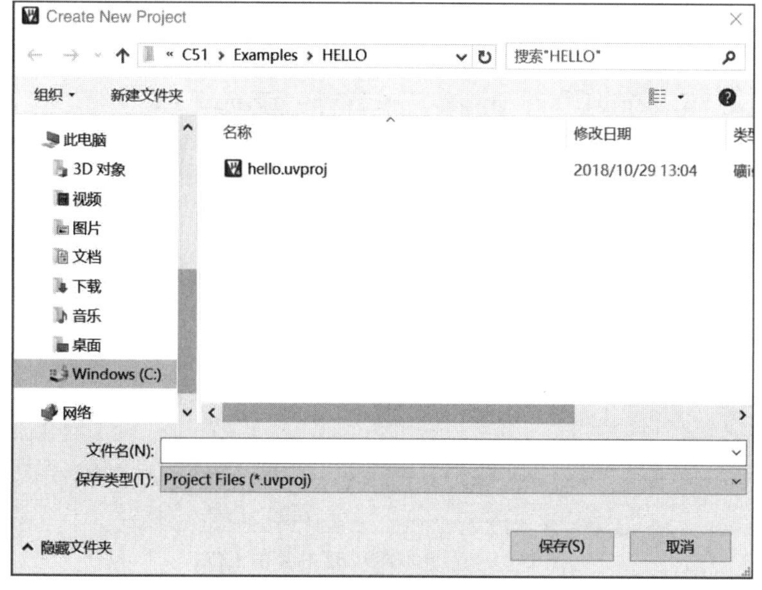

图 1-8　新建文件夹

(2) 弹出如图 1-9 所示的 Select Device 对话框,根据所用的单片机类型选择 CPU 型号。

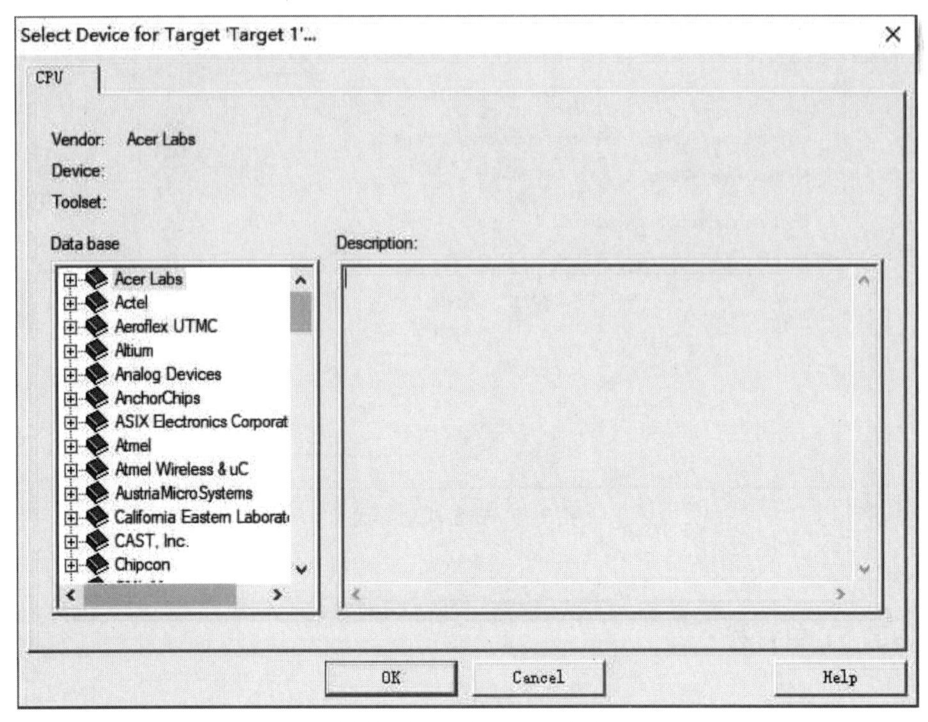

图 1-9 Select Device 对话框

(3) CPU 的种类和型号很多,这里选择的是 Atmel 的 AT89C51 芯片,如图 1-10 所示。

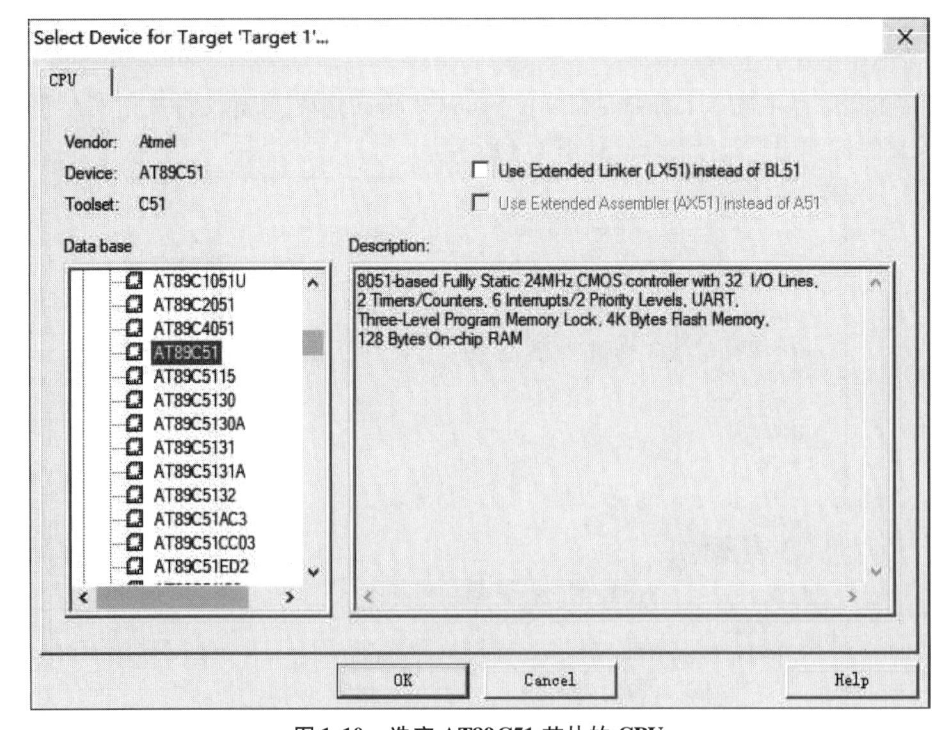

图 1-10 选定 AT89C51 芯片的 CPU

(4) 单击 OK 按钮后,弹出如图 1-11 所示的对话框,显示 Copy Standard 8051 Startup Code to Project Folder and Add File to Project。

图 1-11 弹出询问对话框

(5) 单击"是"按钮,即可创建好一个 Project,如图 1-12 所示左侧 Project 工作区中的 Target1。

图 1-12 Project 工作区

(6) 在已建好的 Project 下,新建一个文件,在菜单栏选择 File→New 选项,在 Keil μ Vision界面中间部分会出现新建的程序文件窗口,如图 1-13 所示的 Text1,在新建的 Text1 中即可编写 C51 程序。

(7) C51 程序编写完成后需要保存,在菜单栏选择 File→Save 选项,文件扩展名为. c,单击"保存"按钮,如图 1-14 所示。

(8) 双击左侧 Project 工作区中的 Target1 目录下的 Source Group 1,在弹出的对话框中选择要添加的文件,这里选择 text. c,如图 1-15 所示。然后单击 Add 按钮,即可开始编译 C51 程序。

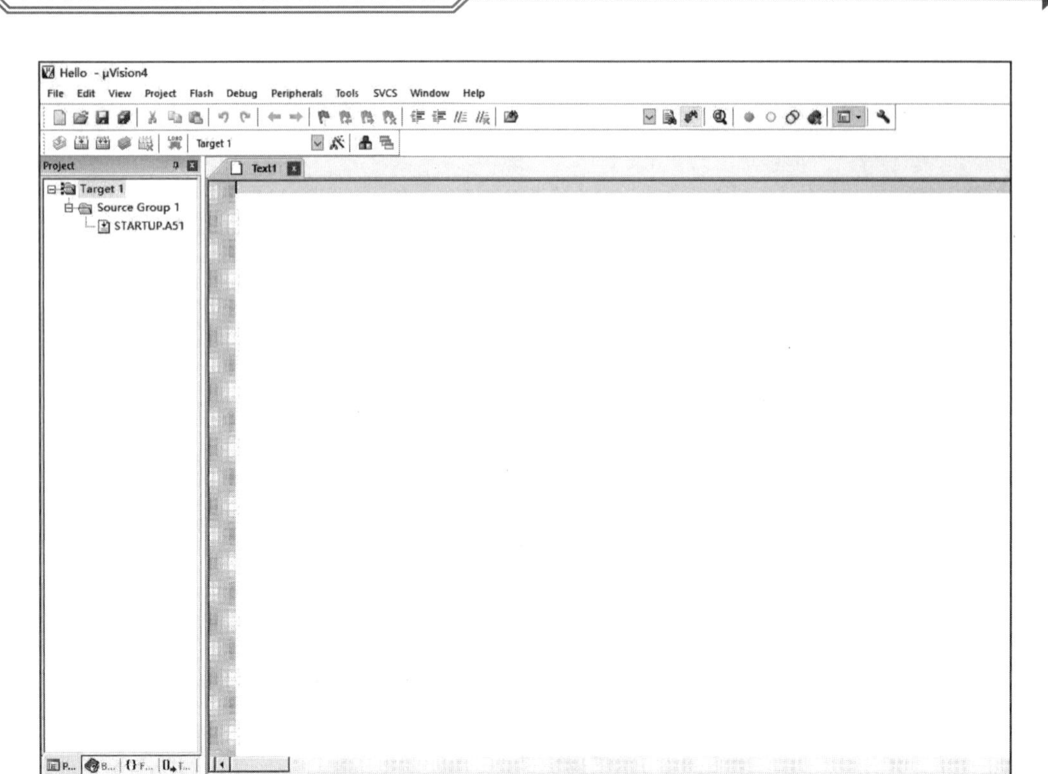

图 1-13　新建 C51 程序

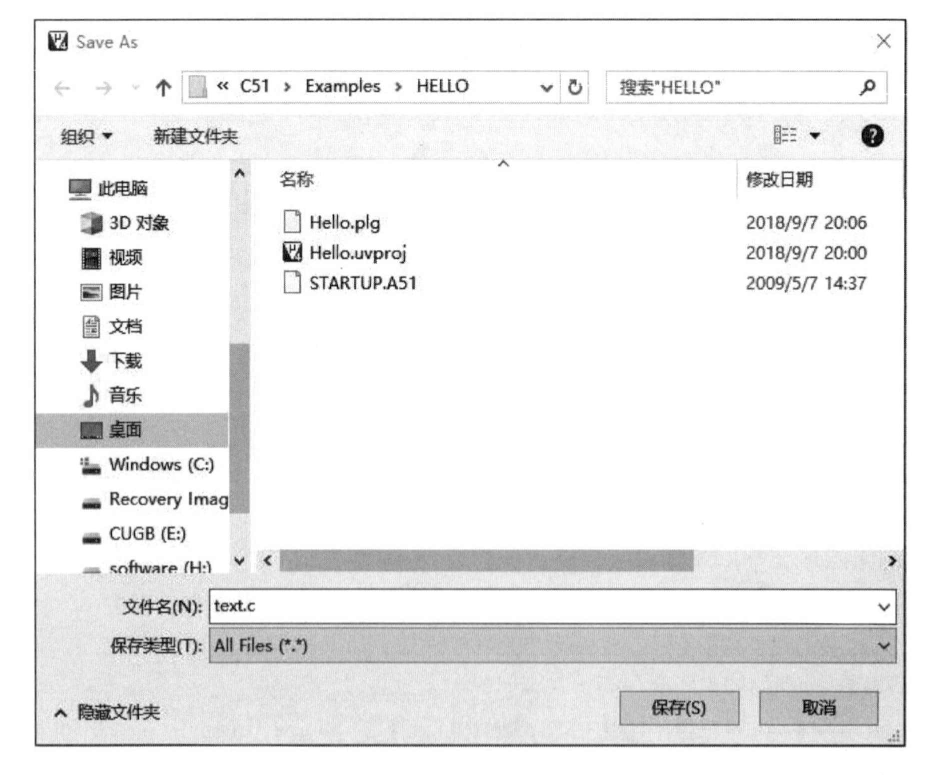

图 1-14　保存. c 源文件

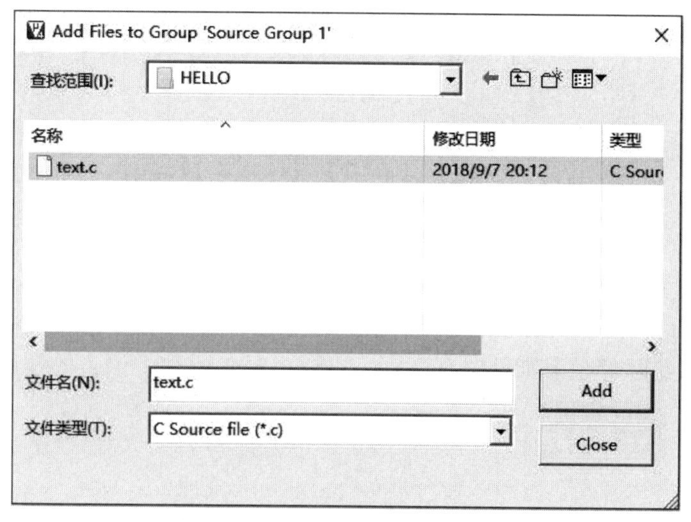

图 1-15　把 text. c 添加至项目中

第2章　C51语言基础

C51语言是指51单片机编程使用的C语言，它与计算机的C语言大部分相同，但由于编程对象不同，因此两者在个别处略有区别。本章主要介绍C51语言的基础知识，在后续章节会有大量的C51编程实例。

2.1　常量

常量是指程序运行时其值不会变化的量。常量类型有整型常量、浮点型常量（也称实型常量）、字符型常量和符号型常量。

1. 整型常量

① 十进制数：编程时直接写出，如0，18，−6。

② 八进制数：编程时在数值前加"0"表示八进制数，如"012"为八进制数，相当于十进制数的"10"。

③ 十六进制数：编程时在数值前加"0x"表示十六进制数，如"0x0b"为十六进制数，相当于十进制数的"11"。

2. 浮点型常量

浮点型常量又称实数或浮点数。在C语言中可以用小数形式或指数形式来表示浮点型常量。

① 小数形式表示：由数字和小数点组成的一种实数表示形式，如0.123，.123，124.，0.0等都是合法的浮点型常量。小数形式表示的浮点型常量必须要有小数点。

② 指数形式表示：这种形式类似于数学中的指数形式。在数学中，浮点型常量可以用幂的形式来表示，如2.3026可以表示为0.23026×10^{1}，2.3026×10^{0}，23.026×10^{-1}等形式。在C语言中，则以"e"或"E"后跟一个整数来表示以"10"为底的幂数。2.3026可以表示为0.23026E1，2.3026e0，23.026e−1。C语言规定，字母e或E之前必须要有数字，且e或E后面的指数必须为整数，如e3，5e4.6，.e，e等都是非法的指数形式。在字母e或E的前后及数字之间不得插入空格。

3. 字符型常量

字符型常量是用单引号括起来的单个普通字符或转义字符。

① 普通字符常量：用单引号括起来的普通字符，如'b'，'?'等。字符型常量在计算机中是以其代码（一般采用ASCII代码）储存的。

② 转义字符常量：用单引号括起来的前面带反斜杠的字符，如'\n'，'\xhh'等，其含义是将反斜杠后面的字符转换成另外的含义。常用的转义字符及其含义如表2-1所示。

表 2-1 一些常用的转义字符及其含义

转义字符	转义字符的含义	ASCII 代码
\n	回车换行	10
\t	横向跳到下一制表位置	9
\b	退格	8
\r	回车	13
\f	走纸换页	12
\\	反斜杠符(\)	92
\'	单引号符(')	39
\"	双引号符(")	34
\a	响铃	7
\ddd	1～3 位八进制数所代表的字符	
\xhh	1～2 位十六进制数所代表的字符	

4. 符号型常量

在 C 语言中,可以用一个标识符来表示一个常量,称为符号型常量。符号型常量在程序开头定义后,在程序中可以直接调用,其值不会更改。符号型常量在使用之前必须先定义,其一般形式为:

```
#define 标识符 常量
```

例如,在程序开头编写"#define PRICE 25",就是将 PRICE 定义为符号型常量,在程序中,PRICE 就代表 25。

2.2 变量

变量是指程序运行时其值可以改变的量。每个变量都有一个变量名,变量名必须以字母或下划线"_"开头。在使用变量前需要先声明,以便程序在存储区域为该变量留出一定的空间。例如,在程序中编写"unsigned char num = 123",就声明了一个无符号字符型变量 num,程序会在存储区域留出一个字节的存储空间,将该空间命名(变量名)为 num,在该空间存储的数据(变量值)为 123。

变量类型有位变量、字符型变量、整型变量和浮点型变量(也称实型变量)。

① 位变量(bit):占用的存储空间为一位,位变量的值为 0 或 1。

② 字符型变量(char):占用的存储空间为一个字节(8 位),无符号字符型变量的数值范围为 0～255,有符号字符型变量的数值范围为 -128～127。

③ 整型变量:可分为短整型变量(int 或 short)和长整型变量(long),短整型变量的长度,即占用的存储空间为 2 个字节,长整型变量的长度为 4 个字节。

④ 浮点型变量:可分为单精度浮点型变量(float)和双精度浮点型变量(double),单精度浮点型变量的长度为 4 个字节,双精度浮点型变量的长度为 8 个字节。由于浮点型变量会占用较多的空间,因此在单片机编程时尽量少用浮点型变量。

C51 变量的类型、长度和取值范围如表 2-2 所示。

表 2-2　C51 变量的类型、长度和取值范围

变量类型	长度/bit	长度/Byte	取值范围
bit	1	…	0,1
unsigned char	8	1	0～255
signed char	8	1	-128～127
unsigned int	16	2	0～65 535
signed int	16	2	-32 768～32 767
unsigned long	32	4	0～4 294 967 295
signed long	32	4	-2 147 483 648～2 147 483 647
float	32	4	±1.176E-38～ ±3.40E+38(6 位数字)
double	64	8	±1.176E-38～ ±3.40E+38(10 位数字)

2.3　运算符

C51 的运算符可分为算术运算符、关系运算符、逻辑运算符、位运算符和复合赋值运算符。

1. 算术运算符

C51 的算术运算符如表 2-3 所示。在进行算术运算时，按“先乘除模，后加减，括号最优先”的原则进行，即乘、除、模运算优先级相同，加、减优先级相同且最低，括号优先级最高，优先级相同的运算按从左至右的顺序进行。

表 2-3　C51 的算术运算符

算术运算符	含义	算术运算符	含义
+	加法或正值符号	%	模(相除求余)运算
-	减法或负值符号	++	加 1
*	乘法	--	减 1
/	除法		

在用 C51 语言编程时，经常会用到加 1 符号“ ++ ”和减 1 符号“ -- ”，这两个符号使用比较灵活。常见的用法如下：

① y = x ++ (先将 x 赋给 y，再将 x 加 1)；

② y = x -- (先将 x 赋给 y，再将 x 减 1)；

③ y = ++ x(先将 x 加 1，再将 x 赋给 y)；

④ y = -- x(先将 x 减 1，再将 x 赋给 y)；

⑤ x = x + 1 可写成 x ++ 或 ++ x；

⑥ x = x - 1 可写成 x -- 或 -- x；

⑦ % 为模运算，即相除取余数运算，如 9%5 结果为 4。

2. 关系运算符

C51 的关系运算符如表 2-4 所示。 <、>、<= 和 >= 运算优先级高且相同，== 、!= 运算优先级低且相同,如“a > b != c”相当于“(a > b) != c”。

表 2-4　C51 的关系运算符

关系运算符	含义	关系运算符	含义
<	小于	>=	大于等于
>	大于	==	等于
<=	小于等于	!=	不等于

用关系运算符将两个表达式(可以是算术表达式、关系表达式、逻辑表达式或字符表达式)连接起来的式子称为关系表达式,关系表达式的运算结果为一个逻辑值,即真(1)或假(0)。

例如,a = 4,b = 3,c = 1,则:

① a > b 的结果为真,表达式值为 1。

② b + c < a 的结果为假,表达式值为 0。

③ (a > b) == c 的结果为真,表达式值为 1,因为 a > b 的值为 1,c 值也为 1。

④ d = a > b,d 的值为 1。

⑤ f = a > b > c,由于关系运算符的结合性为左结合,a > b 的值为 1,而 1 > c 的值为 0,因此 f 值为 0。

3. 逻辑运算符

C51 的逻辑运算符如表 2-5 所示。“&&”“‖”为双目运算符,要求有两个运算对象,“!”为单目运算符,只需要有一个运算对象。“&&”“‖”运算优先级低且相同,“!”运算优先级高。

表 2-5　C51 的逻辑运算符

逻辑运算符	含义
&&	与(AND)
‖	或(OR)
!	非(NOT)

与关系表达式一样,逻辑表达式的运算结果也为一个逻辑值,即真(1)或假(0)。

例如,a = 4,b = 5,则:

① !a 的结果为假,因为 a = 4 为真(a 值非 0 即为真),!a 即为假(0)。

② a ‖ b 的结果为真(1)。

③ !a&&b 的结果为假(0),因为! 优先级高于 &&,故先运算! a 的结果为 0,而 0&&b 的结果也为 0。

在进行算术、关系、逻辑和赋值混合运算时,其优先级从高到低依次为:!(非)→算术运算符→关系运算符→&& 和 ‖ →赋值运算符(=)。

4. 位运算符

C51 的位运算符如表 2-6 所示。位运算的对象必须是位型、整型或字符型数,不能为浮点型数。

表 2-6　C51 的位运算符

<table>
<tr><th>位运算符</th><th>含义</th><th>位运算符</th><th>含义</th></tr>
<tr><td>&</td><td>位与</td><td>^</td><td>位异或
（各位相异或，相同为 0，相异为 1）</td></tr>
<tr><td>|</td><td>位或</td><td><<</td><td>位左移
（各位都左移，高位丢弃，低位补 0）</td></tr>
<tr><td>～</td><td>位非</td><td>>></td><td>位右移
（各位都右移，低位丢弃，高位补 0）</td></tr>
</table>

位运算举例如表 2-7 所示。

表 2-7　位运算举例

<table>
<tr><td>位与运算</td><td>00011001&01001101=00001001</td></tr>
<tr><td>位或运算</td><td>00011001|01001101=01011101</td></tr>
<tr><td>位非运算</td><td>～00011001 =11100110</td></tr>
<tr><td>位异或运算</td><td>00011001^01001101=01010100</td></tr>
<tr><td>位左移运算</td><td>00011001 <<1 所有位均左移 1 位，高位丢弃，低位补 0，结果为 00110010</td></tr>
<tr><td>位右移运算</td><td>00011001 >>2 所有位均右移 2 位，低位丢弃，高位补 0，结果为 00000110</td></tr>
</table>

5. 复合赋值运算符

复合赋值运算符就是在赋值运算符“ = ”前面加上其他运算符，C51 常用的复合赋值运算符如表 2-8 所示。

表 2-8　C51 常用的复合赋值运算符

<table>
<tr><th>运算符</th><th>含义</th><th>运算符</th><th>含义</th></tr>
<tr><td>+=</td><td>加法赋值</td><td><<=</td><td>左移位赋值</td></tr>
<tr><td>-=</td><td>减法赋值</td><td>>>=</td><td>右移位赋值</td></tr>
<tr><td>*=</td><td>乘法赋值</td><td>&=</td><td>逻辑与赋值</td></tr>
<tr><td>/=</td><td>除法赋值</td><td>|=</td><td>逻辑或赋值</td></tr>
<tr><td>%=</td><td>取模赋值</td><td>^=</td><td>逻辑异或赋值</td></tr>
</table>

复合运算是变量与表达式先按运算符运算，再将运算结果赋值给参与运算的变量的过程。凡是双目运算（两个对象运算）都可以用复合赋值运算符简化表达。

复合运算的一般形式为：

变量　复合赋值运算符　表达式

例如，a +=28 相当于 a =a +28。

2.4　关键字

在 C51 语言中，经常使用一些具有特定含义的字符串，称为“关键字”，这些关键字已被软件使用，编程时不能将其定义为常量、变量和函数的名称。C51 语言的关键字分为两大类：由 ANSI（美国国家标准学会）标准定义的关键字和 Keil C51 编译器扩充的关键字。

1. 由 ANSI 标准定义的关键字

由 ANSI 标准定义的关键字有 define, char, double, enum, float, int, long, short, signed, struct, union, unsigned, void, break, case, continue, default, do, else, for, goto, if, include, return, switch, while, auto, extern, register, static, const, sizeof, typedef, volatile 等。这些关键字可分为以下几类。

① 数据类型关键字：用来定义变量、函数或其他数据结构的类型，如 unsigned char, int 等。

② 控制语句关键字：在程序中起控制作用的语句，如 while, for, if, case 等。

③ 预处理关键字：表示预处理命令的关键字，如 define, include 等。

④ 存储类型关键字：表示存储类型的关键字，如 static, auto, extern 等。

⑤ 其他关键字，如 const, sizeof 等。

2. Keil C51 编译器扩充的关键字

Keil C51 编译器扩充的关键字可分为以下两类。

① 用于定义 51 单片机内部寄存器的关键字，如 sfr, sbit。

sfr 用于定义特殊功能寄存器，如"sfr P1 = 0x90;"是将地址为 0x90 的特殊功能寄存器名称定义为 P1；sbit 用于定义特殊功能寄存器中的某一位，如"sbit LED1 = P1^1;"是将特殊功能寄存器 P1 的第 1 位名称定义为 LED1。

② 用于定义 51 单片机变量存储类型关键字。这些关键字有 6 个，如表 2-9 所示。

表 2-9　用于定义 51 单片机变量存储类型关键字

存储类型	与存储空间的对应关系
data	直接寻址片内数据存储区，访问速度快(128 B)
bdata	可位寻址片内数据存储区，允许位与字节混合访问(16 B)
idata	间接寻址片内数据存储区，可访问片内全部 RAM 地址空间(256 B)
pdata	分页寻址片外数据存储区(256 B)
xdata	片外数据存储区(64 KB)
code	代码存储区(64 KB)

2.5　数组

数组也称为表格，是指相同类型数据的集合。在定义数组时，程序会将一段连续的存储单元分配给数组，存储单元的最低地址存放数组的第一元素，最高地址存放数组的最后一个元素。

根据维数不同，数组可分为一维数组、二维数组和多维数组；根据数据类型不同，数组可分为字符型数组、整型数组、浮点型数组和指针型数组。在用 C51 语言编程时，最常用的是字符型一维数组和整型一维数组。

1. 一维数组

(1) 数组定义。

一维数组的一般定义形式为：

```
类型说明符　数组名[下标]
```

其中,方括号(又称中括号)中的下标也称为常量表达式,表示数组中的元素个数。

一维数组定义举例为:

```
unsigned int a[5];
```

以上定义了一个无符号整型数组,数组名为 a,数组中存放 5 个元素,元素类型均为整型。由于每个整型数据占两个字节,因此该数组占用了 10 个字节的存储空间。该数组中的第 1～5 个元素分别用 a[0]～a[4]表示。

(2) 数组赋值。

在定义数组时,也可同时指定数组中的各个元素(即数组赋值)。例如:

```
unsigned int a[5] = {2,16,8,0,512};
unsigned int b[8] = {2,16,8,0,512};
```

在数组 a 中,a[0] =2,a[4] =512;在数组 b 中,b[0] =2,b[4] =512,b[5]～b[7]均未赋值,全部自动填 0。

在定义数组时,要注意以下几点:

① 数组名应与变量名一样,必须遵循标识符命名规则,在同一个程序中,数组名不能与变量名相同。

② 数组中的每个元素的数据类型必须相同,并且与数组类型一致。

③ 数组名后面的下标表示数组的元素个数(又称数组长度),必须用方括号括起来,下标是一个整型值,可以是常数或符号型常量,不能包含变量。

2. 二维数组

(1) 数组定义。

二维数组的一般定义形式为:

```
类型说明符　数组名[下标1][下标2]
```

其中,下标 1 表示行数,下标 2 表示列数。

二维数组定义举例:

```
unsigned int a[2][3];
```

以上定义了一个无符号整型二维数组,数组名为 a,数组为 2 行 3 列,共 6 个元素,这 6 个元素依次用 a[0][0]、a[0][1]、a[0][2]、a[1][0]、a[1][1]、a[1][2]表示。

(2) 数组赋值。

二维数组赋值有以下两种方法。

① 按存储顺序赋值。例如:

```
unsigned int a[2][3] = {1,16,3,0,28,255};
```

② 按行分段赋值。例如:

```
unsigned int a[2][3] = {{1,16,3},{0,28,255}};
```

3. 字符型数组

字符型数组用来存储字符型数据。字符型数组可以在定义时进行初始化赋值。例如:

```
char c[4] = {'A','B','C','D'};
```

以上定义了一个字符型数组,数组名为c,数组中存放4个字符型元素(占用了4个字节的存储空间),分别是A、B、C、D(实际上存放的是这4个字母的ASCII码,即0x41,0x42,0x43,0x44)。如果对全体元素赋值,数组的长度(下标)也可省略,即上述数组定义也可写成:

```
char c[] = {'A','B','C','D'};
```

如果要在字符型数组中存放一个字符串"good",可采用以下3种形式。

```
char c[] = {'g','o','o','d','\0'};    //'\0'为字符串的结束符
char c[] = {"good"};//使用双引号时,编译器会自动在后面加结束符'\0',故数组
                    //长度应较字符数多一个
char c[] = "good";
```

如果要定义二维字符型数组存放多个字符串时,二维字符型数组的下标1为字符串的个数,下标2为每个字符串的长度。下标1可以不写,下标2则必须写,并且其值应比最长字符串的字符数(空格也算一个字符)至少多出一个。例如:

```
char c[][20] = {{"How old are you?",\n},{"I am 18 years old.",\n},
{"And you?"}};
```

上例中的\n是一种转义符号,其含义是换行,将当前位置移到下一行开头。

2.6 循环语句

在编程时,如果需要某段程序反复执行,可使用循环语句。C51的循环语句包括while语句、do while语句和for语句3种。

1. while语句

while语句的格式为"while(表达式){语句组;}",编程时为了书写和阅读方便,一般按以下方式编写:

```
while(表达式)
{
    语句组;
}
```

while语句在执行时,先判断表达式是否为真(非0即为真)或表达式是否成立,若为真或表达式成立,则执行大括号(也称花括号)内的语句组(也称循环体);否则不执行大括号内的语句组,直接跳出while语句,执行大括号之后的内容。

在使用 while 语句时,要注意以下几点:

① 当 while 语句的大括号内只有一条语句时,可以省略大括号,但使用大括号可使程序更安全可靠。

② 当 while 语句的大括号内无任何语句(空语句)时,应在大括号内写上分号“;”,即“while(表达式){;}”,简写为“while(表达式);”。

③ 如果 while 语句的表达式是递增或递减表达式,则 while 语句每执行一次,表达式的值就增 1 或减 1,如“while(i++){语句组;}”。

④ 如果希望某语句组无限次循环执行,则可使用“while(1){语句组;}”;如果希望程序停在某处等待,待条件(即表达式)满足时往下执行,则可使用“while(表达式);”;如果希望程序始终停在某处不往下执行,则可使用“while(1);”,即让 while 语句无限次执行一条空语句。

2. do...while 语句

do...while 语句的格式为:

```
do
{
    语句组;
}
while(表达式)
```

do...while 语句在执行时,先执行大括号内的语句组(也称循环体),然后用 while 判断表达式是否为真(非 0 即为真)或表达式是否成立,若为真或表达式成立,则执行大括号内的语句组,直到 while 表达式为 0 或不成立,再跳出 do...while 语句,执行大括号之后的内容。

do...while 语句是先执行一次循环体语句组,再判断表达式的真假,以确定是否再次执行循环体语句组。而 while 语句是先判断表达式的真假,以确定是否执行循环体语句组。

3. for 语句

for 语句的格式为:

```
for(初始化表达式;条件表达式;增量表达式)
{
    语句组;
}
```

for 语句执行过程:先用初始化表达式(如 i=0)给变量赋初值,然后判断条件表达式(如 i<8)是否成立,若不成立则跳出 for 语句,若成立则执行大括号内的语句组,执行完语句组后再执行增量表达式(如 i++),接着再次判断条件表达式是否成立,以确定是否再次执行大括号内的语句组,直到条件表达式不成立再跳出 for 语句。

2.7 选择语句

C51 常用的选择语句有 if 语句和 switch...case 语句。

1. if 语句

if 语句有 3 种形式:基本 if 语句、if...else 语句和 if...else if 语句。

（1）基本 if 语句。

基本 if 语句格式为：

```
if(表达式)
{
    语句组;
}
```

if 语句执行时，首先判断表达式是否为真（非 0 即为真）或表达式是否成立，若为真或表达式成立则执行大括号（也称花括号）内的语句组，执行完后跳出 if 语句，否则不执行大括号内的语句组，直接跳出 if 语句，执行大括号之后的内容。

（2）if...else 语句。

if...else 语句格式为：

```
if(表达式)
{
    语句组1;
}
else
{
    语句组2;
}
```

if...else 语句执行时，首先判断表达式是否为真（非 0 即为真）或表达式是否成立，若为真或表达式成立，则执行语句组 1；否则，执行语句组 2，执行完语句组 1 或语句组 2 后跳出 if...else 语句。

（3）if...else if 语句（多条件分支语句）。

if...else if 语句格式为：

```
if(表达式1)
{
    语句组1;
}
else if(表达式2)
{
    语句组2;
}
...
else if(表达式n)
{
    语句组n;
}
```

if...else if 语句执行时，首先判断表达式 1 是否为真(非 0 即为真)或表达式是否成立，若为真或表达式成立则执行语句组 1，然后判断表达式 2 是否为真或表达式是否成立，若为真或表达式 2 成立则执行语句组 2，以此类推，最后判断表达式 n 是否为真或表达式是否成立，若为真或表达式 n 成立则执行语句组 n，若所有的表达式都为假或不成立时，则直接跳出 if...else if 语句。

2. switch...case 语句

switch...case 语句格式为：

```
switch(表达式)
{
    case 常量表达式1:语句组1;break;
    case 常量表达式2:语句组2;break;
    ...
    case 常量表达式n:语句组n;break;
    default:语句组n+1;
}
```

switch...case 语句执行时，首先计算表达式的值，然后按顺序逐个与各 case 后面的常量表达式的值进行比较，当与某个常量表达式的值相等时，则执行该常量表达式后面的语句组，再执行 break 而跳出 switch...case 语句；若表达式与所有 case 后面的常量表达式的值都不相等，则执行 default 后面的语句组，并跳出 switch...case 语句。

第3章　流 水 灯

3.1　原理结构

前期的准备工作做好之后,就可以体验51单片机了。

流水灯实验原理分析：根据LED灯具有二极管的特点,可知正向偏压时LED灯发光、反向偏压时LED灯不发光,当LED灯亮时,与之对应的P0口的引脚应为低电平,如图3-1所示。

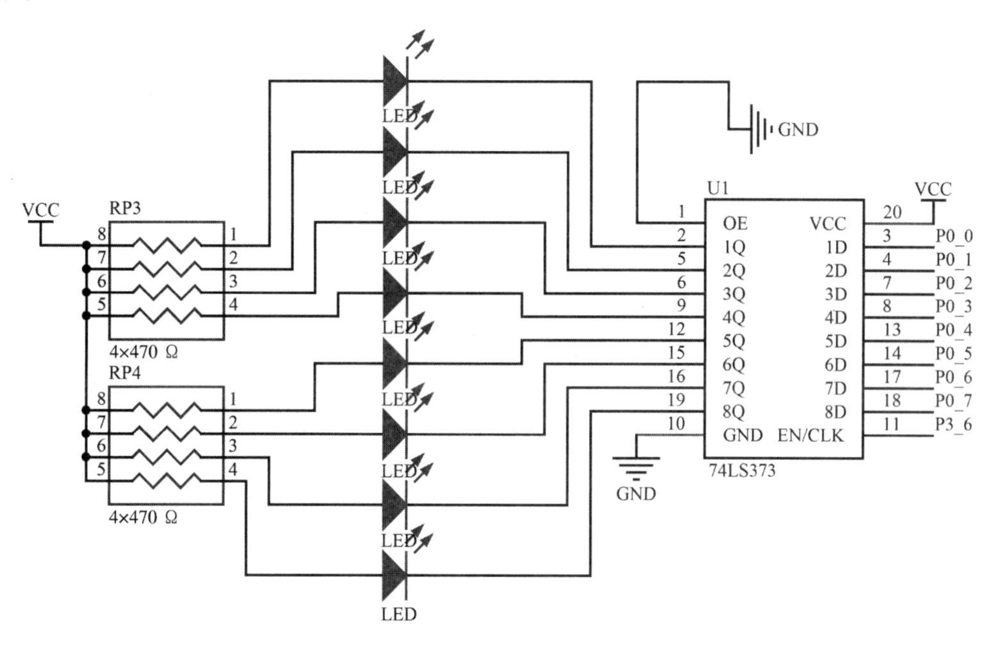

图3-1　LED灯原理图

3.2　实例演练

要求：流水灯实验要求LED灯按预期被点亮。

(1) 硬件操作：使用USB线连接实验板和计算机。

(2) 软件操作：首先,根据原理图设计出相应的程序,其次,设置流水灯各项工程参数,编译程序,以产生.hex文件烧录到实验板中,最后,观察实验结果,可以看到LED灯被点亮,和设计要求的预期现象一致。若有非预期的状态,则需要检查程序或硬件连接。

参考程序为：

```
#include <reg51.h>
sbit P0_0 =P0^0;//即定义 P0_0 为 P0 口的第 1 位,以便进行位操作
sbit P0_1 =P0^1;
sbit P0_2 =P0^2;
sbit P0_3 =P0^3;
sbit P0_4 =P0^4;
sbit P0_5 =P0^5;
sbit P0_6 =P0^6;
sbit P0_7 =P0^7;
void delay(void)//延时子程序
{
  unsigned char i,j,k;//定义 3 个无符号字符型数据
  for(i =20;i >0;i--)//做循环延时
      for(j =20;j >0;j--)
          for(k =100;k >0;k--);
}
void main(void)//每一个 C 语言程序有且只有一个主函数
{
  int dir =0,n =0x01;
  while(1)//循环条件永远为真,以下程序一直执行下去
  {
      if(dir==0)
      {
        if(n==0x80)
          dir =1;
        else
          n =n <<1;
      }
      else
      {
        if(n==0x01)
          dir =0;
        else
          n=n >>1;
      }
    P0 =n;
    delay();
  }
}
```

接下来就是编译工作,在编译之前需要设置一些参数,右击 Keil→Project→Target 1,弹出 Options for Target 'Target 1'对话框,在 Output 选项卡中选中 Create HEX File 复选框,如图 3-2 所示,这样才能产生烧录到单片机内的. hex 文件。

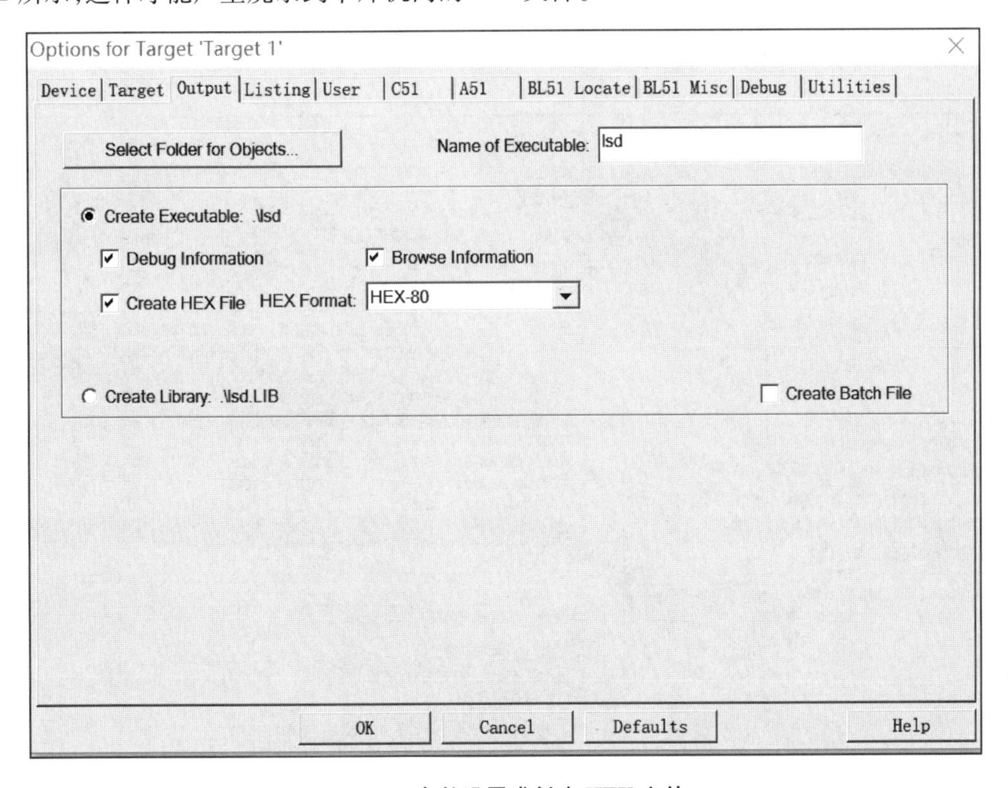

图 3-2　参数设置成创建 HEX 文件

图 3-3 中左侧方框内 3 个按钮从左向右依次为 Translate the currently active file, Build target files, Rebuild all target files,单击 Build target files 按钮编译当前的文件,单击 Rebuild all target files 按钮编译整个工程文件,相应的编译结果会在 Keil 最下方的 Output Window 内显示,如图 3-4 所示。

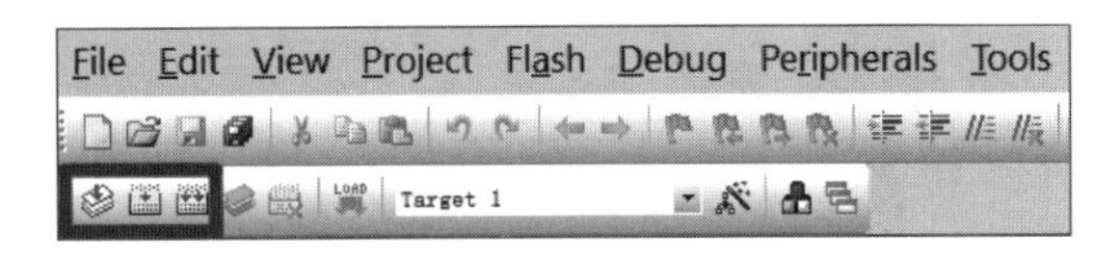

图 3-3　编译程序

```
Build Output
Build target 'Target 1'
linking...
Program Size: data=9.0 xdata=0 code=96
creating hex file from "lsd"...
"lsd" - 0 Error(s), 0 Warning(s).
```

图 3-4　编译结果

图 3-4 中显示编译成功。编译工作完成以后,即可开始烧录,需要用到安装好的 stc-isp 软件,stc-isp 的 COM 端口号要根据个人计算机的端口号进行设置(右击“我的电脑”→“设备管理器”→“端口(COM 和 LPT)”),如图 3-5 所示。如果无端口显示,则需要安装相应的 USB 转串口驱动,如图 3-6 所示。设置各项参数,打开程序文件,选择编译产生的相应的. hex 文件。

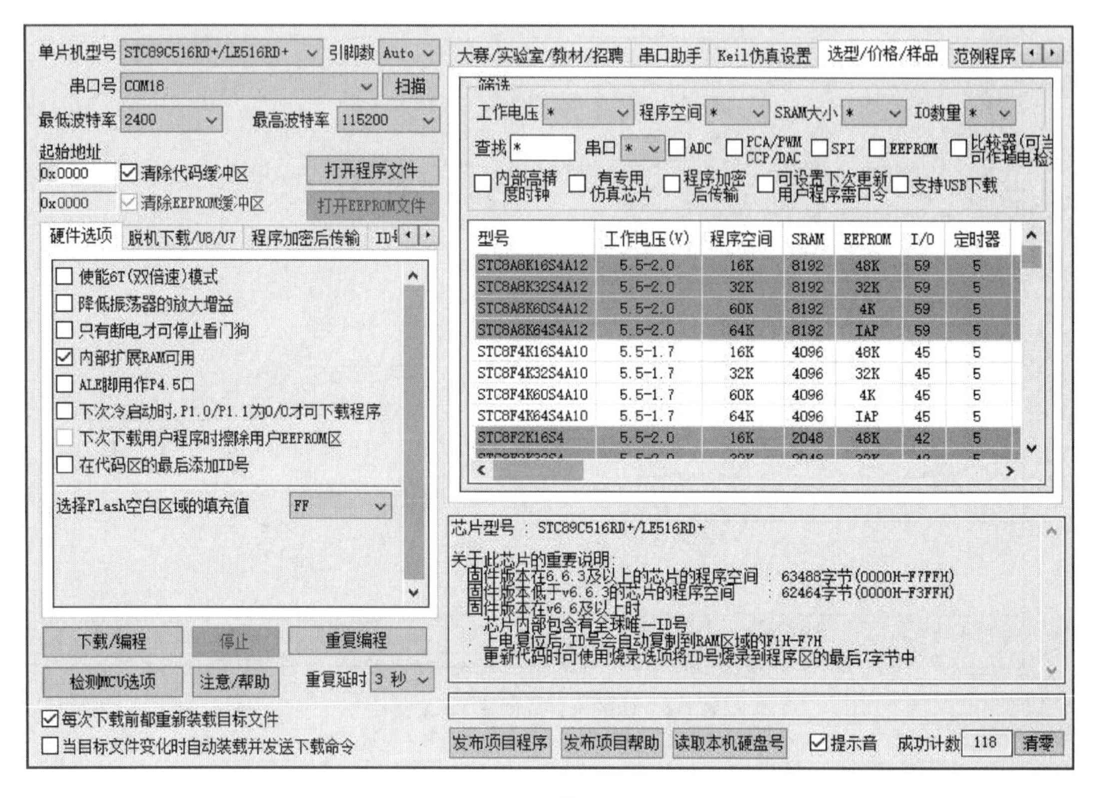

图 3-5　stc-isp 的端口号设置

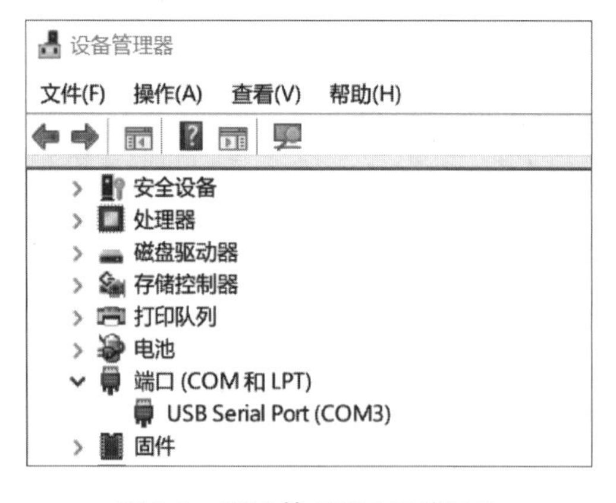

图 3-6　USB 转 COM 口端口号

设置好参数后,一直按住单片机的 Reset 键,打开单片机,单击“下载/编程”按钮,待出现如图 3-7 所示的字样时,松开 Reset 键。

相应的单片机信息显示在图 3-8 所示的标记框内,表明程序已经成功烧录到实验板中,观察实验板上的 LED 灯依次闪烁,流水灯实验完成。

图 3-7　按住单片机的 Reset 键时界面

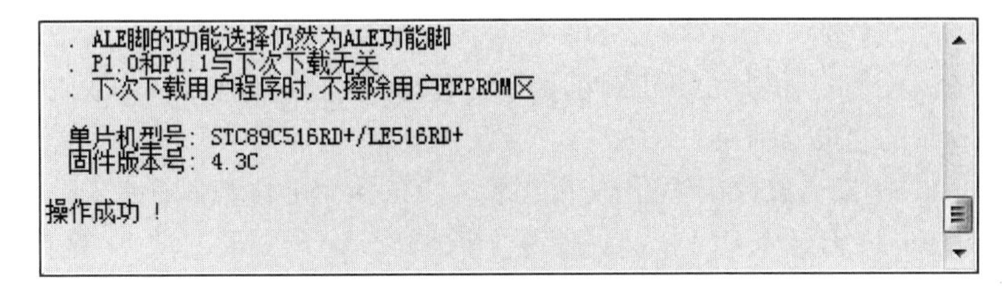

图 3-8　程序烧录成功标记框

第 4 章　七段数码管

4.1　原理结构

七段数码管可分为共阳极和共阴极两种。共阳极就是把所有的 LED 灯的阳极连接到公共点，而每个 LED 灯的阴极分别为 a，b，c，d，e，f，g 及小数点（Decimal Point）；反之，则为共阴极。

本实验采用共阳极七段数码管，当使用实验板上的 4 个七段数码管中的一个时，开关 S1 的右侧 4 个开关（Q2，Q3，Q4，Q5）依次控制 4 个数码管，由开关读取数据，选择点亮其中的某个七段数码管，将读到的数据送到七段数码管上。若要 4 个或多个七段数码管同时使用，则可循环扫描显示，虽然任何一个时间里只显示一个七段数码管，但只要从第一个到最后一个的扫描时间不超过 16ms，就会因为人类的视觉瞬时现象，而会同时看到这几个数字。数码管连线图如图 4-1 所示。

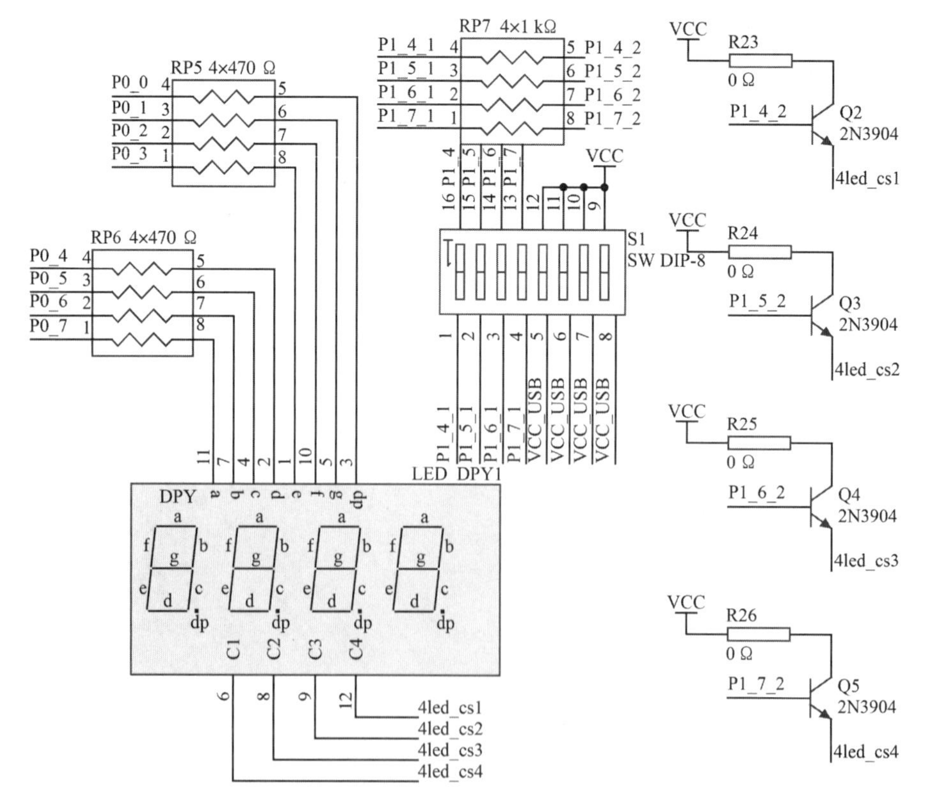

图 4-1　数码管连线图

4.2 实例演练

要求：七段数码管循环显示 0～9 这 10 个数。

（1）硬件操作：使用数据线连接实验板和计算机。

（2）软件操作：首先，根据原理图设计出相应的程序；其次，参考流水灯设置参数、编译程序，以产生.hex 文件烧录到实验板中；最后，观察实验结果，可以看到数码管被点亮，和设计要求的预期现象一致。若有非预期的状态，则需要检查程序。

参考程序为：

```
#include <reg51.h>
sbit P0_0=P0^0;sbit P1_0=P1^0;sbit P2_0=P2^0;sbit P3_0=P3^0;
sbit P0_1=P0^1;sbit P1_1=P1^1;sbit P2_1=P2^1;sbit P3_1=P3^1;
sbit P0_2=P0^2;sbit P1_2=P1^2;sbit P2_2=P2^2;sbit P3_2=P3^2;
sbit P0_3=P0^3;sbit P1_3=P1^3;sbit P2_3=P2^3;sbit P3_3=P3^3;
sbit P0_4=P0^4;sbit P1_4=P1^4;sbit P2_4=P2^4;sbit P3_4=P3^4;
sbit P0_5=P0^5;sbit P1_5=P1^5;sbit P2_5=P2^5;sbit P3_5=P3^5;
sbit P0_6=P0^6;sbit P1_6=P1^6;sbit P2_6=P2^6;sbit P3_6=P3^6;
sbit P0_7=P0^7;sbit P1_7=P1^7;sbit P2_7=P2^7;sbit P3_7=P3^7;
unsigned char code seg7code[]={0x03,0x9f,0x25,0x0d,0x99,0x49,
0x41,0x1f,0x01,0x09};   //数码管段码编码
void delay02s(void)      //延时 0.2s 子程序
{
  unsigned char i,j,k;   //定义 3 个无符号字符型数据
  for(i=20;i>0;i--)      //做循环延时
      for(j=20;j>0;j--)
          for(k=248;k>0;k--);
}
void main()
{
  int n=0,m=0x10;
  while(1)
  {
    m=(m<0x80)?m*2:0x10;
    P1=m;
    P0=seg7code[n];
    delay02s();
    n=(n<15)?(n+1):0;
  }
}
```

数码管循环显示到3的结果观测：烧录成功后，可观测到单片机实验板上的七段数码管从0开始循环显示0～9这10个数字，如图4-2所示，表明实验成功。

七段数码管实验效果

图4-2　数码管循环显示数字

第5章　键　　盘

在一个计算机系统中,键盘和显示器是人机交互必不可少的功能配置。其中,键盘分为独立连接式和矩阵式两种。

5.1　独立连接式键盘

独立连接式键盘是指每个键独立地接入一根数据线。一般情况下,所有的数据输入都被连接成高电平。当任何一个键被按下时,用位处理指令即可判断是否有键被按下。

结构简单、使用方便是独立连接式键盘的优点,但是随着键数的增加,所占用的I/O口线也增加,这是独立连接式键盘的明显缺陷。

5.2　矩阵式键盘

矩阵式键盘很好地弥补了独立连接式键盘的缺陷,是目前单片机最常用的一类键盘。但是其扫描方式相对复杂一些,如图5-1所示,其内部结构包含3行4列,将每列连接端命名为X0,X1,X2,X3,每行连接端命名为Y0,Y1,Y2。键盘的扫描方式有两种,即低电平扫描和高电平扫描,下面以低电平扫描为例,简单介绍一下扫描过程。

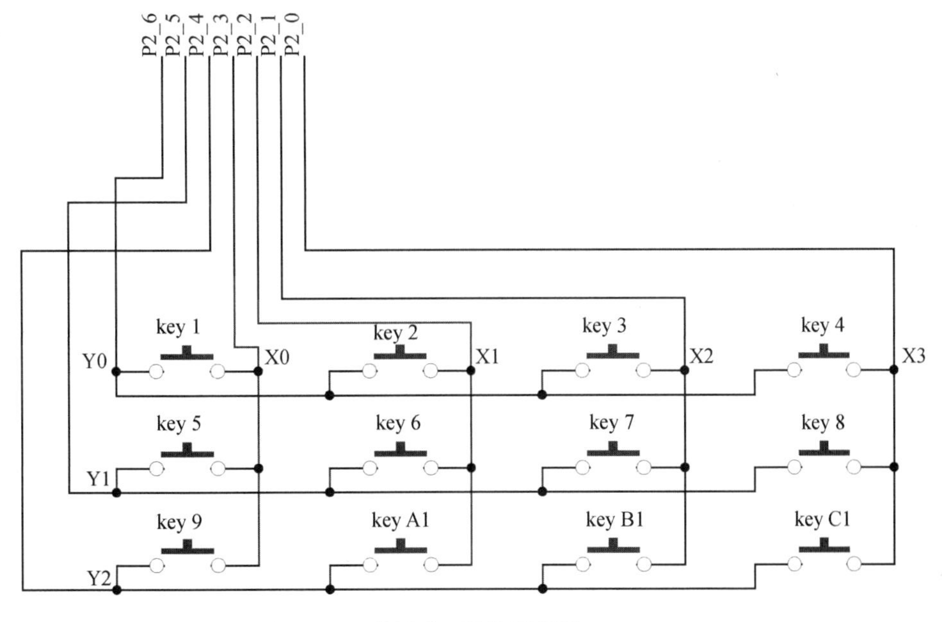

图5-1　键盘原理图

(1) CPU先使列线X0,X1,X2,X3为高,行线Y0,Y1,Y2为低,则行线均为"0"状态,列线均为“1”状态。

(2) CPU 读入输入缓冲器的状态,以确定哪条列线为“0”状态,此时,若 X0 为“0”状态,则为 key1 键被按下;若 X1 为“0”状态,则为 key2 键被按下;同理,以此类推。

(3) 若输入缓冲器的状态全部为“1”状态,则 CPU 继续使行线 Y1 为低,其余行线为高。再读入输入缓冲器的状态,以确定哪条列线为“0”状态,从而判断是哪个键被按下。

(4) 判断出哪个键被按下之后,程序转入相应的键处理程序。

51 单片机实验板的键盘是“3 ×4”(3 行 4 列)。

5.3 实例演练

要求:按键判断键值并用七段数码管显示键值(0～9)。

(1) 硬件操作:使用数据线连接实验板和计算机。

(2) 软件操作:首先,根据原理图设计出相应的程序;其次,参考流水灯设置参数,编译程序,以产生.hex 文件烧录到实验板中;最后,观察实验结果,可以看到数码管显示相应数字,和设计要求的预期现象一致。若有非预期的状态,则需要检查程序。

参考程序为:

```
#include <reg51.h>
unsigned char code seg7code[] ={0x03,0x9f,0x25,0x0d,0x99,0x49,
0x41,0x1f,0x01,0x09};
unsigned char k;
void delay(void)//延时程序
{
  unsigned char i,j;
  for(i=20;i>0;i--)
    for(j=248;j>0;j--);
}
void Getch()
{
  unsigned char X,Y,Z;
  P2=0x7f;
  P2=0x0f;
  if(P2!=0x0f)
  {
    delay();
    if(P2!=0x0f)
    {
      X=P2;
      P2=0x70;
      Y=P2;
```

```
        Z=X|Y;
        switch (Z)
        {
          case 0x37: k=1;break;
          case 0x3b: k=2;break;
          case 0x3d: k=3;break;
          case 0x3e: k=4;break;
          case 0x57: k=5;break;
          case 0x5b: k=6;break;
          case 0x5d: k=7;break;
          case 0x5e: k=8;break;
          case 0x67: k=9;break;
          case 0x6b: k=0;break;
        }
      }
    }
  }
  void main(void)
  {
    while(1)
    {
        P2=0x7f;
        Getch();
        P0=seg7code[k];//查表 LED 输出
                          //P0=0x0f
        P2=0x0f;          //输出相同的 4 位数据
    }
  }
```

按键1,4个数码管全显示1;按键2,4个数码管全显示2;按键1～9,可在数码管上相应显示1～9这9个数。实验结果如图5-2所示,表明实验成功。

键盘实验效果

图5-2 按键的数码管显示

第6章　中　　断

6.1　51单片机中断

CPU在处理某一事件A时，发生了另一事件B请求CPU迅速去处理（中断发生或中断请求）。CPU将暂时中断当前的工作，转去处理事件B（中断响应和中断服务），待事件B处理完毕，再回到原来中断的地方继续处理事件A（中断返回），如图6-1所示。

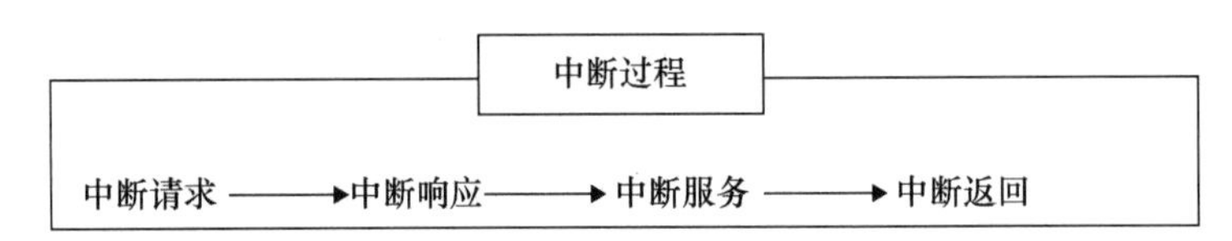

图6-1　中断过程示意图

中断优先级是指可以给要做的事情排序。

8051有5个中断源、2个优先级，与中断系统有关的特殊功能寄存器有中断允许控制寄存器IE、中断优先级寄存器IP和中断源控制寄存器（如TCON、SCON的有关位）。

6.1.1　51单片机外部中断源

8051有两个外部中断源：$\overline{INT0}$和$\overline{INT1}$，分别从P3.2和P3.3引脚引入中断请求信号。两个中断源的中断触发允许由TCON的低4位控制，而TCON的高4位则控制运行和溢出标志。$\overline{INT0}$也就是Interrupt 0。

TCON寄存器各标志位结构如下所示。

D7	D6	D5	D4	D3	D2	D1	D0
TF1	TR1	TF0	TR0	IE1	IT1	IE0	IT0

（1）定时器T0的启动控制位TR0：由软件置位或清0。当门控位GATE=0时，T0计数器仅由TR0控制，TR0=1时启动计数，TR0=0时停止。当门控位GATE=1时，T0计数器由$\overline{INT0}$和TR0共同控制，当$\overline{INT0}$=1且TR0=1时，启动T0计数器。

（2）定时器T0溢出标志位TF0：当T0溢出时，TF0=1，并向CPU申请中断，CPU响应中断后由硬件将TF0清0，也可以由软件查询方式将TF0清0。

（3）定时器T1的运行控制位TR1：由软件置位或清0。当门控位GATE=0时，T1计数器仅由TR1控制，TR1=1时启动计数，TR1=0时停止。当门控位GATE=1时，T1计数器由$\overline{INT1}$和TR1共同控制，当$\overline{INT1}$=1且TR1=1时，启动T1计数器。

（4）定时器T1溢出标志位TF1：当T1溢出时，TF1=1，并向CPU申请中断，CPU响应中断后由硬件将 TF1 清 0,也可以由软件查询方式将 TF1 清 0。

(5) 外部中断源 1($\overline{\mathrm{INT1}}$、P3.3)中断请求标志 IE1:当 IE1 =1 时,外部中断源 1 正在向 CPU 请求中断,当 CPU 响应该中断时,由硬件将 IE1 清 0(下降沿触发方式)。

(6) 外部中断源 1 触发方式选择位 IT1:当 IT1 =0 时,外部中断源 1 选择电平触发方式,当输入低电平时置位 IE1;当 IT1 =1 时,外部中断源 1 选择下降沿触发方式,当中断源由高电平变低电平时置位 IE1,向 CPU 请求中断。

(7) 外部中断源 0($\overline{\mathrm{INT0}}$、P3.2)中断请求标志 IE0:当 IE0 =1 时,外部中断源 0 正在向 CPU 请求中断,当 CPU 响应该中断时,由硬件将 IE0 清 0(下降沿触发方式)。

(8) 外部中断源 0 触发方式选择位 IT0:当 IT0 =0 时,外部中断源 0 选择电平触发方式,当输入低电平时置位 IE0;当 IT0 =1 时,外部中断源 0 选择下降沿触发方式,当中断源由高电平变低电平时置位 IE0,向 CPU 请求中断。

CPU 在每个机器周期采样$\overline{\mathrm{INT0}}$和$\overline{\mathrm{INT1}}$引脚的输入电平。

(1) 电平触发方式。

当 CPU 采样到低电平时,置位 IE0 和 IE1,采样到高电平时,将 IE0 和 IE1 清零。在电平触发方式下,外部中断源必须一直保持低电平(至少保持 1 个以上的机器周期)直到 CPU 响应中断请求,否则中断请求将丢失,同时在中断处理程序结束之前,外部中断源必须变为高电平,否则将产生另一次中断。

(2) 下降沿触发方式。

CPU 每个机器周期采样中断输入引脚,如果连续的两次采样,第一次是高电平,第二次是低电平,则置位相应的 IE,响应中断后,硬件自动将 IE 清 0。在下降沿触发方式下,中断源的高、低电平都必须保持 12 个振荡周期(即 1 个机器周期)以上,这样 CPU 才能有效检测到下降沿,并引发 CPU 中断。

6.1.2 51 单片机内部中断源

8051 有 3 个内部中断源,即定时器 T0、T1 和串行中断。

中断的允许和禁止由中断允许控制寄存器 IE 控制,其字节地址为 0A8H,可以位寻址,其结构如下所示。

D7	D6	D5	D4	D3	D2	D1	D0
EA	—	ET2	ES	ET1	EX1	ET0	EX0

EX0:外部中断 0 允许位。

ET0:定时器/计数器 T0 溢出中断允许位。

EX1:外部中断 1 允许位。

ET1:定时器/计数器 T1 溢出中断允许位。

ES:串行中断允许位。

ET2:定时器/计数器 T2 溢出中断允许位(只有 8052 具有)。

EA:CPU 中断总允许位,EA =1 时所有的中断开放,EA =0 时禁止所有的中断。

6.1.3 51 单片机中断优先级

51 单片机中断有两个优先级:高、低。通过中断优先级寄存器 IP 来设置优先级,其字节地址为 0B8H,可以位寻址,其结构如下所示。

D7	D6	D5	D4	D3	D2	D1	D0
—	—	PT2	PS	PT1	PX1	PT0	PX0

IP 中各位值为 0 时表示低优先级中断,为 1 时表示高优先级中断。CPU 复位后 IP = 0。高优先级中断可以中断低优先级中断,同优先级中断不能相互中断。当 CPU 同时接到同优先级的几个中断请求时,CPU 按照如图 6-2 所示的硬件顺序进行中断响应。

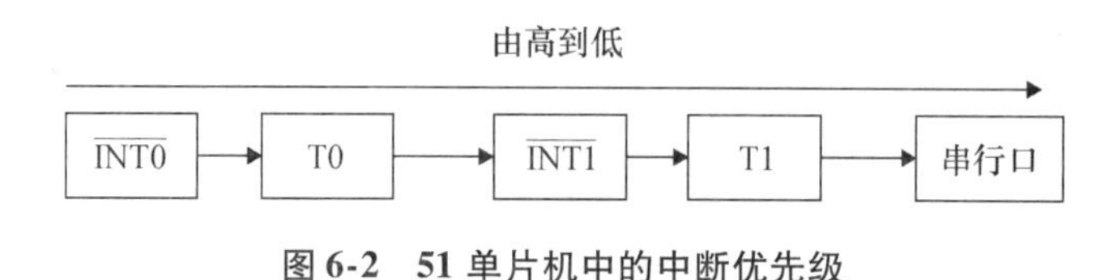

图 6-2　51 单片机中的中断优先级

6.1.4　51 单片机中断请求的撤除

CPU 响应中断请求,执行中断服务程序,但在中断返回指令(RETI)之前必须撤除中断信号,否则将可能再次引起中断而发生错误。

中断请求撤除的方法有以下 3 种:

(1) 单片机内部硬件自动复位:对于定时器/计数器 T0、T1 及采用边沿触发方式的外部中断请求,CPU 在响应中断后,由内部硬件自动撤除中断请求。

(2) 应用软件清除响应标志:对串口发送/接收中断请求及定时器 T2 的溢出和捕获中断请求,CPU 响应中断后,内部无硬件自动复位 RI、TI、TF2 及 EXF2,必须在中断服务程序中清除这些标志,才能撤除中断。

(3) 既无软件清除也无硬件撤除:对于采用电平方式的外部中断请求,CPU 对引脚上的中断请求信号既无控制能力,也无应答信号,为保障 CPU 响应中断请求中断后,执行返回指令前撤除中断请求,必须考虑另外的措施。

6.1.5　51 单片机中断响应过程

51 单片机在每个机器周期的 S5P2 状态顺序检查每个中断源的中断请求标志,若有中断源发送中断请求,CPU 在下个机器周期的 S5P2 状态按优先级顺序查询各中断标志,并且取高优先级的中断进行响应。响应中断后置位相应的中断优先级状态触发器,标明当前中断服务的优先级别,执行硬件调用程序,将程序计数器 PC 的内容压入堆栈中进行保护。向中断源的中断入口地址装入程序计数器 PC,使程序转入该中断入口处执行中断服务程序,直到遇到 RETI 指令。执行 RETI 指令,撤销中断优先级触发器,弹出断点地址至程序计数器 PC,继续源程序的执行过程。

在接收中断申请时,如遇到下列情况之一,硬件调用子程序将被封锁。

(1) 正在执行同级或高一级的中断服务程序。

(2) 当前指令周期不是该指令的最后一个周期(或一条指令未执行完)。

(3) 当前正在执行的指令是 RETI 或对 IE、IP 的读写操作。

6.1.6 中断入口地址

中断入口地址如表 6-1 所示。

表 6-1 中断入口地址

中断源	中断入口地址	被查询的标志位
外部中断 0($\overline{INT0}$)	0003H	IE0
定时器/计数器 0(T0)	000BH	TF0
外部中断 1($\overline{INT1}$)	0013H	IE1
定时器/计数器 1(T1)	001BH	TF1
串行口(RI、TI)	0023H	RI + TI
定时器/计数器 2(T2)	002BH	TF2 + EXF2

6.2 中断应用

中断系统的软件由主程序和中断服务程序构成,编写中断服务程序的关键在于要对题目要求进行精确分析,明确哪些环节应该安排在主程序中,哪些程序应该安排在中断服务程序中,再分别编写主程序和中断服务程序。

(1) 编写主程序时,主要包括主程序初始化,设置堆栈位置、定义触发方式(低电平触发或脉冲下降沿触发)及对 IE 和 IP 赋值等,以及需要由主程序完成的其他功能。

(2) 选择中断服务程序的入口地址,明确中断服务程序的起始位置。

(3) 编写中断服务程序时需要注意必须在中断服务程序中设定是否允许再次中断(即中断嵌套),由用户对 EX0(或 EX1)位置位或清 0 决定。

6.3 实例演练

要求:用中断控制计数,计数范围为 0～99。

(1) 硬件操作:使用数据线连接实验板和计算机。

(2) 软件操作:首先,根据原理图设计出相应的程序;其次,参考流水灯设置参数,编译程序,以产生.hex 文件烧录到实验板中;最后,观察实验结果,可以看到数码管被点亮,和设计要求的预期现象一致。若有非预期的状态,则需要检查程序。

参考程序为:

```
#include <reg51.h>
unsigned char code table[] ={0x03,0x9f,0x25,0x0d,0x99,0x49,0x41,
0x1f,0x01,0x09};
unsigned char dispcount =0;          //计数
```

```
sbit gewei=P1^4;                    //个位选通定义
sbit shiwei=P1^5;                   //十位选通定义
void Delay(unsigned int tc)         //延时程序
{
  while(tc!=0)
  {
    unsigned int i;
    for(i=0;i<100;i++);
    tc--;
  }
}
void ExtInt0()interrupt 0          //中断服务程序
{
  dispcount++;                      //每按一次中断按键,计数加1
  if(dispcount==100)                //计数范围为0～99
  {
    dispcount=0;
  }
}
void LED()                          //数码管显示函数
{
  if(dispcount>=10)                 //显示两位数
  {
    shiwei=0;
    P0=table[dispcount/10];
    Delay(8);
    shiwei=1;
    gewei=0;
    P0=table[dispcount%10];
    Delay(5);
    gewei=1;
  }
  else                    //显示一位数
  {
    shiwei=1;
    gewei=0;
    P0=table[dispcount];
    Delay(8);
  }
}
```

```
void main()
{
  TCON=0x01;   //中断设置
  IE=0x81;
  while(1)   //循环执行
  {
    LED();      //只需调用显示函数
  }
}
```

烧录成功后,4 个数码管中的左侧两个是用来计数的,从 0 开始,每按一次中断键,则计数加 1,直至 99,再按即归 0。数码管显示效果如图 6-3 所示。

中断实验效果

图 6-3　数码管显示 26

第7章　定时器/计数器

定时器/计数器(Timer/Counter)是单片机的重要组成部分,其优点是工作方式灵活、编程简单。它实际上也是一种中断装置,当定时或计数达到终点时立即中断,CPU 则暂时放下目前所执行的程序,先去执行特定的程序,完成特定程序后,再返回执行 CPU 暂停的程序。

8051 提供两个 16 位的定时器/计数器,即 Timer0 和 Timer1(T0 和 T1),这两个定时器/计数器可作为内部定时器或外部计数器。

(1) 在 T0 或 T1 引脚上加一个高电平到低电平的跳变,计数器加 1,则为计数功能。以 12 MHz 的计数时钟脉冲系统为例,将此计数时钟脉冲除以 12 后送入 T0 或 T1 的引脚。若采用 16 位的定时方式,则最多可计 65536 个计数值。

(2) 在单片机内部对机器周期或其分频进行计数,从而得到定时,即为定时功能。同样,定时器所计数的脉冲周期为 1 μs,若采用 16 位的定时方式,约 0.0655 s。

T0 和 T1 由以下几部分组成。

① 计数器 TH0、TL0 和 TH1、TL1。

② 特殊功能寄存器 TMOD 和 TCON。

③ 时钟分频器。

④ 输入引脚 T0、T1、$\overline{INT0}$和$\overline{INT1}$。

定时器/计数器的逻辑结构框图如图 7-1 所示。

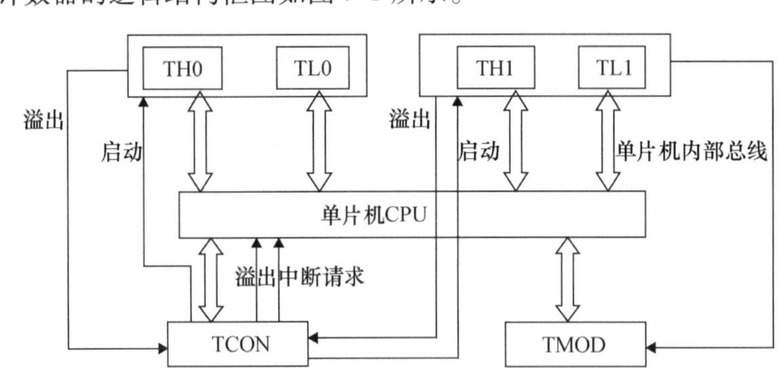

图 7-1　定时器/计数器的逻辑结构框图

7.1　定时器/计数器 T0、T1 的特殊功能寄存器及方式选择

TMOD 是逐位定义的 8 位寄存器,是只能字节寻址的寄存器,其字节地址为 89H。TMOD 寄存器结构如下所示。

D7	D6	D5	D4	D3	D2	D1	D0
GATE	C/T	M1	M0	GATE	C/T	M1	M0
T1				T0			

其中,低四位定义定时器/计数器 T0,高四位定义定时器/计数器 T1,位的定义如表 7-1 所示。

表 7-1　TMOD 寄存器位的定义

位	位的定义
GATE	闸控开关 GATE =0,设置为内部启动,仅由 TR0 和 TR1 置位来启动定时器/计数器 T0 和 T1。 GATE =1,设置为外部启动,由外部中断引脚$\overline{INT0}$、$\overline{INT1}$和控制寄存器的 TR0 或 TR1 来启动定时器/计数器 T0 和 T1。当$\overline{INT0}$引脚为高电平时,TR0 位置位,启动 T0;当$\overline{INT1}$引脚为高电平时,TR1 位置位,启动 T1
C/T	定时器/计数器功能选择开关 C/T =0,设置为内部定时器,计数内部系统时钟 12 分频的信号。 C/T =1,设置为外部计数器,计数信号由 T0/T1 引脚输入
M0 及 M1	定时器/计数器工作方式选择开关 方式 0(M0 =0,M1 =0):两个 13 位定时器/计数器 方式 1(M0 =1,M1 =0):两个 16 位定时器/计数器 方式 2(M0 =0,M1 =1):两个 8 位自动重装定时器/计数器 方式 3(M0 =1,M1 =1):T0 分为一个 8 位定时器/计数器,一个 8 位定时器,T1 为波特率发生器

(1) 方式 0。方式 0 的结构如图 7-2 所示,其计数寄存器由 13 位组成,即 TLx 的高三位未用。

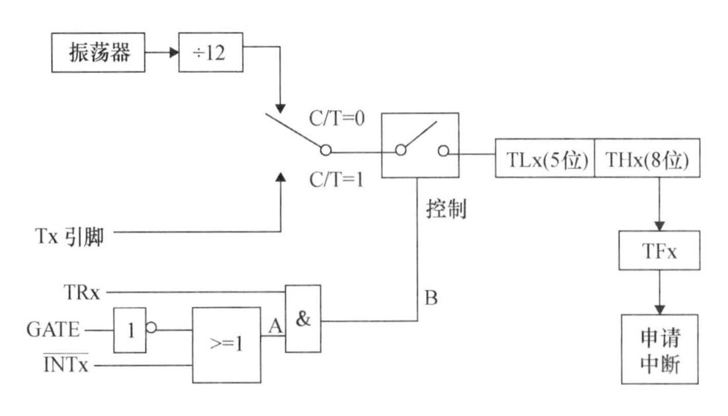

图 7-2　方式 0 结构图

THx 寄存器结构如下所示。

B7	B6	B5	B4	B3	B2	B1	B0
b12	b11	b10	b9	b8	b7	b6	b5

TLx 寄存器结构如下所示。

B7	B6	B5	B4	B3	B2	B1	B0
—	—	—	b4	b3	b2	b1	b0

图 7-2 中,x =0,1。

计数时,TLx 的低五位溢出后向 THx 进位,THx 溢出后将 TFx 置位,并向 CPU 申请中断。

当 GATE =0 时,A 点为高电平,定时器/计数器的启动/停止由 TRx 决定。当 TRx =1 时,定时器/计数器启动;当 TRx =0 时,定时器/计数器停止。

当 GATE =1 时,A 点电位由 $\overline{\text{INTx}}$决定,B 点的电位由 TRx 和$\overline{\text{INTx}}$决定,即定时器/计数器的启动/停止由 TRx 和$\overline{\text{INTx}}$两个条件决定。

计数溢出时,TFx 置位。如果中断允许,CPU 响应中断并转入中断服务程序,由内部硬件部分清 TFx。TFx 也可以由程序查询和清 0。

若要启动定时功能,则将 C/T 位设置为 0,CPU 将计数被除 12 的系统频率,每个频率为 1 μs。若要执行计数功能,则将 C/T 位设置为 1,CPU 将计数从 Tx 引脚输入的脉冲。

(2) 方式 1。方式 1 的结构如图 7-3 所示,计数寄存器由 16 位组成。

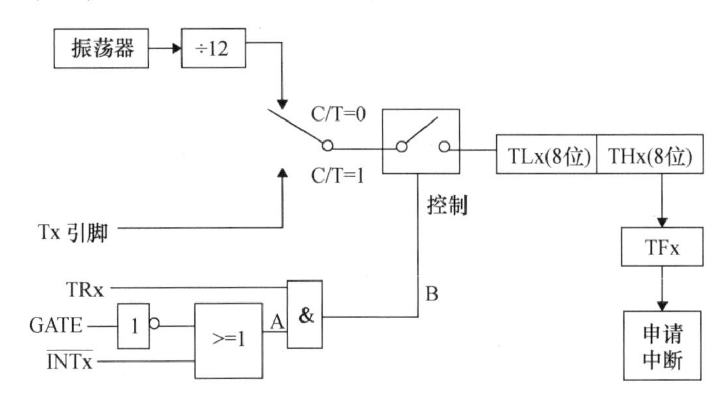

图 7-3　方式 1 结构图

THx 寄存器结构如下所示。

B7	B6	B5	B4	B3	B2	B1	B0
b15	b14	b13	b12	b11	b10	b9	b8

TLx 寄存器结构如下所示。

B7	B6	B5	B4	B3	B2	B1	B0
b7	b6	b5	b4	b3	b2	b1	b0

图 7-3 中,x =0,1。

方式 1 提供两个 16 位的定时器/计数器(T0 及 T1),其计数值分别放置在 THx 与 TLx 两个 8 位的计数寄存器中。其中,THx 放置 8 位,TLx 放置 8 位,此工作方式的定时器/计数器功能切换方式和方式 0 一样,而且启动方式也是相同的,但是计数值比方式 0 大,所以现在方式1是常用的工作方式,而方式0已经很少使用了。

(3) 方式2。方式2的结构如图7-4所示,计数寄存器由8位组成。

图7-4中,x=0,1。

方式2的工作方式提供两个8位的定时器/计数器(T0及T1),其计数值分别放置在TLx 8位的计数寄存器中。当计数溢出时,该定时器/计数器向CPU申请中断并将TFx置位,而且自动将THx计数寄存器中的计数值载入TLx中继续计数。重新装入并不影响THx的内容,因而可以多次连续装入。

由于方式2下只有8位,因此,其计数范围仅为256。此工作方式的定时器/计数器功能切换方式和方式0一样,且启动方式也是相同的。

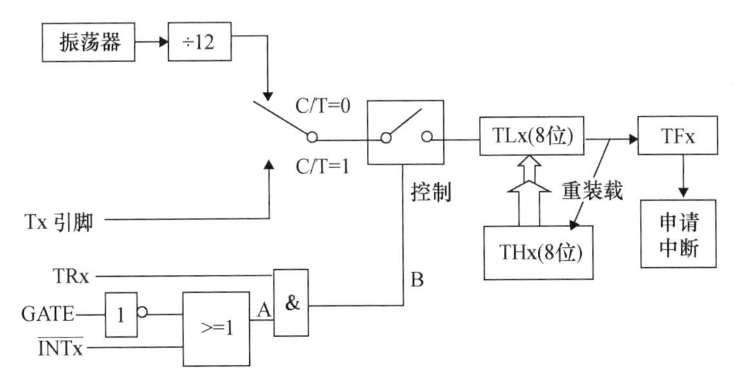

图7-4 方式2结构图

方式2对定时控制特别有用,它可实现每隔预定时间发出控制信号,适合与串行口波特率发生器联合使用。

(4) 方式3。方式3的结构如图7-5所示,计数寄存器由13位组成。

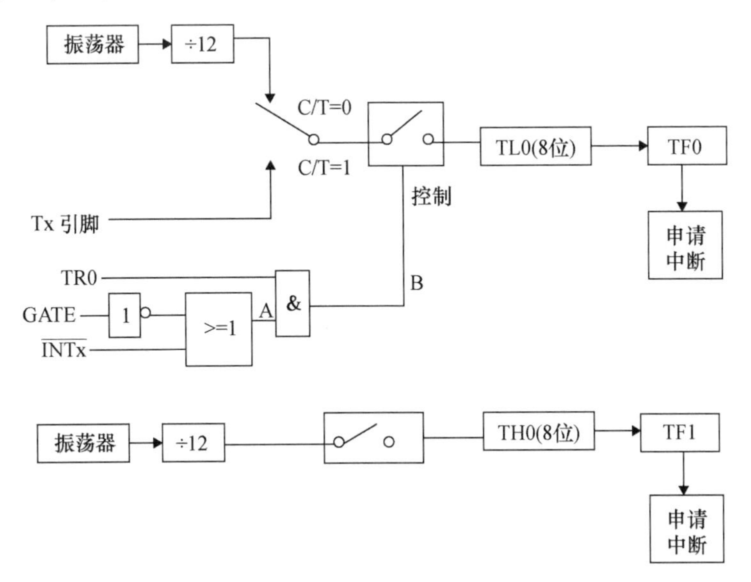

图7-5 方式3结构图

图7-5中,x=0,1。

方式3的工作方式是将定时器/计数器T0分为一个8位定时器/计数器和一个8位定时器,TL0用于8位定时器/计数器,TH0用于8位定时器。此工作方式的定时器/计数器功能切换方式和方式0一样,且启动方式也是相同的,只是此时的计数器为8位计数器TL0,它占用了T0的GATE、$\overline{INT0}$、TR0、T0引脚及中断资源等。TH0只能作为定时器用,因为此时的外部引脚T0已为定时器/计数器TL0所占用。不过这时TH0占用了定时器/计数器T1的启动/停止控制位TR1、计数溢出标志位TF1及中断源。

7.2 定时器/计数器的初始化

定时器/计数器的初始化具体步骤如下。

(1) 对TMOD赋值,以确定定时器的工作模式。

(2) 设置定时器/计数器初值,直接将初值写入寄存器的TH0、TL0或TH1、TL1。

(3) 根据需要,对IE设置初值,开放定时中断。

(4) 对TCON寄存器中的TR0或TR1置位,启动定时器/计数器,置位以后,计数器即按规定的工作模式和初值开始计数或开始定时。

下面是初值的计算过程。

计数器的最大计数值为M,则置入的初值X为:

计数方式: $X=M-$计数值。

定时方式: 由$(M-X)T=$定时值,得$X=M-$定时值$/T$,T为计数周期,是单片机的机器周期。

方式0,M为2^{13};方式1,M为2^{16};方式2和3,M为2^{8}。

例如,机器周期为1 μs时,若工作在方式0,则最大定时值为$2^{13}\times 1$ μs $=8.192$ ms;

若工作在方式1,则最大定时值为$2^{16}\times 1$ μs $=65.536$ ms。

7.3 实例演练

(1) 采用定时器/计数器T0,方式1工作,即16位工作方式。

① 硬件操作: 连接由中国地质大学(北京)研发的51单片机实验板和计算机。

② 软件操作: 首先,根据原理图设计出相应的程序;其次,设置各项工程参数,编译程序,以产生.hex文件烧录到实验板中;最后,观察实验结果,和设计要求的预期现象一致。若有非预期的状态,则需要检查程序或硬件连接。

这个简单的定时器程序由一个循环组成,可以看到P0.0口上接的LED灯每隔一秒就会亮一次。

参考程序为:

```
#include <reg51.h> //包括一个51标准内核的头文件
sbit P0_0 = P0^0; //要控制的LED灯
unsigned int i = 0;
void main(void) //主程序
```

```
{
  TMOD=0x01;//定时器0,16 位工作方式
  TL0 =0x0F0;
  TH0 =0x0D8;
  TR0 =1;//启动定时器
  ET0 =1;//打开定时器0 中断
  EA=1;//打开总中断  while(1)//程序循环
  {
    ;//主程序在这里就不断自循环,实际应用中,这里是做主要工作
  }
}
void timer0() interrupt 1//定时器0 中断是1 号
{
  TL0 =0x0F0;//初值X=2^16 =0D8F0H
  TH0 =0x0D8;//定时间隔为10ms,TF0 =1,连续计数100 次
  if(++i==100)
  {
    P0_0 =~ P0_0;//反转LED 灯的亮和灭
    i=0;
  }
}
```

烧录成功后看到P0.0 口的LED 灯每隔一秒亮一次;如图7-6 和图7-7 所示。

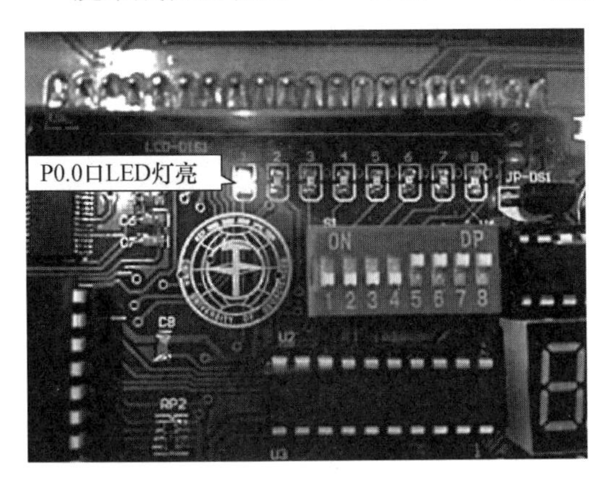

图7-6　P0.0 口的LED 灯亮示意

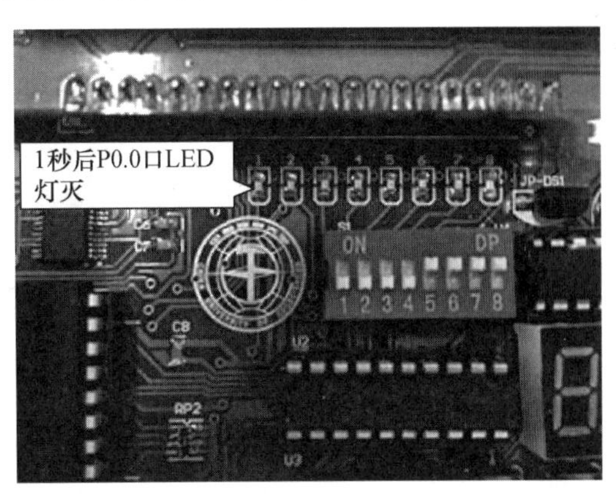

图7-7　P0.0 口的LED 灯灭示意

定时器/计数器实验效果1

(2) 采用定时器/计数器T0,方式2 工作。

① 硬件操作: 连接由中国地质大学(北京)研发的51 单片机实验板和计算机。

② 软件操作: 首先,根据原理图设计出相应的程序;其次,设置各项工程参数,编译程序,以产生.hex 文件烧录到实验板中;最后,观察实验结果,和设计要求的预期现象一致。若有非预期的状态,则需要检查程序或硬件连接。

要求：4 个七段数码管，左边两个显示分钟，右边两个显示秒，每隔 1s，七段数码管秒位自动加 1，满 60s，向分位进 1。

参考程序为：

```
#include <reg51.h>
sbit P0_0 = P0^0;sbit P1_0 = P1^0;sbit P2_0 = P2^0;sbit P3_0 = P3^0;
sbit P0_1 = P0^1;sbit P1_1 = P1^1;sbit P2_1 = P2^1;sbit P3_1 = P3^1;
sbit P0_2 = P0^2;sbit P1_2 = P1^2;sbit P2_2 = P2^2;sbit P3_2 = P3^2;
sbit P0_3 = P0^3;sbit P1_3 = P1^3;sbit P2_3 = P2^3;sbit P3_3 = P3^3;
sbit P0_4 = P0^4;sbit P1_4 = P1^4;sbit P2_4 = P2^4;sbit P3_4 = P3^4;
sbit P0_5 = P0^5;sbit P1_5 = P1^5;sbit P2_5 = P2^5;sbit P3_5 = P3^5;
sbit P0_6 = P0^6;sbit P1_6 = P1^6;sbit P2_6 = P2^6;sbit P3_6 = P3^6;
sbit P0_7 = P0^7;sbit P1_7 = P1^7;sbit P2_7 = P2^7;sbit P3_7 = P3^7;
unsigned char code seg7code[] ={0x03,0x9f,0x25,0x0d,0x99,0x49,
0x41,0x1f,0x01,0x09,0x11,0xc1,0x63,0x85,0x61,0x71};
unsigned int second=0;
unsigned int sec=0;
unsigned int min=0;
unsigned int n=0;
void timer(void) interrupt 1
{
  n++;
}
void delay(void)
{
  unsigned char i,j;
  for(i=20;i>0;i--)
    for(j=100;j>0;j--);
}
void main()
{
  TMOD=0x02;
  TH0=0;
  TL0=0;
  ET0=1;
  EA=1;
  TR0=1;
  while(1)
  {
    if(n>=3600)
```

```
      {
        n=0;
        second++;
        sec=second%60;
        min=second/60%60;
      }
      P1=0x1f;
      P0=seg7code[min/10];
      delay();
      P1=0x2f;
      P0=seg7code[min%10];
      delay();
      P1=0x4f;
      P0=seg7code[sec/10];
      delay();
      P1=0x8f;
      P0=seg7code[sec%10];
      delay();
    }
  }
```

烧录后可开始计时,如图 7-8 所示,数码管显示计时时间为 04 分 36 秒。

定时器/计数器实验效果 2

图 7-8　数码管显示时间 04 分 36 秒

第8章 串　口

数据传输有两种方式：并行数据传输和串行数据传输。其中，并行传输速度快、效率高，传输的成本也高，而串行数据传输则按位顺序进行。在串行数据通信中，有单工和双工之分，单工就是一条线只有一种用途，如输出线只能将数据发出去，输入线只能将数据接收；而双工就是在同一条线上，既可以接收数据，也可以发送数据。若系统中只有一条传输线，且在同一时刻内发送数据和接收数据只有其中的一个在进行，这样的数据传输称为“半双工”；若系统中有两条传输线，而这两条传输线可同时进行数据接收和发送，这样的数据传输称为“全双工”。

在80C51中有一个串行接口（Serial Port），即全双工的异步串行通信接口（UART），因该接口内的接收缓冲器和发送缓冲器在物理上是隔离的、完全独立的，可以同时进行接收和发送数据，所以可作为通用异步接收和发送器使用。该接口也可作为同步移位寄存器使用，通过访问特殊功能寄存器SBUF来访问接收缓冲器和发送缓冲器，接收缓冲器在接收第一个数据字节后，还能接收第二个数据字节。但是当它接收第二个数据字节后，若第一个数据字节还未取走，那么第一个数据字节将丢失。

8.1 UART串行口的结构

8.1.1 串行口的结构

串行口的结构可分为两大部分，即波特率发生器和串行口。

1. 波特率发生器

波特率发生器主要由定时器/计数器T1及内部的一些控制开关和分频器组成，它向串行口发送的时钟信号为TXCLOCK（发送时钟）和RXCLOCK（接收时钟）。相应地，控制波特率发生器的特殊功能寄存器有TMOD，TCON，TH1，TL1，PCON等。

2. 串行口

串行口由接收寄存器SBUF和发送寄存器SBUF（物理上隔离，但占用同一个地址）、串行口控制逻辑（接收波特率发生器的时钟信号TXCLOCK和RXCLOCK）、串行口控制寄存器SCON及串行数据输入/输出引脚（RxD/TxD）4个部分组成。

8.1.2 串行口的特殊功能寄存器

1. 串行口控制寄存器SCON

SCON是8位寄存器，控制串行通信方式的选择、接收、发送和指示串行口的状态，其结构如下所示。

9FH	9EH	9DH	9CH	9BH	9AH	99H	98H
SM0	SM1	SM2	REN	TB8	RB8	TI	RI

这个串行口有4种工作方式，不同的工作方式，波特率也是不同的。SM0和SM1是串行口工作方式选择位，其方式选择如表8-1所示。

表8-1　串行口工作方式选择

SM0(SCON.7)	SM1(SCON.6)	工作方式	特点	波特率
0	0	方式0	8位移位寄存器	$f_{osc}/12$
0	1	方式1	10位UART	可变
1	0	方式2	11位UART	$f_{osc}/64$或$f_{osc}/32$
1	1	方式3	11位UART	可变

其中，f_{osc}是8051系统时钟。

SM2(SCON.5)是方式2、方式3中的多处理机通信允许位。

方式0时，SM2=0。

方式1时，SM2=1，只有接收到有效的停止位，RI才置1。

方式2和方式3时，若SM2=1，如果接收到的第9位数据(RB8)为0，则RI清0；如果为1，则RI置1。

REN(SCON.4)是允许串行接收位。置位时，允许串行接收；清除时，禁止串行接收。可用软件置位/清除。

TB8(SCON.3)是方式2和方式3中要发送的第9位数据。可用软件置位/清除。

RB8(SCON.2)是方式2和方式3中要接收的第9位数据。方式1中接收到的是停止位，方式0中不使用这一位。

TI(SCON.1)是发送中断标志位，硬件置位，软件清除。除了在方式0中发送第8位末尾置位外，其余都是在发送停止位开始设置。

RI(SCON.0)是接收中断标志位，与TI设置相同。

2. 电源控制寄存器PCON

PCON是8位寄存器，最高位SMOD与串行口控制有关，其他位与掉电方式有关，其结构如下所示。

D7	D6	D5	D4	D3	D2	D1	D0
SMOD	—	—	—	GF1	GF0	PD	IDL

SMOD是串行通信波特率系数控制位，为1时使波特率加倍。

3. 串行数据寄存器SBUF

SBUF包含接收寄存器和发送寄存器，其结构如下所示。

D7	D6	D5	D4	D3	D2	D1	D0
SD7	SD6	SD5	SD4	SD3	SD2	SD1	SD0

8.2 串行口的工作方式

(1) 方式0。

SM0 =0,SM1 =0,串行口按同步位移寄存器方式工作,数据传输波特率为$f_{osc}/12$。若在12 MHz 下,则波特率为1 Mb/s,数据由RxD(P3.0)引脚输入或输出,同步移位时钟由TxD(P3.1)引脚输出,接收和发送都是8位数据,传输时低位在前。若将发送出的数据放入SBUF,启动TX控制器的开始信号,而TX控制器的送出信号输出1,则TxD引脚即可输出移位脉冲,开始发送数据,SBUF内的数据一次移位经RxD引脚输出,同时在SBUF左边补0。当发送8个数据位时,SBUF的左边7位全为0,最右边为1,检测出0的信号后,驱动TX控制器,TX控制器随即请求一个TI中断信号,并将送出信号输出0,停止发送。

若要进行接收数据,则必须先将REN位置1、RI位置0,才能启动RX控制器的开始信号,RX将"11111110"加载输入移位寄存器。然后,RX控制器的接收信号输出1,则TxD引脚即可输出移位脉冲,开始接收数据。当一个串行数据位经RxD引脚输入移位寄存器时,RX控制器将送出一个位移信号,让输入移位寄存器左移一位,当输入移位寄存器最左位为0时,RX控制器将再进行一个位的输入,然后提出一个RI中断信号,并将接收信号输出为0,停止接收。

(2) 方式1。

方式1的波特率是可变的,由T1来控制,由TxD(P3.1)引脚发送数据,由RxD(P3.0)引脚接收数据或接收一帧信息位为10位:1位起始位(0)、8位数据位(先低位后高位)、1位停止位(1)。

方式1的数据格式如下所示。

	LSB							MSB	
起始	D0	D1	D2	D3	D4	D5	D6	D7	停止

① 发送。当执行任何一条写SBUF的指令时,启动串行数据的发送。在执行写入SBUF的指令时,也将1写入发送移位寄存器的第9位,并告知发送控制器发送请求。开始发送后的一个位周期,发送信号有效,开始将起始位送TxD(P3.1)引脚。1位时间后,数据信号有效。发送移位寄存器将数据由低位到高位顺序输出至TxD(P3.1)引脚。1位时间后,第一个移位脉冲出现,将最低数据位从右边移出,同时0从左边移入。当最高数据位移至发送寄存器的输出端时,先前装入的第9位的1,正好在最高数据位的左边,而它的左边全部为0。在第10个位周期(16位分频计数器回0时),发送控制器进行最后一次移位,清除发送信号,同时使TI置位。

② 接收。REN =1且清除RI后,若在RxD(P3.0)引脚上检测到一个1到0的跳变,即启动一次接收。同时复位16位分频计数器,使输入位的边沿与时钟对齐,并将1FFH写入接收移位寄存器。接收寄存器以波特率16倍的速率继续对RxD(P3.0)引脚进行检测,对每一位时间的第7、8、9个技术状态的采样值用多数表决法,当两次或两次以上的采样值相同时,采样值予以接收。如果在第一个时钟周期中接收到的不是0(起始位),就复位接收电路,继续检测RxD(P3.0)引脚上1到0的跳变;如果接收到的是起始位,就将其移入接收移位寄存器,然后接收该帧的其他位。接收到的位从右边移入,原来写入的1,从左边移出。当起始位

移到最左边时，接收控制器将控制进行最后一次移位，把接收到的9位数据送入接收数据缓冲器SBUF和RB8，而且置位RI。在进行最后一次移位时，能将数据送入接收数据缓冲器SBUF和RB8，而且置位RI的条件是RI=0和SM2=0或接收到的停止位为1。这两个条件必须同时满足，否则将丢失接收到的这一帧信息；若满足上述条件，则数据位装入SBUF，停止位装入RB8，且置位RI。接收这一帧后，不论是否满足上述条件，接收的信息是否丢失，串行口都将检测RxD(P3.0)引脚上1到0的跳变，准备接收新的信息。

(3) 方式2，方式3。

方式2的波特率是固定的，为振荡器频率的1/32或1/64。方式3的波特率是由定时器/计数器T1和T2的溢出率决定的，可用程序设定。由TxD(P3.1)引脚发送数据，由RxD(P3.0)引脚接收数据或接收一帧信息位为11位：1位起始位(0)、9位数据位、1位停止位(1)。

方式2、方式3的数据格式如下所示。

	LSB								MSB	
起始	D0	D1	D2	D3	D4	D5	D6	D7	D8	停止

① 发送。当执行任何一条写SBUF的指令时，启动串行数据的发送。在执行写入SBUF的指令时，也将1写入发送移位寄存器的第9位，并告知发送控制器发送请求。开始发送后的一个位周期，发送信号有效，开始将起始位送TxD(P3.1)引脚。1位时间后，数据信号有效。发送移位寄存器将数据由低位到高位顺序输出至TxD(P3.1)引脚。1位时间后，第一个移位脉冲出现，将最低数据位从右边移出，同时0从左边移入。当最高数据位移至发送寄存器的输出端时，先前装入的第9位的1，正好在最高数据位的左边，而它的左边全部为0。在第11个位周期(16位分频计数器回0时)，发送控制器进行最后一次移位，清除发送信号，同时使TI置位。

② 接收。REN=1且清除RI后，若在RxD(P3.0)引脚上检测到一个1到0的跳变，即启动一次接收。同时复位16位分频计数器，使输入位的边沿与时钟对齐，并将1FFH写入接收移位寄存器。接收寄存器以波特率16倍的速率继续对RxD(P3.0)引脚进行检测，对每一位时间的第7、8、9个技术状态的采样值用多数表决法，当两次或两次以上的采样值相同时，采样值予以接收。如果在第一个时钟周期中接收到的不是0(起始位)，就复位接收电路，继续检测RxD(P3.0)引脚上1到0的跳变；如果接收到的是起始位，就将其移入接收移位寄存器，然后接收该帧的其他位。接收到的位从右边移入，原来写入的1，从左边移出。当起始位移到最左边时，接收控制器将控制进行最后一次移位，把接收到的9位数据送入接收数据缓冲器SBUF和RB8，而且置位RI。在进行最后一次移位时，能将数据送入接收数据缓冲SBUF和RB8，而且置位RI的条件是RI=0和SM2=0或接收到的停止位为1。这两个条件必须同时满足，否则将丢失接收到的这一帧信息；若满足上述条件，则数据位装入SBUF，停止位装入RB8，且置位RI。接收这一帧后，不论是否满足上述条件，接收的信息是否丢失，串行口都将检测RxD(P3.0)引脚上1到0的跳变，准备接收新的信息。

8.3 串行口的波特率发生器及波特率

波特率表示每秒钟传递的信息位的数量，它是原传递代码的最短码元占有时间的倒数。波特率发生器用于控制串行口的数据传输速率。串行口的波特率发生器设定如下。

1. 方式 0 时的波特率

波特率由振荡器的频率f_{osc}确定:

$$波特率 = f_{osc} \div 12 \tag{8-1}$$

2. 方式 2 时的波特率

方式 2 时的波特率由振荡器的频率f_{osc}和 SMOD(PCON.7)确定:

$$波特率 = \frac{f_{osc}}{32} \times 2^{SMOD}/2 \tag{8-2}$$

当 SMOD = 1 时,波特率 =$f_{osc}/32$;当 SMOD = 0 时,波特率 =$f_{osc}/64$。

3. 方式 1 和方式 3 时的波特率

在这两种方式下,定时器 T1 和 T2 的溢出率和 SMOD 共同确定波特率。可选择的范围比较大,因此,串行口的方式 1 和方式 3 是最常用的工作方式。

(1) 用定时器 T1(C/T = 0)产生波特率:

$$波特率 = \frac{f_{osc}}{32} \times 定时器 T1 的溢出率 \tag{8-3}$$

定时器 T1 的溢出率与其工作方式有关。

① 定时器 T1 工作于方式 0:此时定时器 T1 相当于一个 13 位的计数器。

$$溢出率 = \frac{f_{osc}}{12} \times \frac{1}{2^{13} - TC + X} \tag{8-4}$$

式中,TC 是 13 位计数器初值;X 是中断服务程序的机器周期数,在中断服务程序中重新对定时器置数。

② 定时器 T1 工作于方式 1:此时定时器 T1 相当于一个 16 位的计数器。

$$溢出率 = \frac{f_{osc}}{12} \times \frac{1}{2^{16} - TC + X} \tag{8-5}$$

③ 定时器 T1 工作于方式 2:此时定时器 T1 工作于一个 8 位可重装的方式,用 TL1 计数,用 TH1 装初值。

$$溢出率 = \frac{f_{osc}}{12} \times \frac{1}{2^{8} - (TH1)} \tag{8-6}$$

(2) 定时器的工作方式 2 是一种自动重装方式,无须在中断服务程序中送数,没有由于中断引起的误差,也应禁止定时器 T1 中断。这种方式对于设定波特率最为有用。用定时器 T2 产生波特率:

$$波特率 = \frac{1}{16} \times 定时器 T2 的溢出率 \tag{8-7}$$

$$溢出率 = \frac{f_{osc}}{12} \times \frac{1}{2^{16} - (RCAP2H, RCAP2L)} \tag{8-8}$$

其中,(RCAP2H,RCAP2L)为 16 位寄存器的初值(定时常数)。

8.4 实例演练

要求:使用串口接收数据。

（1）硬件操作：使用USB线连接实验板和计算机。

（2）软件操作：首先，根据原理图设计出相应的程序；其次，设置各项工程参数，编译程序，以产生.hex文件烧录到实验板中；最后，观察实验结果。打开计算机的串口专家软件，设置各项参数，向串口发送数据，可以看到串口接收了发送的数据，和设计要求的预期现象一致。若有非预期的状态，则需要检查程序或硬件连接。

参考程序为：

```
#include <reg51.h>
unsigned char read_flag;
unsigned char ch;
void init_serialcom(void)//串口通信初始设定
{
  SCON=0x50;//UART为模式1,8位数据,允许接收
  TMOD=0x20;//定时器1为模式2,8位自动重装
  PCON=0x00;
  TH1=0xfd;
  TL1=0xfd;
  IE=0x90;//使能串口中断
  TR1=1;//打开定时器1
  TI=0;
}
void send_char_com(unsigned char ch)//向串口发送一个字符
{
  SBUF=ch;
  while(TI==0);
  TI=0;
  P0=0x0f;
}
void serial ()interrupt 4 //串口接收中断函数
{
  if (RI)
  {
    RI=0;
    ch=SBUF;
    read_flag=1;//置位取数标志
  }
  P0=0x88;
}
void main()
```

```
{
  init_serialcom();//初始化串口
  send_char_com(11);
  while (1)
  {
    if(read_flag)//如果取数标志已置位,就将读到的数从串口发出
    {
      read_flag=0;//取数标志清0
      send_char_com(ch);
    }
  }
}
```

图 8-1 所示为单片机串口连续发送数据 0x88 到上位机的结果。

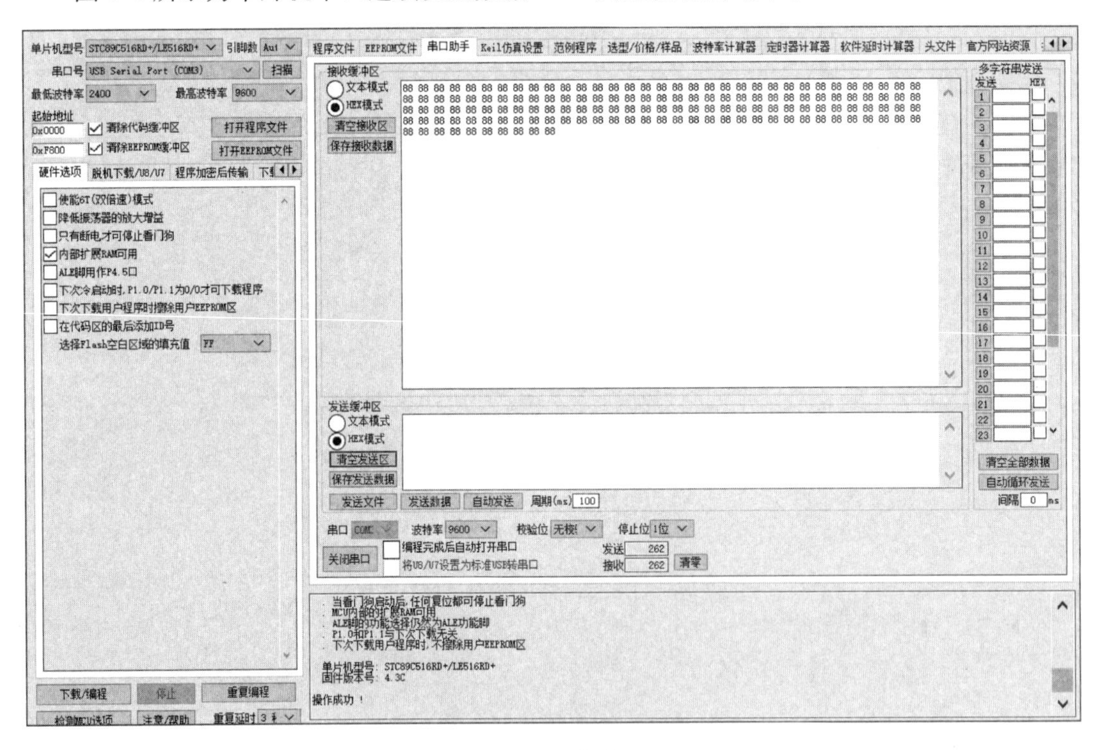

图 8-1　串口发送数据

第9章　ADC和DAC模块

9.1　ADC模块原理分析

CS5550是一个双通道、低成本的模数转换器(ADC),其主要特性如下。

(1) 功耗小(<12 mW)。

(2) 单端对地参考输入。

(3) 片上2.5 V参考电压,最大温漂60 ppm/℃。

(4) 简单的三线数字串行接口。

(5) 电源配置:VA + = +5 V;AGND =0 V;VD + = +4.3～+5 V。

如图9-1所示为ADC模块原理图。

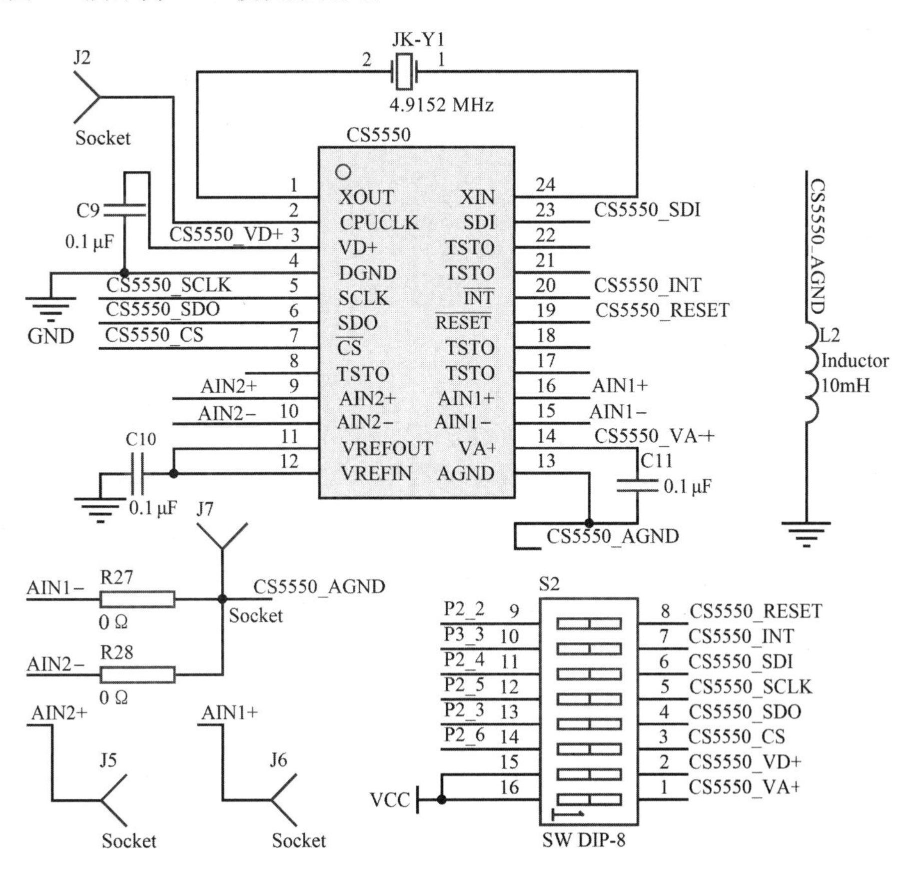

图9-1　ADC模块原理图

CS5550 引脚如表 9-1 所示。

表 9-1　CS5550 引脚

引脚号	符号	功能	说明
1	XOUT	晶振输出	可连接晶体或和外部时钟(CMOS 时钟兼容)驱动引脚 XIN,为芯片提供系统时钟
2	CPUCLK	CPU 时钟输出	片上振荡器的输出,可以驱动一个标准 CMOS 负荷
3	VD +	数字电源正	以 DGND 为参考,一般为 +5 V ± 10%
4	DGND	数字地	数字接地,与 AGND 具有相同的电平
5	SCLK	串行时钟输入	该引脚确定 SDI 和 SDO 引脚的输入和输出速率。只有当$\overline{\text{CS}}$低时,SCLK 引脚才识别时钟
6	SDO	串行数据输出	SDO 是串行数据端口的输出引脚。当$\overline{\text{CS}}$高时,其输出将处于高阻抗状态
7	$\overline{\text{CS}}$	片选	处于低电平时,端口可以识别 SCLK。该引脚高电平状态使 SDO 引脚处于高阻抗状态。$\overline{\text{CS}}$应在 SCLK 处于低电平时改变状态
8,17,18,21,22	TSTO	测试输出	用于工厂测试,应悬空
9,10,15,16	AIN2 +,AIN2 −,AIN1 −,AIN1 +	差分模拟输入	差分模拟输入引脚
11	VREFOUT	参考电压输出	芯片上的参考电压由该引脚输出,参考电压的标称值为 2.5 V(以 AGND 引脚为参考)
12	VREFIN	参考电压输入	该引脚输入的电压给芯片上调制器提供了参考电压
13	AGND	模拟地	负模拟电源引脚,必须具有最低的电压
14	VA +	模拟电源正	以 AGND 为参考,通常为 +5 V ± 10%
19	$\overline{\text{RESET}}$	复位	该引脚为低电平时,所有内部寄存器都被设置为缺省值
20	$\overline{\text{INT}}$	中断	当$\overline{\text{INT}}$变低时,表明一个允许的事件已经发生
23	SDI	串行数据输入	数据的输入速率由 SCLK 决定
24	XIN	晶振输入	同引脚 1

CS5550 的串行口部分集成了一个带有发送/接收缓冲器的状态机,状态机在 SCLK 的上升沿解析 8 位命令字。根据对命令的解码,状态机将执行相应的操作,或者为被寻址寄存器的数据传输做准备。读操作需将被寻址的内部寄存器的数据传送到发送缓冲区,写操作在数据传输前等 24 个 SCLK 周期。内部寄存器用于控制 ADC 模块的功能。所有寄存器都是 24 位宽。

上电后,CS5550 初始化并处于完全可操作状态,串口初始化或复位后,串口状态机进入命令模式,等待接收有效的命令(输入串口的前 8 位数据)。在完成对有效命令的接收和解码后,状态机将指示转换器执行系统操作或从内部寄存器输入或输出数据。几个常用的命令格式如下所示。

(1) 启动转换命令。

B7	B6	B5	B4	B3	B2	B1	B0
1	1	1	0	C	0	0	0

C：转换模式，0——执行单转换，1——执行连续转换。

（2）SYNC0 串口结束重新初始化命令，也可作空命令。

B7	B6	B5	B4	B3	B2	B1	B0
1	1	1	1	1	1	1	0

（3）SYNC1 串口重新初始化命令。

B7	B6	B5	B4	B3	B2	B1	B0
1	1	1	1	1	1	1	1

（4）上电/停机命令。

B7	B6	B5	B4	B3	B2	B1	B0
1	0	1	0	0	0	0	0

如果芯片处于省电模式，那么本命令将使芯片上电；上电后，如果已处于加电模式，那么本命令使所有计算暂停。

（5）掉电控制和软件复位命令。

B7	B6	B5	B4	B3	B2	B1	B0
1	0	0	S1	S0	0	0	0

共有两种模式（S1、S0）节电，如果芯片处于待机模式，除了模拟电路和振荡器以外，所有电路都被关闭。如果芯片处于休眠模式，除了解码器和振荡器以外，所有电路都被关闭。由于需要附加重启动和时钟稳定时间，从休眠模式唤醒 CS5550 比待机模式时间长。

S1、S0 省电模式：00——软件复位；01——停机并进入待机省电模式，这种模式允许快速上电；10——停机并进入休眠模式，这种模式不允许快速上电；11——保留。

（6）校准控制命令。

B7	B6	B5	B4	B3	B2	B1	B0
1	1	0	A2	A1	R	G	O

A2、A1 指定校准通道：00——禁止；01——校准 AIN1 通道；10——校准 AIN2 通道；11——AIN1 和 AIN2 同时校准。

R：0——直流校准；1——交流校准。

G：0——正常运行；1——执行增益校准。

O：0——正常运行；1——执行偏移校准。

（7）寄存器读/写命令。

B7	B6	B5	B4	B3	B2	B1	B0
0	W/R	RA4	RA3	RA2	RA1	RA0	0

读寄存器时,被寻址的寄存器中的数据被传送到输出缓冲器中由 SCLK 移位输出。读寄存器指令可以终止在 8 位的边界上(如读出时可只读 8 位、16 位或 24 位)。同样,数据寄存器读出允许采用“命令链”。例如,指令通知状态机读带符号输出寄存器,随着 16 个连续的读数据串行时钟脉冲,写命令字(如状态寄存器清零命令)可以从 SDI 引脚输入,同时剩下的 8 位读出数据被传送到 SDO 引脚,当一个指令包含写操作时,串口将在后继的 24 个串行时钟脉冲 SCLK 中继续从 SDI 引脚接收数据(高位在前)。而当启动读指令时,串口可以根据发出的指令从 SDO 引脚接收 8 位、16 位或 24 位输出数据(高位在前)。读寄存器时,微控制器可以同时发送新指令,新指令被立即执行,并可能终止读操作,即“命令链”。在读周期,当从 SDO 引脚输出数据时,必须用 SYNC0 指令(NOP)使 SDI 引脚处于选通态。

写寄存器时,后必须跟高位在前的 24 位数据到 SDI 引脚。例如,写配置寄存器,应先写命令字(0x40)启动写操作,然后 CS5550 将接收 SDI 引脚上的由 24 个连续的串行时钟脉冲送入的数据,一旦接收数据,状态机便将数据写入配置寄存器并返回命令模式。

W/R:写/读控制,0——读寄存器,1——写寄存器。RA[4:0]:写/读控制命令的寄存器地址位。

9.2 ADC 模块初始化

1. 系统初始化

通过写 0x80 到 CS5550 可以实现软件复位,当$\overline{RESET}$引脚被拉低超过 50 ns 时,可以实现硬件复位。$\overline{RESET}$信号是异步的,不需要 MCLK 的支持并可保持复位状态。$\overline{RESET}$引脚为施密特触发器输入,允许使用上升和下降时间较慢的控制信号。一旦$\overline{RESET}$变高,片内复位电路将保持 5 个 MCLK 确保复位同步,而调制器将保持 12 个 MCLK。在软件或硬件复位后,检测到复位事件后的第一个 MCLK 系统的所有寄存器被恢复到系统默认值,同样加电复位后,所有寄存器也被恢复到系统默认值,CS5550 被标志为工作状态。

2. CS5550 串口初始化

如果初始化串口,任何正在进行的命令将无效或执行不可预期操作,因为 CS5550 不能正确译码输入的指令,此时必须初始化 CS5550 串口。

(1) 拉低$\overline{CS}$(或$\overline{CS}$由低变高,再拉低)。

(2) 硬件复位(拉低$\overline{RESET}$持续至少 10 μs,再拉高)。

(3) 发串口复位命令(发大于等于 3 个 SYNC1(0xff)和 1 个 SYNC0(0xfe))。

3. CS5550 的活动模式

活动模式是指除待机和休眠模式以外的工作模式。CS5550 上电、软件复位或硬件复位,使 CS5550 进入活动模式。当 CS5550 处于待机和休眠模式时,通过发送上电/掉电命令唤醒可使其进入活动模式。只有串口处于命令状态才可发上电/掉电命令唤醒 CS5550,否则只能执行硬件复位。

9.3 DAC 模块原理分析

DAC0832 是 8 位的 DAC 芯片,集成电路内的两级输入寄存器使该芯片具备双缓冲、单缓冲和直通 3 种输入方式,以便适于各种电路的需要,转换时间为 1 μs,低功耗,应用广泛。DAC 模块原理图如图 9-2 所示。

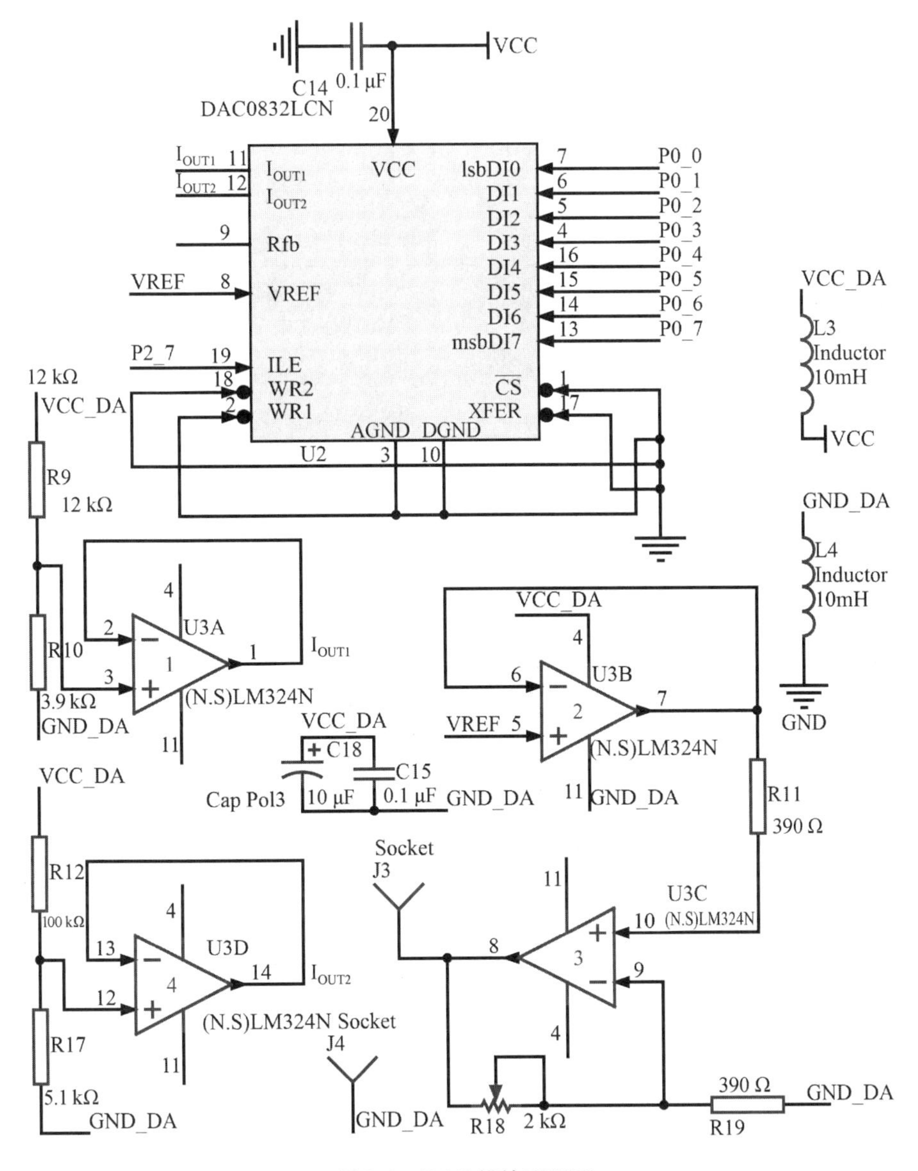

图 9-2　DAC 模块原理图

DAC0832 引脚如表 9-2 所示。

表 9-2　DAC0832 引脚

引脚号	符号	功能	说明
1	$\overline{CS}$	片选信号	低电平有效
2	WR1	写信号 1	第一级锁存信号,低电平有效,此时 WR1 必须和$\overline{CS}$、ILE 同时有效
3	AGND	模拟地	模拟电路接地端

续表

引脚号	符号	功能	说明
4～7,13～16	DI3,DI2,DI1,DI0,DI7,DI6,DI5,DI4	数字信号输入引脚	8 位数据输入端
8	VREF	基准电压	范围 -10～10 V
9	Rfb	反馈电阻	集成在片内的外接运放的反馈电阻
10	DGND	数字地	数字电路接地端
11	I_{OUT1}	DAC 电流输出端	当 DAC 寄存器中全为 1 时,输出电流最大,当 DAC 寄存器中全为 0 时,输出电流为 0
12	I_{OUT2}	DAC 电流输出端	$I_{OUT1} + I_{OUT2}$ = 常数
17	XFER	传送控制信号	低电平有效
18	WR2	写信号 2	低电平有效
19	ILE	输入寄存器允许信号	高电平有效
20	VCC	源电压	范围为 5～15 V

DAC0832 输出的是电流,一般要求输出的是电压,可以外接一个运算放大器将输出电流转换成电压。

1. 锁存数据

DAC0832 进行 DA 转换,可以采用以下两种方法对数据进行锁存。

(1) 使输入寄存器工作在锁存状态,而 DAC 寄存器工作在直通状态。也就是说,使 WR2 和 XFER 全为低电平,从而使 DAC 寄存器的锁存选通端得不到有效电平而直通;另外,当 ILE 为高电平、$\overline{CS}$为低电平,而 WR1 端有一个负脉冲时,就可以完成一次转换。

(2) 使输入寄存器处于直通状态,而 DAC 寄存器处于锁存状态。也就是说,使 WR1 和 $\overline{CS}$全为低电平,ILE 为高电平,从而使输入寄存器的锁存选通信号处于无效状态而直通;另外,当 WR1 和 XFER 端有一个负脉冲使 DAC 寄存器处于锁存状态时,就可以进行锁存数据转换。

2. 工作方式

根据锁存数据方式的不同,DAC0832 有以下 3 种工作方式。

(1) 单缓冲方式:控制输入寄存器和 DAC 寄存器同时接收数据,或者只用输入寄存器而把 DAC 寄存器接成直通方式。这种方式适用于只有一路模拟量输出或几路模拟量异步输出的情形。

(2) 双缓冲方式:先使输入寄存器接收数据,再控制输入寄存器的输出数据到 DAC 寄存器,分两次输入数据。这种方式适用于多个 DAC 同步输出的情况。

(3) 直通方式:数据不经过两级锁存器锁存,WR1、WR2、XFER、$\overline{CS}$均接地,ILE 为高电平。这种方式是适用于连续反馈控制线路,使用时必须通过另加 I/O 接口与 CPU 连接,以匹配 CPU 与 DAC。

9.4　实例演练

实例一：

要求：根据电路原理图编程，输入模拟信号正弦波，使CS5550输出数字信号。

(1)硬件操作：使用USB线连接实验板和计算机。

(2)软件操作：首先，根据原理图设计出相应的程序；其次，设置各项工程参数，编译程序，以产生.hex文件烧录到实验板中；最后，观察实验结果。连接信号发生器，程序1输入模拟信号观察实验结果，和设计要求的预期现象一致。若有非预期的状态，则需要检查程序或硬件连接。

参考程序为：

```
#include <reg51.h>
sbit CS5550_INT = P3^3;/* 接外部中断 1 */
sbit CS5550_SCLK = P2^5;
sbit CS5550_SDO = P2^3;
sbit CS5550_CS = P2^6;
sbit CS5550_SDI = P2^4;
sbit CS5550_RESET = P2^2;
void initialize(void);
void spiwrite_com(unsigned int);
void write_to_register(unsigned int command,unsigned int low,
unsigned int mid,unsigned int high);
void transfer_byte(unsigned int);
void delay(void);
void Init_Com(void);
void SerialSend(unsigned char);
unsigned char CS5550_RECEIVE_TABLE[3] = {0,0,0};
unsigned char read_flag = 0;        /* 读取标志 */
/** 此子程序接受外部中断 INT1,收到中断信息后读取输出寄存器 1 中的值 **/
void INT1_int()interrupt 2        /* 外部中断 1 */
{
  unsigned char a,b,n;
  CS5550_SCLK = 0;
  CS5550_CS = 0;
  write_to_register(0x5e,0xff,0xff,0xfe);  /* 清状态寄存器 */
  transfer_byte(0x0e);                     /* 读输出寄存器 1 */
  for(a = 0;a < 3;a ++)
  {
    for(b = 0;b < 8;b ++)
```

```
        {
            CS5550_RECEIVE_TABLE[a]<<=1;
            if(CS5550_SDO)
                CS5550_RECEIVE_TABLE[a]|=0x01;
            else
                CS5550_RECEIVE_TABLE[a]&=0xfe;
            CS5550_SCLK=1;
            delay();
            CS5550_SCLK=0;
            if((b+1)%8==0)
            {
                CS5550_SDI=0;
            }/* 同时输入空命令 0xfe 以保证读取数据期间不出错 */
            else
            {
                CS5550_SDI=1;
            }
            delay();
        }
    }
    Serial Serd(0x00);/* 发送完 24 位数据后再发 0x00 以符合上位机的接收端 */
    CS5550_SCLK=0;
    CS5550_CS=1;
    for(n=0;n<100;n++);
}
/**** 串口中断子程序 **** 此程序用于由上位机发送启动命令以控制单片机,当
SBUF 收到 0x00 时读标志位 read_flag 变 1,由 read_flag 控制转换 ****/
void serial ()interrupt 4 using 1
{
  unsigned char ch;
  ch=SBUF;
  if(RI)
  {
    RI=0;
    if(ch==0x00)
    {
      read_flag=1;
    }
  }
}
```

```
/**************************** 主程序 ****************************/
void main()
{
  initialize();/* 初始化 CS5550 */
  write_to_register(0x40,0x00,0x00,0x1f);/* 写配置寄存器 gain=10,
  k=15 */
  write_to_register(0x5e,0xff,0xff,0xfe);/* 清状态寄存器 */
  write_to_register(0x74,0x80,0x00,0x00);/* 写屏蔽寄存器 */
  write_to_register(0x4A,0x00,0x00,0x10);/* 写输出次数寄存器 */
  Init_Com();/* 初始化串口 */
  EA=1;  //开总中断
  ES=1;  //开串口中断
  EX1=1;  //开外部中断 1
  IT1=1;
  transfer_byte(0xe8);  /* 开始转换 */
  while(1)
  {
  }
}
/******************************** 延时子程序 ********************************/
void delay()
{
  int i;
  for(i=0;i<5;i++);
}
/***************** 初始化 CS5550 软件复位和硬件复位 *****************/
void initialize()
{
  unsigned char i=0;
  CS5550_CS=0;
  CS5550_RESET=0;
  CS5550_CS=1;
  delay();
  CS5550_RESET=1;
  CS5550_CS=0;/* 片选使能 */
  delay();
  delay();
  for(i=0;i<16;i++)
```

```
/***** 发串口复位命令(发16个SYNC1(0xff)和1个SYNC0(0xfe)) *******/
  spiwrite_com(0xff);
  spiwrite_com(0xfe);
  spiwrite_com(0x80);
  CS5550_SDI=0;
  CS5550_SDO=1;
  CS5550_SCLK=0;
}
/************************* 串口初始化子程序 *************************/
void Init_Com()
{
  TMOD=0x20;/*定时/计数器工作方式为方式2:8位自动重装*/
  TH1=0xfd;/*波特率为9600*/
  TL1=0xfd;
  PCON=0x00;/*波特率不增倍*/
  TR1=1;/*T1运行控制位*/
  SCON=0x50;/*串行口工作方式为方式1,允许串口接收位置*/
}
/***************** 此子程序发送命令到CS5550 *****************/
void spiwrite_com(unsigned int Input)
{
  CS5550_SCLK=0;
  CS5550_CS=0;
  delay();
  transfer_byte(Input);
  CS5550_SCLK=0;
  CS5550_CS=1;
}
/**************** 此子程序是写CS5550的内部寄存器 *****************/
void write_to_register(unsigned int command,unsigned int high,
unsigned int mid,unsigned int low)
{
  CS5550_SCLK=0;
  CS5550_CS=0;
  delay();
  transfer_byte(command);
  transfer_byte(high);
  transfer_byte(mid);
  transfer_byte(low);
```

```
  CS5550_SCLK=0;
  CS5550_CS=1;
}
/**************** 此子程序发送一个二进制字节到 CS5550 ****************/
void transfer_byte(unsigned int dat)
{
  unsigned char i;
  CS5550_SCLK=0;
  CS5550_CS=0;
  delay();
  for (i=0;i<8;i++)
  {
    if((dat&0x80)==0)
    {
      CS5550_SDI=0;
    }
    else
    {
      CS5550_SDI=1;
    }
    CS5550_SCLK=1;
    delay();
    CS5550_SCLK=0;
    dat<<=1;
  }
}
/********************** 此子程序发送数据到串口 **********************/
void SerialSend(unsigned char dat)
{
  SBUF=dat;
  while(TI==0);
  TI=0;
}
```

输入模拟信号正弦波(1 kHz 峰峰值 5 V),经 AD 转换后串口显示转换结果如图 9-3 所示。

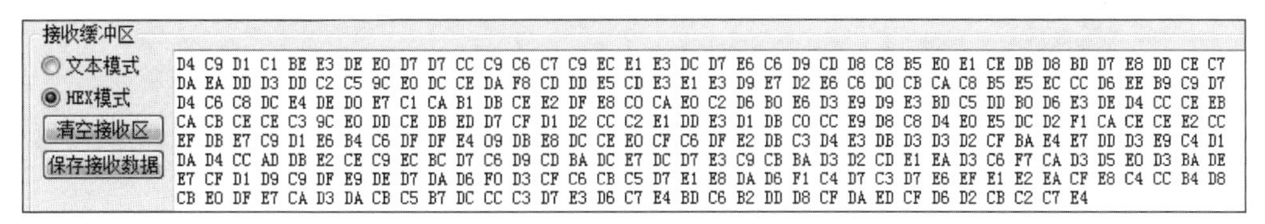

图 9-3　AD 转换数据显示

实例二：

要求：根据实验板原理图编程使 DAC0832 输出端产生锯齿波。

（1）硬件操作：使用 USB 线连接实验板和计算机。

（2）软件操作：首先，根据原理图设计出相应的程序；其次，设置各项工程参数，编译程序，以产生.hex 文件烧录到实验板中；最后，观察实验结果。连接示波器，在示波器上观察输出的模拟信号，和设计要求的预期现象一致。若有非预期的状态，则需要检查程序或硬件连接。

参考程序为：

```
#include <reg51.h>
sbit P0_0=P0^0;sbit P1_0=P1^0;sbit P2_0=P2^0;sbit P3_0=P3^0;
sbit P0_1=P0^1;sbit P1_1=P1^1;sbit P2_1=P2^1;sbit P3_1=P3^1;
sbit P0_2=P0^2;sbit P1_2=P1^2;sbit P2_2=P2^2;sbit P3_2=P3^2;
sbit P0_3=P0^3;sbit P1_3=P1^3;sbit P2_3=P2^3;sbit P3_3=P3^3;
sbit P0_4=P0^4;sbit P1_4=P1^4;sbit P2_4=P2^4;sbit P3_4=P3^4;
sbit P0_5=P0^5;sbit P1_5=P1^5;sbit P2_5=P2^5;sbit P3_5=P3^5;
sbit P0_6=P0^6;sbit P1_6=P1^6;sbit P2_6=P2^6;sbit P3_6=P3^6;
sbit P0_7=P0^7;sbit P1_7=P1^7;sbit P2_7=P2^7;sbit P3_7=P3^7;
int k=0,n=0;
void delay10ms(void)//延时程序
{
  unsigned char i,j;
  for(i=20;i>0;i--)
    for(j=248;j>0;j--);
}
void key ()
{
  unsigned char X,Y,Z,num;
  num=P2_7;
  P2=(num==1)?0xff:0x7f;
  P2=(num==1)?0x8f:0x0f;
  if((P2&0x7f)!=0x0f)
    {
     delay10ms();
     if((P2&0x7f)!=0x0f)
     {
       X=P2;
```

```
        P2 = (num==1)?0xf0: 0x70;
        Y=P2;
        Z=(X|Y)&0x7f;
        switch (Z)
        {
          case 0x37: k=1;
          break;
          case 0x3b: k=2;
          break;
          case 0x3d: k=3;
          break;
          case 0x3e: k=4;
          break;
          case 0x57: k=5;
          break;
          case 0x5b: k=6;
          break;
          case 0x5d: k=7;
          break;
          case 0x5e: k=8;
          break;
          case 0x67: k=9;
          break;
          case 0x6b: k=10;
          break;
          case 0x6d: k=11;
          break;
          case 0x6e: k=12;
          break;
        }
        delay10ms();
      }
    }
}
void t0(void)interrupt 1
{
  if(k==1)//锯齿波
  {
    n=n+10;
```

```
        P0 = (n<255)?n: (n-255);
      }
      if(k==2)
      {
        n= (n<255)?(n+10): 0;
        P0 = (n<128)?255: 0;
      }
    }
    void main()
    {
      TMOD=0x02;
      TL0 =0x256-40;
      TH0 =0x256-40;
      ET0 =1;
      EA=1;
      P2 =0x80;
      P0 =0x00;
      TR0 =1;
      while(1)
      {
        key();
      }
    }
```

下载程序并正确连接示波器后,按下键盘上的“1”,可在示波器上观察到如图 9-4 所示的波形。

DA 转换
模块实验效果

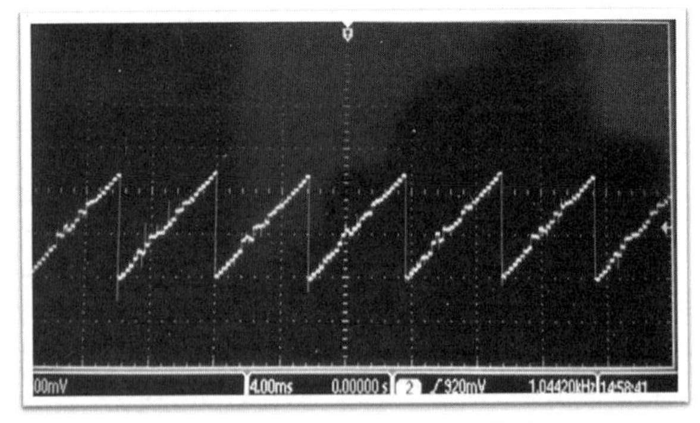

图 9-4　DA 转换产生的锯齿波

第10章　测温模块

10.1　DS18B20特性

测温模块DS18B20的特性如下：

（1）独特的单线接口方式，DS18B20在与微处理器连接时仅需要一条端口线，即可实现微处理器与DS18B20的双向通信。

（2）DS18B20支持多点组网功能，多个DS18B20可以并联在唯一的三线上，实现多点测温。

（3）DS18B20在使用中不需要任何外围元件。

（4）测温范围为－55～125 ℃，固有测温分辨率为0.5 ℃。

如图10-1所示为测温模块原理图。

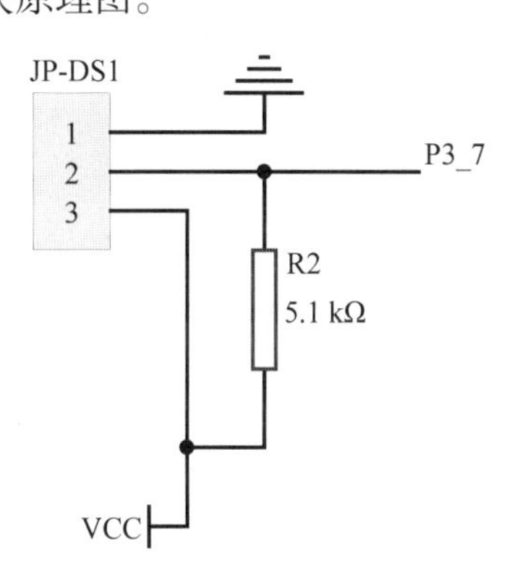

图10-1　测温模块原理图

10.2　DS18B20内部结构

DS18B20的内部结构主要由四个部分组成：64位光刻ROM、温度传感器、非挥发的温度报警触发器TH和TL及高速暂存器。

DS18B20高速暂存器共9个存储单元，各存储单元的名称和作用如表10-1所示。

表10-1　DS18B20高速暂存器

序号	寄存器名称	作用
0	温度低字节	以16位补码形式存放
1	温度高字节	
2	TH/用户字节1	存放温度上限

续表

序号	寄存器名称	作用
3	TL/用户字节2	存放温度下限
4、5	保留字节1、2	
6	计数器余值	
7	计数器/℃	
8	CRC	CRC 校验

配置寄存器是指配置不同的位数来确定温度和数字的转化,其结构如下所示。

D7	D6	D5	D4	D3	D2	D1	D0
TM	R1	R0	1	1	1	1	1

低5位一直都是“1”,TM是测试模式位,用于设置DS18B20是在工作模式还是在测试模式。在DS18B20出厂时该位被设置为0,用户不要去改动。R1和R0用来设置分辨率:等于00时分辨率为9位,等于01时分辨率为10位,等于10时分辨率为11位,等于11时分辨率为12位。

12位转化后得到12位数据,存储在两个8位的RAM中,二进制中的前面5位为符号位,如果测量的温度大于0 ℃,这5位为0,只要将测得的数值乘以0.0625,即可得到实际温度(说明:高8位字节的低3位和低8位字节的高4位组成温度数值的二进制数,即所测数值乘以0.0625,右移4位后去掉了二进制数的小数部分),如果测得温度小于0 ℃,这5位为1,测到的数值需要取反加1后再乘以0.0625,才能得到实际温度。

DS18B20的RAM有6条控制指令,如表10-2所示。

表10-2 RAM指令表

指令	约定代码	功能
温度转换	44H	启动DS18B20进行温度转换
读暂存器	BEH	读暂存器9位二进制数字
写暂存器	4EH	将数据写入暂存器的TH、TL字节
复制暂存器	48H	把暂存器的TH、TL字节写到E2RAM中
重新调E2RAM	B8H	把E2RAM中的TH、TL字节写到暂存器TH、TL字节
读电源供电方式	B4H	启动DS18B20发送电源供电方式的信号给主CPU

DS18B20的ROM有5条控制指令,如表10-3所示。

表10-3 ROM指令表

指令	约定代码	功能
读ROM	33H	读DS18B20温度传感器ROM中的编码(即64位地址)
匹配ROM	55H	发出此命令之后,接着发出64位ROM编码,访问单总线上与该编码相对应的DS18B20使之做出响应,为下一步对该DS18B20的读写做准备
搜索ROM	0F0H	用于确定挂接在同一总线上DS18B20的个数和识别64位ROM地址,为操作各器件做好准备
跳过ROM	0CCH	忽略64位ROM地址,直接向DS18B20发温度变换命令,适用于单芯片工作
报警搜索命令	0ECH	执行后只有温度超过设定值上限或下限的芯片才做出响应

根据 DS18B20 的通信协议，主机（单片机）控制 DS18B20 完成温度转换必须经过 3 个步骤：① 每一次读写之前都要对 DS18B20 进行复位操作，复位成功后发送一条 ROM 指令，最后发送 RAM 指令，这样才能对 DS18B20 进行预定的操作；② 复位要求主 CPU 将数据线下拉 500 μs，然后释放；③ 当 DS18B20 收到信号后等待 16～60 μs，然后发出 60～240 μs 的低脉冲，主 CPU 收到此信号表示复位成功。

10.3 DS18B20 的初始化

DS18B20 的初始化步骤如下：

(1) 先将数据线置高电平“1”。

(2) 延时（该时间要求的不是很严格，但是尽可能短一点）。

(3) 数据线拉到低电平“0”。

(4) 延时 750 μs（该时间范围为 480～960 μs）。

(5) 数据线拉到高电平“1”。

(6) 延时等待（如果初始化成功则在 15～60 μs 产生一个由 DS18B20 返回的低电平“0”。据该状态可以来确定它的存在，但是应注意不能进行无限的等待，不然会使程序进入死循环，所以要进行超时控制）。

(7) 若 CPU 读到了数据线上的低电平“0”后，还要做延时，其延时的时间从发出的高电平算起（第 5 步的时间算起）最少要 480 μs。

(8) 将数据线再次拉高到高电平“1”后结束。

10.4 DS18B20 的写操作

DS18B20 的写操作步骤如下：

(1) 数据线先置低电平“0”。

(2) 延时确定的时间为 15 μs。

(3) 按从低位到高位的顺序发送字节（一次只发送一位）。

(4) 延时时间为 45 μs。

(5) 将数据线拉高到高电平。

(6) 重复步骤(1)～(5)，直到所有的字节全部发送完为止。

(7) 最后将数据线拉高到高电平“1”。

10.5 DS18B20 的读操作

DS18B20 的读操作步骤如下：

(1) 先将数据线置高电平“1”。

(2) 延时 2 μs。

(3) 将数据线拉到低电平“0”。

(4) 延时 3 μs。

(5) 将数据线拉高到高电平“1”。

(6) 延时 5 μs。

(7) 读数据线的状态得到一个状态位,并进行数据处理。

(8) 延时 60 μs。

10.6 实例演练

要求:测试出实际温度。

(1) 硬件操作:使用 USB 线连接实验板和计算机。

(2) 软件操作:首先,根据原理图设计出相应的程序;其次,设置各项工程参数,编译程序,以产生.hex 文件烧录到实验板中;最后,观察实验结果,可以看到数码管显示温度传感器读取温度数,和设计要求的预期现象一致。若有非预期的状态,则需要检查程序或硬件连接。

参考程序为:

```
#include <reg51.h>
sbit seg1 = P1^4;
sbit seg2 = P1^5;
sbit seg3 = P1^6;
sbit DQ = P3^7;//DS18B20 端口
unsigned char const tab[] = {0x03,0x9f,0x25,0x0d,0x99,0x49,0x41,
0x1f,0x01,0x09,0x11,0xc1,0x63,0x85,0x61,0x71};//分别为阴极数
                                                //码管
int temp,tempre,a,b=0;
unsigned int sdata;//测量到温度的整数部分
unsigned char xiaoshu1;//小数第一位
unsigned char xiaoshu2;//小数第二位
unsigned char xiaoshu;//两位小数
bit fg=1;          //温度正负标志
void delay(unsigned int i)//延时函数
{
  while(i--);
}
void Init_DS18B20(void)
{
  unsigned char x=0;
  DQ=1;      //DQ 复位
  delay(8);  //稍做延时
  DQ=0;      //单片机将 DQ 拉低
  delay(80);//精确延时大于 480 μs
  DQ=1;      //拉高总线
  delay(10);
```

```
    x=DQ;//稍做延时后,如果 x=0 则初始化成功;如果 x=1 则初始化失败
    delay(5);
  }
  void write_com(int x)
  {
    int n=0;
    for(n=0;n<8;n++)   //循环 8 次构成一个字节
    {
      DQ=0;
      DQ=x&0x01;//取出,最低位,相与运算后取出 1
      delay(4);
      x>>=1;//右移一次以便下次取出
      DQ=1;
    }
  }
  int read(void)
  {
    int n=0,dat=0;
    for(n=0;n<8;n++)
    {
      DQ=0;//拉低
      dat>>=1;
      DQ=1;
      if(DQ)
      dat|=0x80;//数据处理:如果读到 1 先放在最高位第 1 位,再利用逐个后
                //移就构成一个字节了
      delay(5);
    }
      return dat;//构成一个字节后返回
  }
  void main(void)
  {
    DQ=1;
    while(1)
    {
      delay(1000);
      Init_DS18B20();
      delay(10);
```

```
write_com(0xcc);//跳过 ROM
delay(10);
write_com(0x44);//温度转换,需延时
delay(10);
delay(500);
Init_DS18B20();//每次操作 RAM 之前,需复位 DS18B20,再进行匹配
delay(10);
write_com(0xcc);//跳过 ROM
delay(10);
write_com(0xbe);//告诉它,接下来要读温度了,读暂存器
delay(10);
a=read();//读取低位
delay(10);
b=read();//读取高位
delay(10);
Init_DS18B20();
if(b>0x7f)        //最高位为1时温度是负
{
  a=~a;           //补码转换,取反加1
  b=~b+1;
  fg=0;        //读取温度为负时 fg=0
}
sdata=a/16+b*16;         //整数部分
xiaoshu1=(a&0x0f)*10/16;//小数第一位
xiaoshu2=(a&0x0f)*100/16%10;//小数第二位
xiaoshu=xiaoshu1*10+xiaoshu2;//小数两位
temp=b;
temp<<=8;
temp=temp|a;//两个字节合成一个整型变量
tempre=temp*0.0625;
P1=0x20;
P0=tab[tempre%10]&0xfe;
delay(1000);
P1=0x10;
P0=tab[tempre/10];
delay(1000);
P1=0x40;
P0=tab[xiaoshu1];
delay(1000);
```

```
        P1=0x80;
        P0=tab[xiaoshu2];
    }
}
```

温度传感器读取温度数据后,4 位数码管显示温度,从左至右依次为十位、个位、小数点后第一位、小数点后第二位。实验结果如图 10-2 所示。

测温模块
实验效果

图 10-2 温度传感器读温度

第 11 章　外接 ROM 24C08

11.1　原理分析

外接 ROM 24C08 具有以下特性:

(1) 与 400 kHz I^2C 总线兼容。

(2) 1.8～6.0 V 工作电压范围。

(3) 低功耗 CMOS 技术。

(4) 写保护功能,当 HOLD 为高电平时进入写保护状态。

(5) 页写缓冲器。

(6) 自定时擦写周期。

(7) 1000000 编程/擦除周期。

(8) 可保存数据 100 年。

(9) 8 脚 DIP、SOIC 或 TSSOP 封装。

如图 11-1 所示为外接 ROM 24C08 原理图,引脚功能如表 11-1 所示。

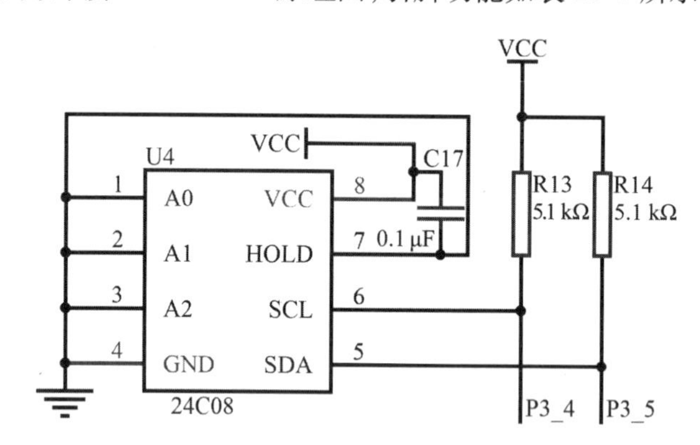

图 11-1　外接 ROM 24C08 原理图

表 11-1　外接 ROM 24C08 引脚功能

引脚	功能
A0,A1,A2	器件地址选择
SDA	串行数据地址
SCL	串行时钟输入
HOLD	写保护
VCC	工作电压
GND	接地

24C08 最多可连接两个器件,且只使用 A2,A1、A0 未用,可悬空或连接至 GND。

11.2　I^2C 总线协议

I^2C 总线协议包括以下内容：

(1) 只有在总线空闲时才允许启动数据传送。

(2) 在数据传送过程中，当时钟线（SCL）为高电平时，数据线（SDA）必须保持稳定，不允许有跳变。时钟线为高电平时，数据线的任何变化将被看作总线的起始信号或停止信号。

起始信号：时钟线保持高电平期间，数据线电平从高到低的跳变作为 I^2C 总线的起始信号。

停止信号：时钟线保持高电平期间，数据线电平从低到高的跳变作为 I^2C 总线的停止信号。

总线时序、写周期时序、起始/停止时序如图 11-2 至图 11-4 所示。

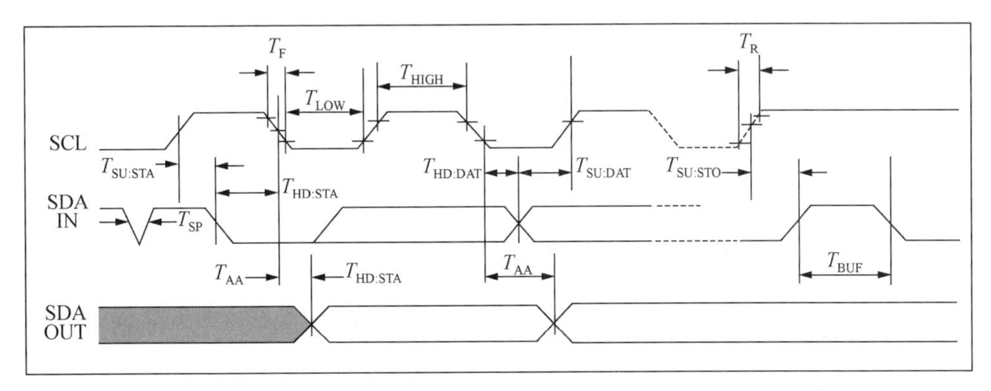

图 11-2　总线时序

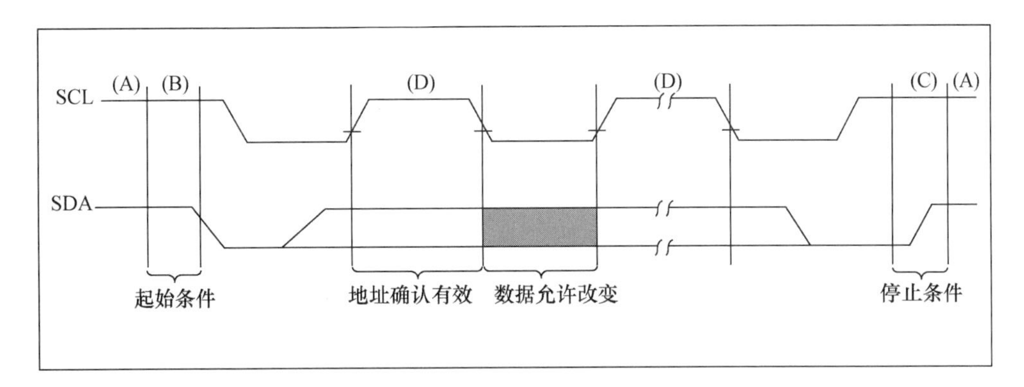

图 11-3　写周期时序

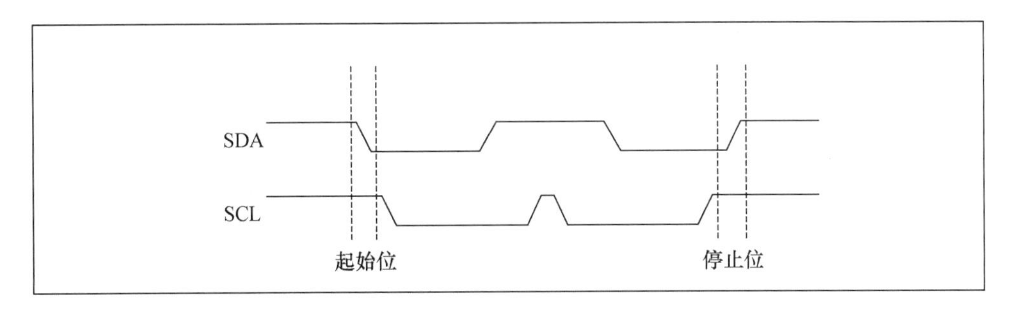

图 11-4　起始/停止时序

① 器件寻址：主器件通过发送一个起始信号启动发送过程，然后发送它所要寻址的从器件地址。从器件8位地址的最低位作为读写控制位。“1”表示对从器件进行读操作，“0”表示对从器件进行写操作。当主器件发送起始信号和从器件地址字节后，该芯片查询总线，并且如果地址和发送的地址一致则发送一个应答信号（通过SDA线），然后该芯片再根据读写控制位的状态进行写或读操作。从器件地址位如下所示。

D7	D6	D5	D4	D3	D2	D1	D0
1	0	1	0	A2	a9	a8	R/W

其中，a8、a9对应存储阵列地址字地址。

② 应答信号：I^2C总线数据传送时，每成功传送一个字节数据后，接收器都必须产生一个应答信号。应答的器件在第9个时钟周期时将SDA线拉低，表示其已收到一个8位数据。当芯片工作于读模式时，再发送一个8位数据后释放SDA线并监视一个应答信号，一旦接收到应答信号，芯片继续发送数据。若主器件没有发送应答信号，器件停止传送数据且等待一个停止信号。

③ 写操作：写操作有字节写和页写两种方式。

字节写：在此模式下，主器件发送起始信号和从器件的地址（R/W位置0）给从器件，在从器件产生应答信号后，主器件发送此芯片的字节地址；主器件接收到从器件的另一个应答信号后，再发送数据到被寻址的存储单元，该芯片再次应答，并在主器件产生停止信号后开始内部数据的擦写，在擦写过程中，该芯片不再应答主器件的任何请求，如图11-5所示。

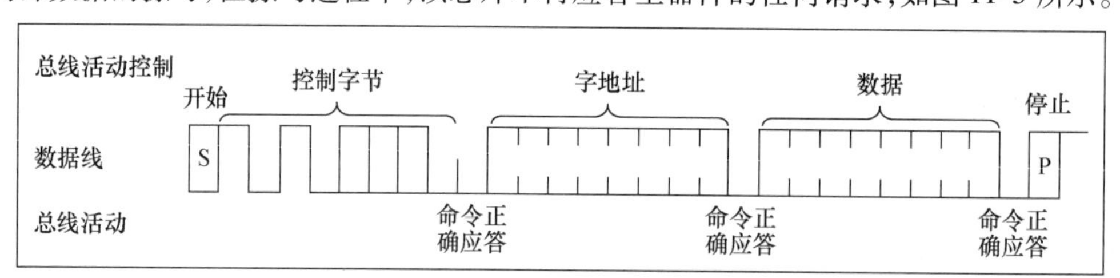

图11-5　字节写时序

页写：页写时，该芯片可一次写入16个字节的数据，页写操作的启动与字节写操作一样，不同处在于传送了一字节数据后并不产生停止信号P(P=15)个额外的字节。每发送一个字节数据后，该芯片产生一个应答信号并将字节地址低位加1，高位保持不变，如图11-6所示。

如果在发送停止信号之前主器件发送超过P+1个字节，地址计数器将自动翻转，先前写入的数据被覆盖。

接收到P+1个字节数据和主器件发送的停止信号后，该芯片启动内部写周期将数据写到数据区。所有接收到的数据将在一个周期内写入该芯片。

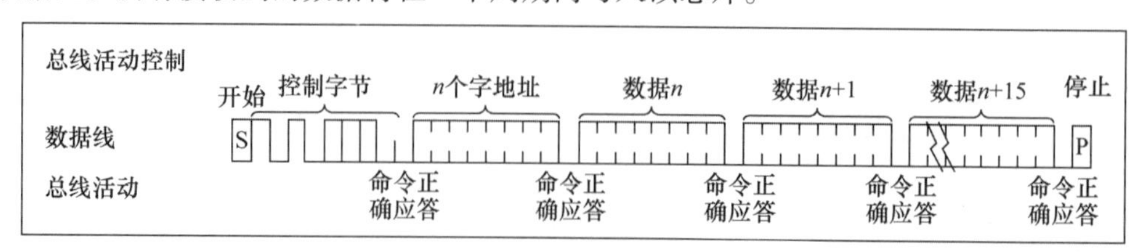

图11-6　页写时序

④ 应答查询：当主器件发送停止信号提示主器件操作结束时，该芯片启动内部写周期，即启动应答查询，发送一个起始信号和进行写操作的从器件地址。若此芯片正在进行内部写操作，则不会发送应答信号，在完成内部自写周期后，将发送一个应答信号，主器件可继续进行下一次读写操作。

⑤ 读操作：读操作有立即地址读、选择读和连续读3种方式。

立即地址读：此芯片的地址计数器内容为最后操作字节地址加1，即若上次读/写的操作地址为 N，则立即读的地址从地址 $N+1$ 开始，如图11-7所示。若 $N=1023$，则计数器将翻转到0且继续输出数据。芯片接收到从器件地址信号后(R/W 位置1)，首先发送一个应答信号，然后发送一个8位字节数据，主器件只需发送一个停止信号即可。

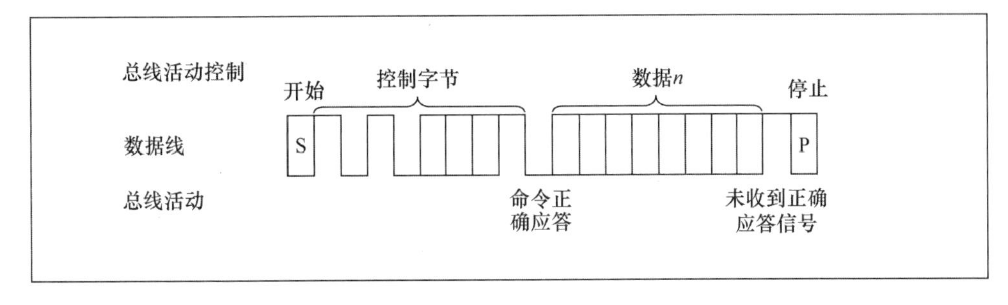

图11-7　立即地址读时序

选择读：此方式允许主器件对寄存器的任意字节进行读操作，主器件通过发送起始信号、从器件地址和要读取的字节数据的地址来执行一个伪写操作，如图11-8所示。当芯片应答后，主器件重新发送起始信号和从器件地址，此时 R/W 位置1，芯片响应并发送应答信号，然后输出一个8位字节数据，主器件只产生一个停止信号。

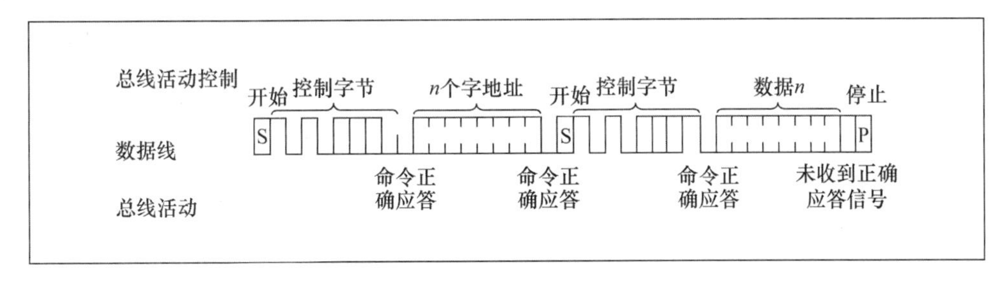

图11-8　选择读时序

连续读：此方式可通过立即地址读或选择读操作启动，如图11-9所示。在芯片发送完一个8位字节数据后，主器件产生一个应答信号来响应，通知芯片主器件要求更多的数据对应每个主机产生的应答信号，芯片将发送一个8位字节数据，主器件只发送停止信号时结束此操作。

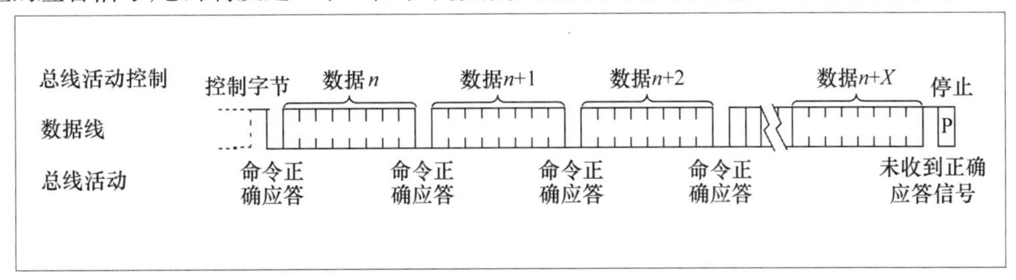

图11-9　连续读时序图

从此芯片输出的数据由 N 到 $N+1$ 输出。读操作时地址计数器在芯片整个地址内增加，这样整个寄存器区域可在一个读操作内全部读出，当读取字节超过 1023 时，计数器将翻转到 0 并继续输出数据字节。

11.3 实例演练

要求：往 ROM 地址 0x02 中写入数据 0x0a。

（1）硬件操作：使用 USB 线连接实验板和计算机。

（2）软件操作：首先，根据原理图设计出相应的程序；其次，设置各项工程参数，编译程序，以产生.hex 文件烧录到实验板中。

参考程序为：

```
#include <reg51.h>
sbit WAIT=P1^0;
sbit SCL=P3^4;
sbit SDA=P3^5;
int a;
void delay6us(void)
{
}
void SerialSend(unsigned int dat)
{
  SBUF=dat;
  while(TI==0);
  TI=0;
}
void start(void)
{
  SDA=1;
  delay6us();
  SCL=1;
  delay6us();
  SDA=0;
  delay6us();
  SCL=0;
}
int stop(void)
{
  SCL=0;
  SDA=0;
  delay6us();
```

```
    SCL=1;
    delay6us();
    SDA=1;
    delay6us();
    SCL=0;
    SDA=0;
}
int write_byte(int dat)
{
    int n,x;
    SCL=0;
    SDA=0;
    for(n=0;n<8;n++)
    {
        delay6us();
        if((dat&0x80)==0)
            SDA=0;
        else
            SDA=1;
        WAIT=0;
        SCL=1;
        delay6us();
        SCL=0;
        WAIT=0;
        dat <<=1;
        SDA=0;
    }
        delay6us();
        SCL=1;
        delay6us();
        x=SDA;
        SCL=0;
        return x;
}
int read_byte(int dat)
{
}
void main()
```

```
{
  TMOD=0x20;/* 定时器/计数器工作方式为方式2:8 位自动重装 */
  TH1 =0xfd;     /* 波特率为 9600 */
  TL1 =0xfd;
  PCON= 0x00;   /* 波特率不增倍 */
  TR1 =1;        /* T1 运行控制位 */
  SCON=0x50;  /* 串行口工作方式为方式 1,允许串口接收位置 1 */
  SCL=0;
  SDA=0;
  start();
  write_byte(0xa0);
  write_byte(0x02);
  write_byte(0x0a);
  stop();
  while(1)
  {
  }
}
```

第 12 章　LCD 屏

LCD 为液晶显示器,需要专用的驱动电路控制 LCD,而且 LCD 面板结构比较脆弱,一般不会单独使用,而是将 LCD 面板、驱动和控制电路组成一个 LCD 模块(Liquid Crystal Display Module)。

液晶显示模块是 128×64 点阵的汉字图形液晶显示模块,可显示汉字及图形,内置 8192 个汉字(16×16 点阵)、128 个字符(8×16 点阵)及 64×256 点阵显示 RAM(GDRAM);液晶显示模块可与 CPU 直接连接,并提供连接微处理机的两种方式: 8 位并行及串行连接。

如图 12-1 所示为 LCD 屏与 STC89C51 芯片连接原理图。

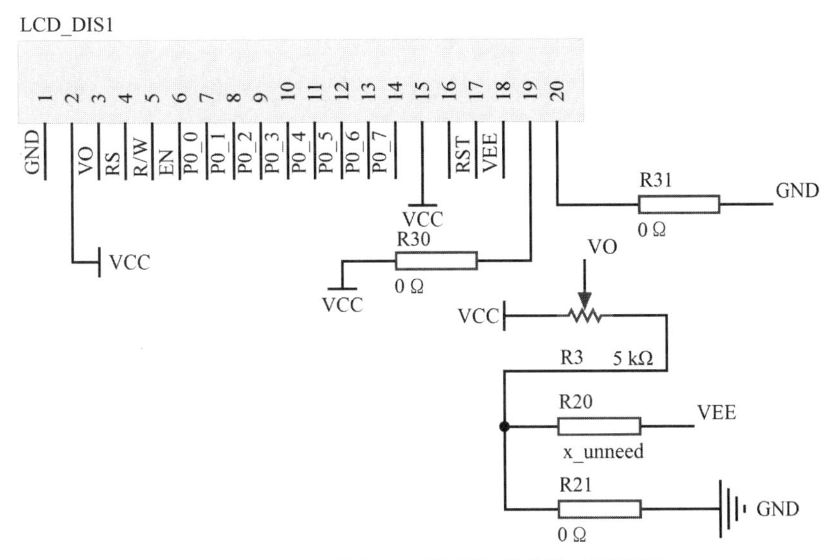

图 12-1　LCD 屏与 STC89C51 芯片连接原理图

其引脚功能如表 12-1 所示。

表 12-1　引脚功能表

引脚	引脚名称	方向	功能说明
1	GND	—	模块的电源地
2	VCC	—	模块的电源端
3	VO	—	LCD 驱动电压输入端
4	RS	H/L	并行的指令/数据选择信号;串行的片选信号
5	R/W(SID)	H/L	并行的读写选择信号;串行的数据口
6	EN(CLK)	H/L	并行的使能信号;串行的同步时钟
7	P0_0	H/L	数据 0
8	P0_1	H/L	数据 1
9	P0_2	H/L	数据 2

续表

引脚	引脚名称	方向	功能说明
10	P0_3	H/L	数据 3
11	P0_4	H/L	数据 4
12	P0_5	H/L	数据 5
13	P0_6	H/L	数据 6
14	P0_7	H/L	数据 7
15	VCC	—	模块的电源端
16	NC		空脚
17	RST	H/L	复位低电平有效
18	VEE	—	模块的电源地
19	LED_A	—	背光源正极
20	LED_K	—	背光源负极

12.1 并行连接方式

MPU 读写 LCM 的数据时序如图 12-2 和图 12-3 所示。

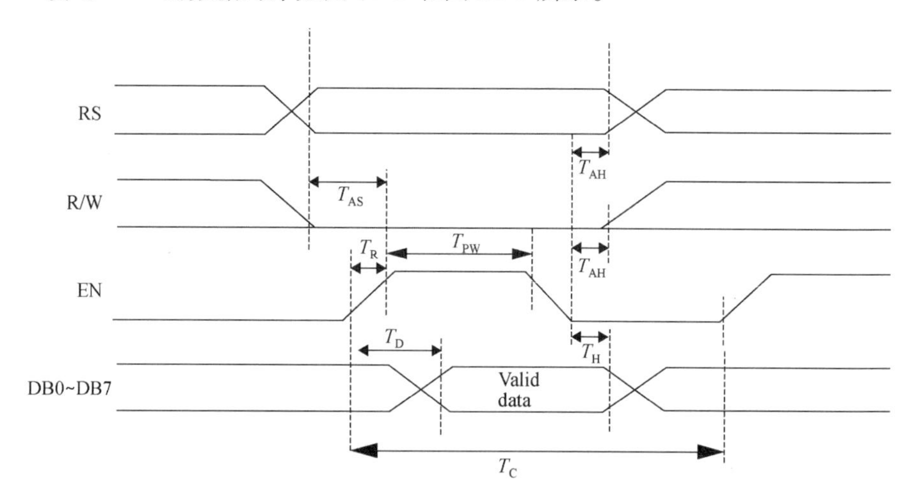

图 12-2 MPU 从 LCM 读数据时序

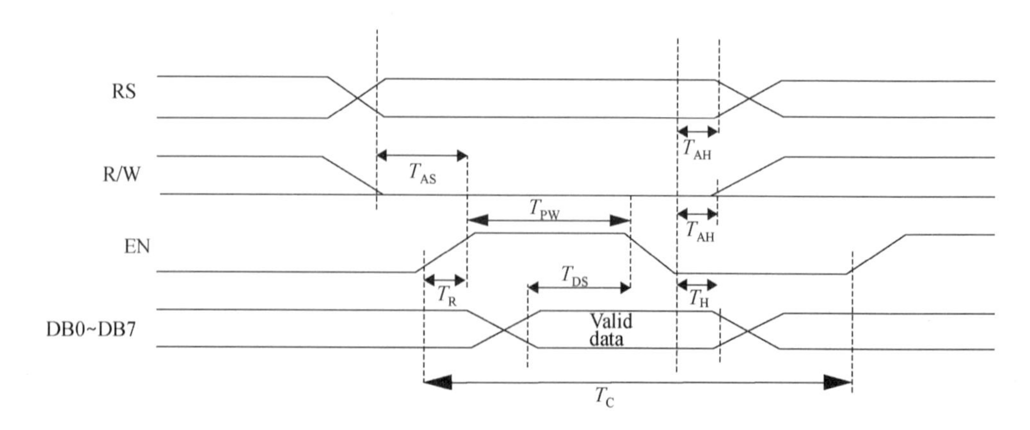

图 12-3 MPU 从 LCM 写数据时序

12.2　串行连接方式

LCM 在接收指令前,必须先确认此模块内部是处于非忙碌状态的,即读取 BF 标志时 BF =0 才可接收新指令。如果发出指令前不检查 BF 标志,那么在前一个命令和这个命令中间必须延迟一段较长的时间,等待确认前一个命令执行完成。

12.3　显示步骤及显示坐标关系

1. 显示数据 RAM

显示数据 RAM(DDRAM)提供 64 ×2 个位元组的空间,最多可以控制 4 行 16 字(64 个字)的中文字形显示,当写入显示数据 RAM 时,可以分别显示 CGROM、HCGROM 与 CGRAM 的字形,ST7920A 可以显示 3 种字形,分别是半宽的 HCGROM 字形、CGRAM 字形及中文 CGROM 字形,这 3 种字形由在 DDRAM 中写入的编码选择,在 0000H～0006H 的编码中将自动结合下一个位元组组成两个位元组的编码达成中文字形的编码(A140～D75F)。各字形详细编码如下:

(1) 显示半宽字形:将 8 位元数据写入 DDRAM 中,范围为 02H～7FH 的编码。

(2) 显示 CGRAM 字形:将 16 位元数据写入 DDRAM 中,总共有 0000H、0002H、0004H、0006H 这 4 种编码。

(3) 显示中文字形:将 16 位元数据写入 DDRAM 中,范围为 A1A1H～F7FEH 的编码。

汉字显示坐标如表 12-2 所示。

表 12-2　汉字显示坐标

行	X 坐标							
Line1	80H	81H	82H	83H	84H	85H	86H	87H
Line2	90H	91H	92H	93H	94H	95H	96H	97H
Line3	88H	89H	8AH	8BH	8CH	8DH	8EH	8FH
Line4	98H	99H	9AH	9BH	9CH	9DH	9EH	9FH

2. 绘图 RAM

绘图显示 RAM(GDRAM)提供 64 ×32 个位元组的存储空间,最多可以控制 256 ×64 点的二维绘图缓冲空间,在更改绘图 RAM 时,先连续写入水平与垂直的坐标值,再写入两个 8 位元的资料到绘图 RAM,而地址计数器(AC)会自动加 1;在写入绘图 RAM 的期间,绘图显示必须关闭。

绘图 RAM 具体显示步骤如下:

(1) 关闭绘图显示功能。

(2) 先将水平的位元组坐标(X)写入绘图 RAM 地址。

(3) 再将垂直的坐标(Y)写入绘图 RAM 地址。

(4) 将 D8～D15 写入到 RAM 中。

(5) 将 D0～D7 写入到 RAM 中。

(6) 打开绘图显示功能。

12.4 实例演练

要求：在LCD屏上显示“STC89C51 BOARD 单片机的基础知识 好好学习天天向上”的字样。

（1）硬件操作：使用USB线连接实验板和计算机。

（2）软件操作：首先，根据原理图设计出相应的程序；其次，设置各项工程参数，编译程序，以产生.hex文件烧录到实验板中；最后，观察实验结果，与设计要求的预期现象是否一致。若有非预期的状态，则需要检查程序或硬件连接。

参考程序为：

```
#include<reg51.h>
#include"lcd12864.h"
void main(void)
{
  Lcd_Reset();
  Lcd_Clear(0);
  while(1)
  {
    Lcd_WriteStr(0,0,"STC89C51 BOARD");
    Lcd_WriteStr(0,1,"单片机的基础知识");
    Lcd_WriteStr(0,2,"好好学习天天向上");
  }
}
```

以下是定义在Lcd12864.c程序中各个函数的作用和参数。

```
#include 01"Reg51.h"
#include "intrins.h"
#include "Lcd12864.h"

/******** 测试LCD是否处于忙状态,如果忙则返回0x80,否则返回0 ******/
unsigned char Lcd_CheckBusy(void)
{
    unsigned char Busy;
    LcdData=0xff;
    RS=0;
    RW=1;
    E=1;
    _nop_();
```

```
    Busy=LcdData&0x80;
    E=0;
    return Busy;
}

/**************** 向 LCD 写入字节数据 *****************/
void Lcd_WriteData(unsigned char Data)
{
    while(Lcd_CheckBusy());
    RS=1;
    RW=0;
    E=0;
    _nop_();
    _nop_();
    LcdData=Data;
    E=1;
    _nop_();
    _nop_();
    E=0;
}

/************** 从 LCD 中读出数据 ****************/
unsigned char Lcd_ReadData(void)
{
    unsigned char Temp;
    while(Lcd_CheckBusy());
    LcdData=0xff;
    RS=1;
    RW=1;
    E=1;
    _nop_();
    Temp=LcdData;
    E=0;
    return Temp;
}

/*************** 向 LCD 中写入指令代码 *****************/
void Lcd_WriteCmd(unsigned char CmdCode)
```

```
{
    while(Lcd_CheckBusy());
    RS=0;
    RW=0;
    E=0;
    _nop_();
    _nop_();
    LcdData=CmdCode;
    _nop_();
    _nop_();
    E=1;
    _nop_();
    _nop_();
    E=0;
}

/******** 向 LCD 指定起始位置写入一个字符串 ************/
void Lcd_WriteStr(unsigned char x,unsigned char y,unsigned
char *Str)
{
    if((y>3)||(x>7))
        return;//如果指定位置不在显示区域内,则不做任何写入直接返回
    EA=0;
    switch(y)
    {
        case 0:
                Lcd_WriteCmd(0x80+x);
                break;
        case 1:
                Lcd_WriteCmd(0x90+x);
                break;
        case 2:
                Lcd_WriteCmd(0x88+x);
                break;
        case 3:
                Lcd_WriteCmd(0x98+x);
                break;
    }
    while(*Str>0)
```

```
    {
        Lcd_WriteData(*Str);
        Str++;
    }
    EA=1;
}

/*** 为加速逻辑运算而设置的掩码表,这是以牺牲空间而换取时间的办法 ***/
code unsigned int LcdMaskTab[]= {0x0001,0x0002,0x0004,0x0008,
0x0010,0x0020,0x0040,0x0080,0x0100,0x0200,0x0400,0x0800,
0x1000,0x2000,0x4000,0x8000};

/**** 向 LCD 指定坐标写入一个像素,像素颜色有两种,0 代表白(无显示),1 代
表黑(有显示) ****/
void Lcd_PutPixel(unsigned char x,unsigned char y,unsigned char Color)
{
    unsigned char z,w;
    unsigned int Temp;
    if(x>=128||y>=64)
        return;
    Color=Color%2;
    w=15-x%16;//确定对这个字的第多少位进行操作
    x=x/16;//确定为一行上的第几字
    if(y<32) //如果为上页
        z=0x80;
    else     //否则如果为下页
        z=0x88;
    y=y%32;
    EA=0;
    Lcd_WriteCmd(0x36);
    Lcd_WriteCmd(y+0x80);        //行地址
    Lcd_WriteCmd(x+z);      //列地址
    Temp=Lcd_ReadData();//先空读一次
    Temp=(unsignedint)Lcd_ReadData()<<8;//再读出高 8 位
    Temp|=(unsigned int)Lcd_ReadData();//再读出低 8 位
    EA=1;
    if(Color==1) //如果写入颜色为 1
        Temp|=LcdMaskTab[w];//在此处查表实现加速
    else         //如果写入颜色为 0
        Temp&=~LcdMaskTab[w];//在此处查表实现加速
```

```
    EA=0;
    Lcd_WriteCmd(y+0x80);          //行地址
    Lcd_WriteCmd(x+z);       //列地址
    Lcd_WriteData(Temp>>8);//先写入高8位,再写入低8位
    Lcd_WriteData(Temp&0x00ff);
    Lcd_WriteCmd(0x30);
    EA=1;
}

/************* 从LCD指定坐标读取像素颜色值 *************************/
unsigned char Lcd_ReadPixel(unsigned char x,unsigned char y)
{
    unsigned char z,w;
    unsigned int Temp;
    if(x>=128||y>=64)
        return 0;
    w=15-x%16;//确定对这个字的第多少位进行操作
    x=x/16;//确定为一行上的第几字
    if(y<32) //如果为上页
        z=0x80;
    else      //否则如果为下页
        z=0x88;
    y=y%32;
    EA=0;
    Lcd_WriteCmd(0x36);
    Lcd_WriteCmd(y+0x80);          //行地址
    Lcd_WriteCmd(x+z);       //列地址
    Temp=Lcd_ReadData();//先空读一次
    Temp=(unsignedint)Lcd_ReadData()<<8;//再读出高8位
    Temp|=(unsignedint)Lcd_ReadData();//再读出低8位
    EA=1;
    if((Temp&&LcdMaskTab[w])==0)
        return 0;
    else
        return 1;
}

/***** 向LCD指定位置画一条长度为Length的指定颜色的水平线 ************/
void Lcd_HoriLine(unsigned char x,unsigned char y,unsigned char Length,unsigned char Color)
```

```
{
    unsigned char i;
    if(Length==0)
        return;
    for(i=0;i<Length;i++)
    {
        Lcd_PutPixel(x+i,y,Color);
    }
}

/******* 向LCD指定位置画一条长度为Length的指定颜色的垂直线 *******/
void Lcd_VertLine(unsigned char x,unsigned char y,unsigned
char Length,unsigned char Color)
{
    unsigned char i;
    if(Length==0)
        return;
    for(i=0;i<Length;i++)
    {
        Lcd_PutPixel(x,y+i,Color);
    }
}

/******* 向LCD指定起始坐标和结束坐标之间画一条指定颜色的直线 *******/
void Lcd_Line(unsigned char x1,unsigned char y1,unsigned char
x2,unsigned char y2,unsigned char Color)
{
  unsigned int x,y;
  unsigned int d_x,d_y;//d_x=x2-x1;d_y=y2-y1;
  int err=0;
  unsigned char temp=0;
  if(y2<y1)
  {
      x=x1;
      y=y1;
      x1=x2;
      y1=y2;
      x2=x;
      y2=y;
  }
```

```
d_y=y2 -y1;
if (d_y==0)
{
    if (x1 >x2)
    {
        x=x1;
        x1=x2;
        x2=x;
    }
    for(x=x1;x<=x2;x++)
        Lcd_PutPixel(x,y1,Color);
}
else
{
    if(x2 >=x1)
    {
        temp=1;
        d_x=x2 -x1;
    }
    else
        d_x=x1 -x2;
    x=x1;
    y=y1;
    Lcd_PutPixel(x,y,1);

    if(temp&&(d_y <=d_x))
        while(x!=x2)
        {
            if(err<0)
            {
                x=x +1;
                err=err + (y2 -y);
            }
            else
            {
                x=x +1;
                y=y +1;
                err=err + (y2 -y) - (x2 -x);
            }
```

```
        Lcd_PutPixel(x,y,Color);
    }

else if(temp&&(d_y >d_x))
    while(y !=y2)
    {
        d_x=x2 -x;
        d_y=y2 -y;
        if(err <0)
        {
            x=x +1;
            y=y +1;
            err=err +d_y -d_x;
        }
        else
        {
            y=y +1;
            err=err -d_x;
        }
        Lcd_PutPixel(x,y,Color);


    }

else if(!temp&&(d_y <=d_x))
    while(x!=x2)
    {
        d_x=x -x2;
        d_y=y2 -y;
        if(err <0)
        {
            x=x -1;
            err=err +d_y;
        }
        else
        {
            x=x -1;
            y=y +1;
            err=err +d_y -d_x;
        }
```

```
                Lcd_PutPixel(x,y,Color);
            }

        else if(!temp && (d_y > d_x))
            while(y != y2)
            {
                d_x = x - x2;
                d_y = y2 - y;
                if(err < 0)
                {
                    x = x - 1;
                    y = y + 1;
                    err = err + d_y - d_x;
                }
                else
                {
                    y = y + 1;
                    err = err - d_x;
                }
                Lcd_PutPixel(x,y,Color);
            }
    }
}

/********* 向 LCD 指定左上角坐标和右下角坐标画一个指定颜色的矩形 ********/
void Lcd_Rectangle(unsigned char x0,unsigned char y0,unsigned
char x1,unsigned char y1,unsigned char Color)
{
    unsigned char Temp;
    if(x0 > x1)
    {
        Temp = x0;
        x0 = x1;
        x1 = Temp;
    }
    if(y0 > y1)
    {
        Temp = y0;
        y0 = y1;
        y1 = Temp;
    }
```

```
    Lcd_VertLine(x0,y0,y1-y0+1,Color);
    Lcd_VertLine(x1,y0,y1-y0+1,Color);
    Lcd_HoriLine(x0,y0,x1-x0+1,Color);
    Lcd_HoriLine(x0,y1,x1-x0+1,Color);
}

/********** 对称法画圆的8个镜像点 ***************/
void CircleDot(unsigned char x,unsigned char y,char xx,char yy,
unsigned char Color)//内部函数,对称法画圆的8个镜像点
{
    Lcd_PutPixel((x+yy),(y+xx),Color);//第1个8分圆
    Lcd_PutPixel((x+xx),(y+yy),Color);//第2个8分圆
    Lcd_PutPixel((x-xx),(y+yy),Color);//第3个8分圆
    Lcd_PutPixel((x-yy),(y+xx),Color);//第4个8分圆
    Lcd_PutPixel((x-yy),(y-xx),Color);//第5个8分圆
    Lcd_PutPixel((x-xx),(y-yy),Color);//第6个8分圆
    Lcd_PutPixel((x+xx),(y-yy),Color);//第7个8分圆
    Lcd_PutPixel((x+yy),(y-xx),Color);//第8个8分圆
}

/********* 向LCD指定圆心坐标画一个半径为r的指定颜色的圆 *********/
void Lcd_Circle(unsigned char x,unsigned char y,unsigned char
r,unsigned char Color)//中点法画圆
{
    unsigned char xx,yy;
    char deltax,deltay,d;
    xx=0;
    yy=r;
    deltax=3;
    deltay=2-r-r;
    d=1-r;
    CircleDot(x,y,xx,yy,Color);//对称法画圆的8个镜像点
    while (xx<yy)
    {
        if (d<0)
        {
            d+=deltax;
            deltax+=2;
            xx++;
        }
```

```
        else
        {
            d += deltax + deltay;
            deltax += 2;
            deltay += 2;
            xx ++;
            yy --;
        }
        CircleDot(x,y,xx,yy,Color);//对称法画圆的 8 个镜像点
    }
}

/******* 清除 Lcd 全屏,如果清除模式 Mode 为 0,则为全屏清除为颜色 0(无任
何显示),否则为全屏清除为颜色 1(全屏填充显示)************************/
void Lcd_Clear(unsigned char Mode)
{
    unsigned char x,y,ii;
    unsigned char Temp;
    if(Mode%2 == 0)
        Temp = 0x00;
    else
        Temp = 0xff;
    Lcd_WriteCmd(0x36);//扩充指令 绘图显示
    for(ii = 0;ii < 9;ii += 8)
        for(y = 0;y < 0x20;y ++)
            for(x = 0;x < 8;x ++)
            {
                EA = 0;
                Lcd_WriteCmd(y + 0x80);          //行地址
                Lcd_WriteCmd(x + 0x80 + ii);      //列地址
                Lcd_WriteData(Temp); //写数据 D15 - D8
                Lcd_WriteData(Temp); //写数据 D7 - D0
                EA = 1;
            }
    Lcd_WriteCmd(0x30);
}
```

```
/************ LCD 初始化 ******************/
void Lcd_Reset()
{
//PSB=1;
    Lcd_WriteCmd(0x30); //选择基本指令集
    Lcd_WriteCmd(0x0c); //开显示(无游标、不反白)
    Lcd_WriteCmd(0x01); //清除显示,并且设定地址指针为 00H
    Lcd_WriteCmd(0x06); //指定在资料的读取及写入时,设定游标的移动方
                        //向及指定显示的移位
}
```

烧录程序后在 LCD 屏上可以看到如图 12-4 所示的结果,表明实验成功。

LCD 屏
实验效果

图 12-4　LCD 屏显示

第13章　蜂鸣器

13.1　原理介绍

蜂鸣器曲谱存储格式：unsigned char code MusicName{音高，音长，音高，音长，…，0，0}；末尾“0，0”表示结束（Important），其原理图如图13-1所示。

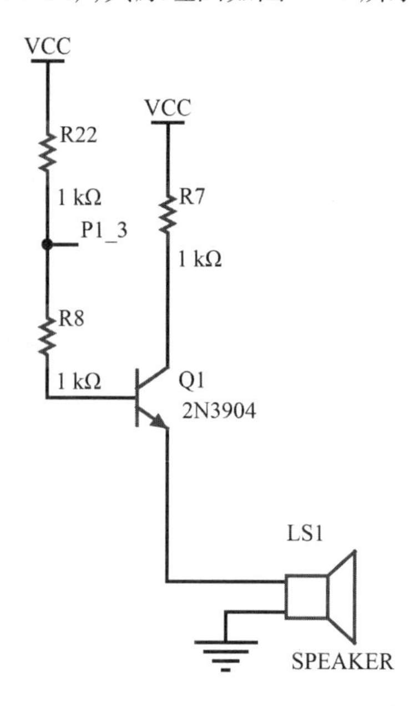

图13-1　51单片机蜂鸣器原理图

1. 音高

音高由3位数字组成：

（1）个位是表示1～7这7个音符。

（2）十位是表示音符所在的音区：1——低音，2——中音，4——高音。

（3）百位表示这个音符是否要升半音：0——不升，1——升半音。

2. 音长

音长最多由3位数字组成。

个位表示音符的时值，其对应关系如下：

（1）数值(n)：|0|1|2|3|4|5|6。

（2）几分音符：|1|2|4|8|16|32|64，音符$=2^n$。

（3）十位表示音符的演奏效果（0～2）：0——普通，1——连音，2——顿音。

（4）百位是符点位：0——无符点，1——有符点。

3. 调用演奏子程序的格式

Play（乐曲名，调号，升降八度，演奏速度）：

（1）乐曲名：要播放的乐曲指针，结尾以（0，0）结束。

（2）调号（0～11）：是指乐曲升多少个半音演奏。

（3）升降八度（1～3）：1——降八度，2——不升不降，3——升八度。

（4）演奏速度（1～12000）：值越大速度越快。

13.2　实例演练

要求：播放《同一首歌》。

（1）硬件操作：使用USB线连接实验板和计算机。

（2）软件操作：首先，根据原理图设计出相应的程序；其次，设置各项工程参数，编译程序，以产生.hex文件烧录到实验板中；最后，观察实验结果，与设计要求的预期现象一致。若有非预期的状态，则需要检查程序或硬件连接。

参考程序为：

```
#include <reg51.h>
#include "SoundPlay.h"
void Delay1ms(unsigned int count)
{
  unsigned int i,j;
  for(i=0;i<count;i++)
    for(j=0;j<120;j++);
}//同一首歌
unsigned char code Music_Same[]={0x0F,0x01,0x15,0x02,0x16,
0x02,0x17,0x66,0x18,0x03,0x17,0x02,0x15,0x02,0x16,0x01,0x15,
0x02,0x10,0x02,0x15,0x00,0x0F,0x01,0x15,0x02,0x16,0x02,0x17,
0x02,0x17,0x03,0x18,0x03,0x19,0x02,0x15,0x02,0x18,0x66,0x17,
0x03,0x19,0x02,0x16,0x03,0x17,0x03,0x16,0x00,0x17,0x01,0x19,
0x02,0x1B,0x02,0x1B,0x70,0x1A,0x03,0x1A,0x01,0x19,0x02,0x19,
0x03,0x1A,0x03,0x1B,0x02,0x1A,0x0D,0x19,0x03,0x17,0x00,0x18,
0x66,0x18,0x03,0x19,0x02,0x1A,0x02,0x19,0x0C,0x18,0x0D,0x17,
0x03,0x16,0x01,0x11,0x02,0x11,0x03,0x10,0x03,0x0F,0x0C,0x10,
0x02,0x15,0x00,0x1F,0x01,0x1A,0x01,0x18,0x66,0x19,0x03,0x1A,
0x01,0x1B,0x02,0x1B,0x03,0x1B,0x03,0x1B,0x0C,0x1A,0x0D,0x19,
0x03,0x17,0x00,0x1F,0x01,0x1A,0x01,0x18,0x66,0x19,0x03,0x1A,
0x01,0x10,0x02,0x10,0x03,0x10,0x03,0x1A,0x0C,0x18,0x0D,0x17,
0x03,0x16,0x00,0x0F,0x01,0x15,0x02,0x16,0x02,0x17,0x70,0x18,
0x03,0x17,0x02,0x15,0x03,0x15,0x03,0x16,0x66,0x16,0x03,0x16,
0x02,0x16,0x03,0x15,0x03,0x10,0x02,0x10,0x01,0x11,0x01,0x11,
```

```
0x66,0x10,0x03,0x0F,0x0C,0x1A,0x02,0x19,0x02,0x16,0x03,0x16,
0x03,0x18,0x66,0x18,0x03,0x18,0x02,0x17,0x03,0x16,0x03,0x19,
0x00,0x00,0x00};
void main()
{
  InitialSound();
  while(1)
  {
    Play(Music_Same,0,3,360);
    Delay1ms(500);
  }
}
```

蜂鸣器
实验效果

以下是定义在 Sound Play. c 程序的代码。

```
#ifndef __SOUNDPLAY_H_REVISION_FIRST__
#define __SOUNDPLAY_H_REVISION_FIRST__
/**********************************************************************/
#define SYSTEM_OSC 12000000 //定义晶振频率 12000000Hz
#define SOUND_SPACE 4/5 //定义普通音符演奏的长度分率,每 4 分音符间隔
sbit BeepIO = P1^3; //定义输出管脚
unsigned int code FreTab[12] = {262,277,294,311,330,349,369,392,
415,440,466,494}; //原始频率表
unsigned char code SignTab[7] = {0,2,4,5,7,9,11};//1～7 在频率表
                                                  //中的位置
unsigned char code LengthTab[7] = {1,2,4,8,16,32,64};
unsigned char Sound_Temp_TH0,Sound_Temp_TL0; //音符定时器初值
                                             //暂存
unsigned char Sound_Temp_TH1,Sound_Temp_TL1; //音长定时器初值
                                             //暂存
/**********************************************************************/
void InitialSound(void)
{
  BeepIO = 0;
  Sound_Temp_TH1 = (65535 - (1/1200) * SYSTEM_OSC)/256; //计算 TL1
                                   //应装入的初值(10ms 的初装值)
  Sound_Temp_TL1 = (65535 - (1/1200) * SYSTEM_OSC)%256; //计算 TH1
                                             //应装入的初值
  TH1 = Sound_Temp_TH1;
  TL1 = Sound_Temp_TL1;
```

```
  TMOD |=0x11;
  ET0 =1;
  ET1 =0;
  TR0 =0;
  TR1 =0;
  EA=1;
}
void BeepTimer0(void) interrupt 1//音符发生中断
{
  BeepIO= !BeepIO;
  TH0 = Sound_Temp_TH0;
  TL0 = Sound_Temp_TL0;
}
/*********************************************************************/
void Play(unsigned char *Sound,unsigned char Signature,unsigned
Octachord,unsigned int Speed)
{
  unsignedint NewFreTab[12];     //新的频率表
  unsigned char i,j;
  unsigned int Point,LDiv,LDiv0,LDiv1,LDiv2,LDiv4,CurrentFre,
  Temp_T,SoundLength;
  unsigned char Tone,Length,SL,SH,SM,SLen,XG,FD;
  for(i=0;i<12;i++) //根据调号及升降八度来生成新的频率表
  {
    j=i+Signature;
    if(j >11)
    {
      j=j -12;
      NewFreTab[i]=FreTab[j]*2;
    }
    else
      NewFreTab[i]=FreTab[j];
    if(Octachord==1)
      NewFreTab[i]>>=2;
    else if(Octachord==3)
      NewFreTab[i]<<=2;
  }
    SoundLength=0;
    while(Sound[SoundLength]!=0x00)//计算歌曲长度
```

```
    {
      SoundLength +=2;
    }
    Point=0;
    Tone=Sound[Point];
    Length=Sound[Point +1];//读出第一个音符和它的时值
    LDiv0=12000/Speed;        //算出1分音符的长度(几个10ms)
    LDiv4=LDiv0/4;            //算出4分音符的长度
    LDiv4=LDiv4 -LDiv4 * SOUND_SPACE; //普通音最长间隔标准
    TR0=0;
    TR1=1;
    while(Point<SoundLength)
    {
      SL=Tone%10; //计算出音符
      SM=Tone/10%10; //计算出高低音
      SH=Tone/100; //计算出是否升半
      CurrentFre=NewFreTab[SignTab[SL -1]+SH]; //查出对应音符
                                                  //的频率
      if(SL!=0)
      {
        if (SM==1) CurrentFre >>=2; //低音
          if (SM==3) CurrentFre <<=2; //高音
            Temp_T=65536 -(50000/CurrentFre)*10/(12000000/SYS-
            TEM_OSC);//计算计数器初值
            Sound_Temp_TH0=Temp_T/256;
            Sound_Temp_TL0=Temp_T%256;
            TH0=Sound_Temp_TH0;
            TL0=Sound_Temp_TL0+12; //加12是对中断延时的补偿
      }
      SLen=LengthTab[Length%10]; //算出是几分音符
      XG=Length/10%10; //算出音符类型(0普通,1连音,2顿音)
      FD=Length/100;
      LDiv=LDiv0/SLen; //算出连音音符演奏的长度(多少个10ms)
      if (FD==1)
      LDiv=LDiv+LDiv/2;
      if(XG!=1)
          if(XG==0) //算出普通音符的演奏长度
              if(SLen<=4)
                  LDiv1=LDiv-LDiv4;
```

```
              else
                  LDiv1 = LDiv * SOUND_SPACE;
          else
            LDiv1 = LDiv/2; //算出顿音的演奏长度
      else
        LDiv1 = LDiv;
      if(SL==0)
        LDiv1 = 0;
        LDiv2 = LDiv - LDiv1; //算出不发音的长度
      if (SL!=0)
      {
        TR0 = 1;
        for(i = LDiv1;i >0;i--) //发规定长度的音
        {
          while(TF1 ==0);
          TH1 = Sound_Temp_TH1;
          TL1 = Sound_Temp_TL1;
          TF1 = 0;
        }
      }
      if(LDiv2 != 0)
      {
        TR0 = 0;
        BeepIO = 0;
        for(i = LDiv2;i >0;i--) //音符间的间隔
        {
          while(TF1 ==0);
          TH1 = Sound_Temp_TH1;
          TL1 = Sound_Temp_TL1;
          TF1 = 0;
        }
      }
          Point +=2;
          Tone = Sound[Point];
          Length = Sound[Point +1];
    }
    BeepIO = 0;
}
/*****************************************************/
#endif
```

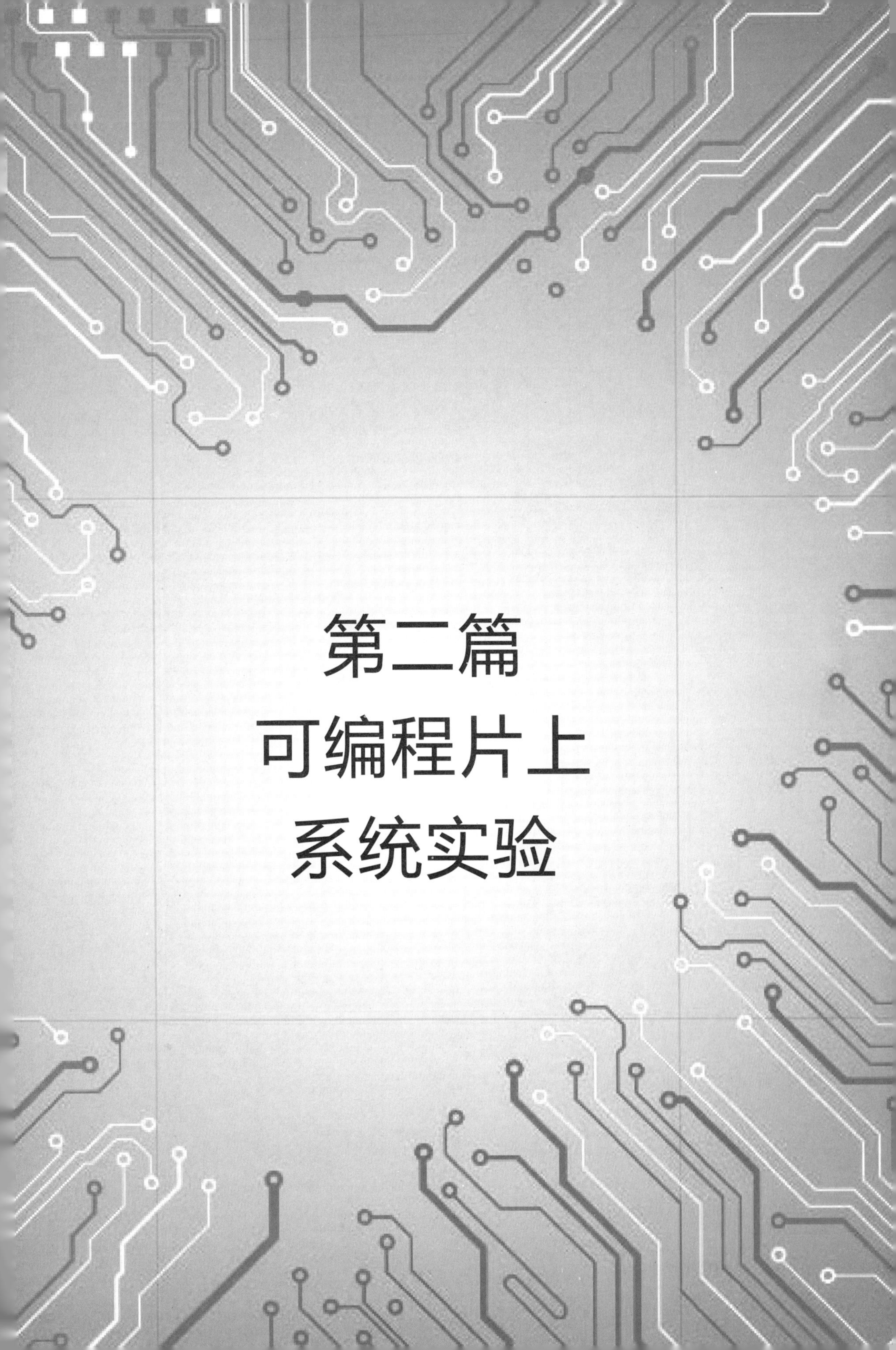

第二篇 可编程片上系统实验

第 14 章　SOPC 实验板硬件简介

本章所用 SOPC 实验板采用 Altera 公司（已被 Intel 公司收购）的 Cyclone Ⅲ EP3C25F324C8 芯片，如图 14-1 所示。开发板由核心板和底板组成。核心板上集成有 Cyclone Ⅲ的 FPGA 芯片，以及 SDRAM、Flash、SRAM 等片外存储芯片，并通过接插件与底板相连。在底板上扩展有各种类型的实验接口，包括以太网、PS2、音频、VGA、USB 等接口；此外，还有 8 个 LED 灯、8 个按键、七段数码管、SD 卡槽及蜂鸣器。

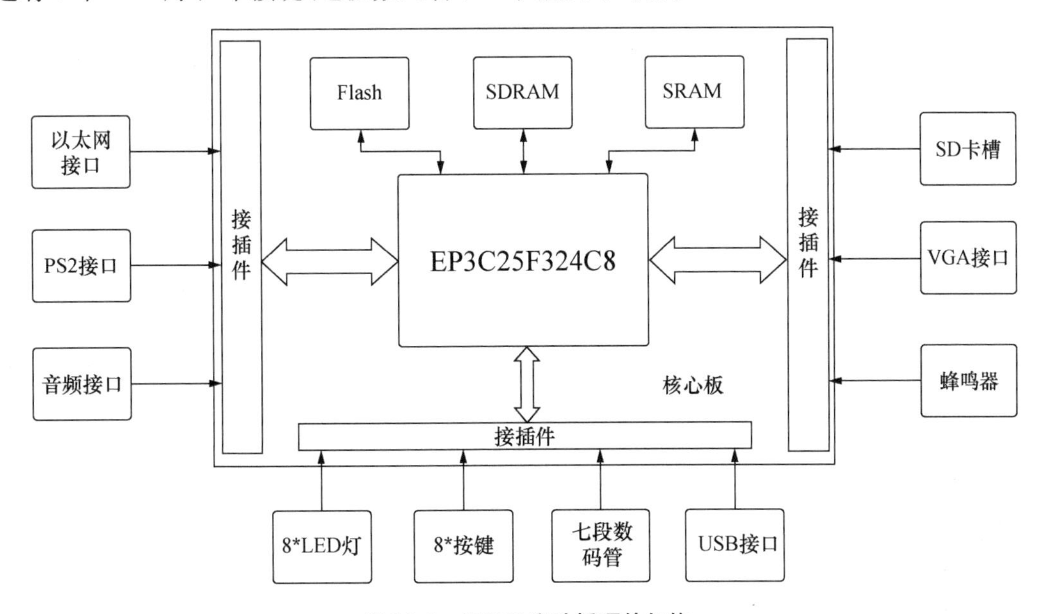

图 14-1　SOPC 实验板硬件架构

第 15 章　Quartus Ⅱ使用入门

15.1　简介

Quartus Ⅱ集成开发软件是 Altera 公司在 21 世纪初推出的 PLD 集成开发软件，这个软件是该公司前一代 PLD 集成开发软件 MAX + PLUS Ⅱ的更新换代产品。Quartus Ⅱ集成开发软件支持 PLD 开发的整个过程，它提供一种与器件结构无关的设计环境。软件界面友好，使设计者能方便地进行设计输入、设计处理和器件编程。

Quartus Ⅱ集成开发软件提供了完整的多平台设计环境，能满足各种特定设计的需要。

Quartus Ⅱ集成开发软件支持 VHDL、Verilog HDL 硬件描述语言的设计流程，它是在 SOPC 开发的综合设计环境。另外，Quartus Ⅱ集成开发软件也可以利用第三方软件的结果，并支持第三方软件的工作。

为加快应用系统的开发，Quartus Ⅱ集成开发软件包含许多十分有用的参数化模块库（Library of Parameterized Modules，LPM），它们是复杂或高级系统构建的重要组成部分，在数字系统设计中被大量使用。当然这些模块也可以与用户设计文件一起使用。Altera 提供的 LPM 函数均基于 Altera 公司器件的结构做了优化设计，在设计中合理地调用 LPM 不仅可以加快设计进程，还可以提高系统性能。有些 LPM 宏功能模块的使用必须依赖于一些 Altera 公司特定器件的硬件功能，如各类存储器模块、DSP 模块、LVDS 驱动器模块以及 PLL、SERDES 和 DDO 模块等，这在使用中需要注意。

Quartus Ⅱ集成开发软件加强了网络功能，设计人员可以直接通过网络获得 Altera 的技术支持；其支持的器件种类众多，如 APEX、APEX Ⅱ、Cyclone Ⅲ、Cyclone Ⅳ、Stratix 及 Strati Ⅱ等；还支持多时钟定时分析、基于块的 Logiclock 设计、SOPC、内嵌 Signaltap Ⅱ逻辑分析仪及功率评估器等高级工具；Quartus Ⅱ集成开发软件包含 MAX + PLUS Ⅱ的 GUI，且易于 MAX + PLUS Ⅱ的工程平稳地过渡到 Quartus Ⅱ开发环境。

Quartus Ⅱ集成开发软件的核心是模块化的编译器。编译器包括的功能模块有分析/综合器（Analysis & Synthesis）、适配器（Fitter）、装配器（Assembler）、时序分析器（Timing Analyzer）、设计辅助模块（Design Assistant）和 EDA 网表文件生成器（EDA Netlist Writer）。

利用 Quartus Ⅱ集成开发软件进行 PLD 开发的全部过程包括设计输入、综合或编译、布局布线、仿真和验证，以及 PLD 的编程或配置。Quartus Ⅱ集成开发软件的功能模块与 PLD 开发流程之间的关系如图 15-1 所示。

设计输入是将设计者所要设计的电路构思以开发软件要求的形式表达出来。Quartus Ⅱ集成开发软件支持模块/原理图输入方式、文本输入方式、Core 输入方式和第三方 EDA 工具输入方式等。Quartus Ⅱ集成开发软件同时允许用户在需要对器件的编译或编程进行了必要的条件约束的环境下使用分配编辑器（Assignment Editor）设定初始设计的约束条件。

综合是将 HDL 语言、原理图等设计输入依据给定的硬件结构组件和约束控制条件进行编译、优化、转换和综合,生成门级电路或更底层电路的描述网表文件,以供适配器实现。

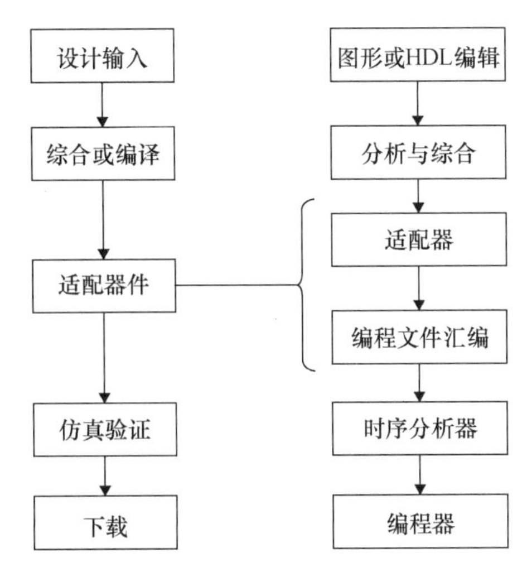

图 15-1 功能模块与 PLD 开发流程的关系图

适配也称为布局布线,这个步骤利用适配器将逻辑综合生成的网表文件映射到某一具体的器件。该过程包括将设计工程的逻辑和时序要求与器件的可用资源相匹配;将每个逻辑功能分配到最好的逻辑单元位置,进行布局和时序分析;选择相应的互联路径和引脚分配。适配完成后,生成可用于时序仿真的仿真文件和可用于编程的编程文件。

仿真包括功能仿真和时序仿真。功能仿真是在不考虑器件延时的理想情况下仿真设计项目,以验证其逻辑功能的正确性,功能仿真又称前仿真。时序仿真是在考虑具体适配器件的各种延时的情况下仿真设计项目,它是接近真实器件运行特性的仿真,时序仿真又称后仿真。

器件编程与配置指的是设计输入编译成功后,设计者使用器件编程器将编程文件下载到实际器件的过程。

Quartus Ⅱ集成开发软件允许用户在开发过程中使用 Quartus Ⅱ图形用户界面、EDA 工具界面和命令行界面。用户既可以在整个开发过程中使用这些界面中的任意一个,也可以在开发过程的不同步骤中使用不同的界面。

上述任何一步出错,均需要回到设计输入阶段改正错误,并重新按设计流程进行设计。

15.2 创建工程

Quartus Ⅱ集成开发软件对设计过程的管理采用工程(Project)方式。工程保存着设计输入的编辑信息和设计调试的环境信息等内容。

首先,新建一个工程。新建该工程之前需要建立一个文件夹,后面产生的工程文件、设计输入文件等都将存储在这个文件夹之中。这个文件夹通常被 EDA 软件默认为工作库(Work Library)。不同的工程最好放在不同的文件夹中,同一工程的所有文件都必须放在同一文件夹中。

打开 Quartus Ⅱ集成开发软件,则显示如图 15-2 所示的界面。界面由标题栏、菜单栏、工具栏、资源管理窗口、编译状态显示窗口、信息显示窗口和工程工作区等部分组成。

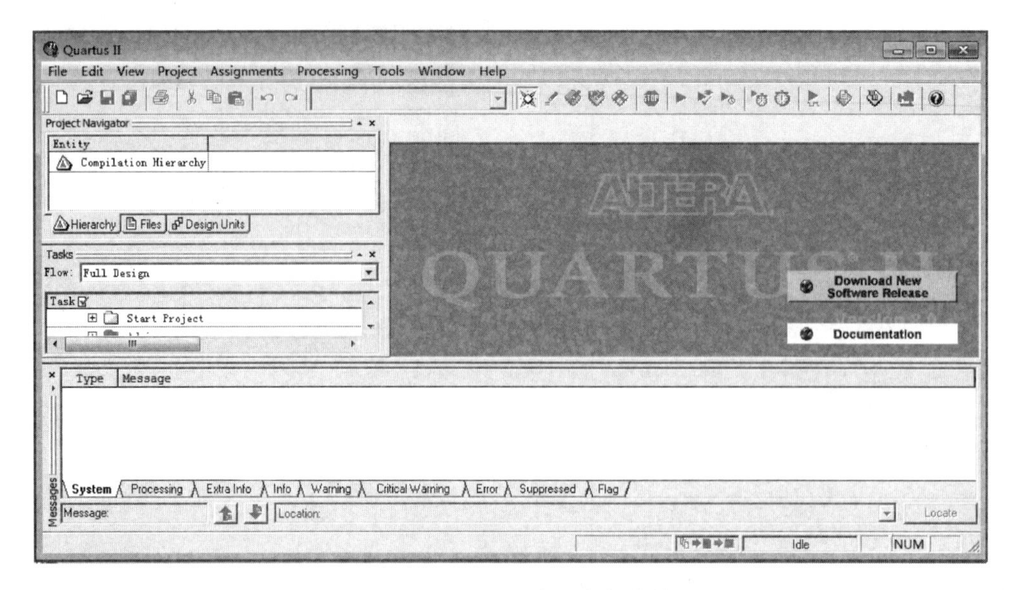

图 15-2 Quartus Ⅱ集成开发软件的界面

在 Quartus Ⅱ集成开发软件的界面中，选择 File→New Project Wizard 命令打开创建工程向导，可以帮助用户创建一个新的工程。创建工程时首先出现新工程向导介绍，如图 15-3 所示。

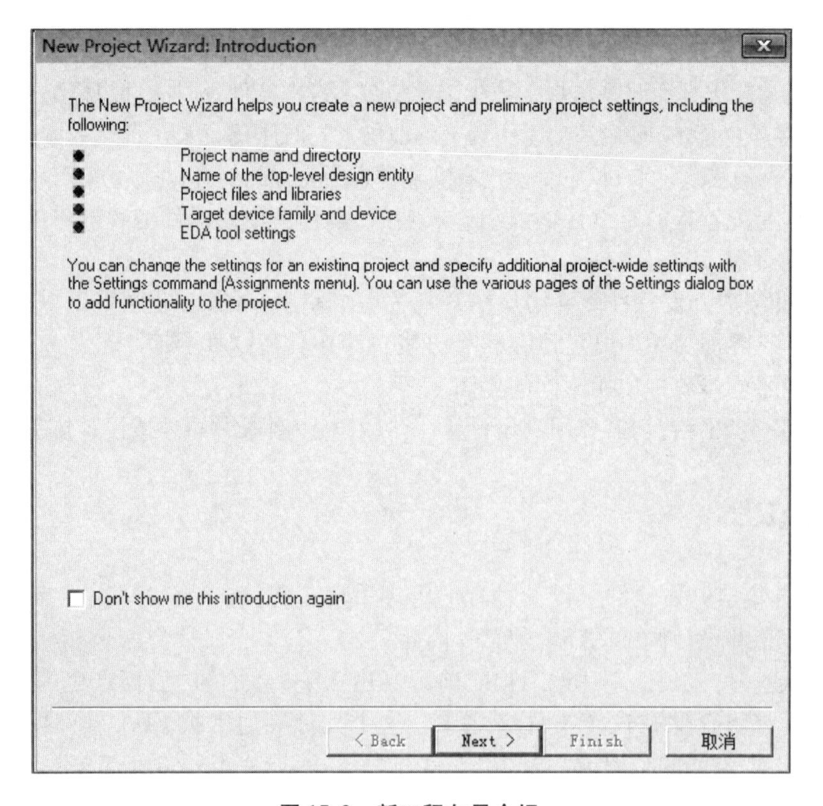

图 15-3 新工程向导介绍

新工程向导介绍帮助用户指定工程名和工程文件被存储的目录，指定顶层文件的名称，以及工程中需要用到的设计文件、其他可以借用的源文件和用户库,指定具体使用的可编程逻辑器件的系列和型号。

在图15-3中单击Next按钮可以打开New Project Wizard对话框,如图15-4所示。在第一个文本输入行中,输入包含完全路径的工程文件夹名称,或者使用浏览按钮"..."找出这个文件夹。在第二个文本输入行中,输入顶层文件的名称,这个行后面的浏览按钮"..."用于找出已经存在还将使用的顶层文件。在第三个文本输入行中,输入工程文件的名称,该行后面的浏览按钮"..."用于找出已经存在还将使用的工程文件。

建议文件夹、顶层文件及工程文件选择同样的名称,以免产生不必要的麻烦。这里把它们都命名为adder。

利用第一个文本输入行,即存储工程文件的文件夹名称的浏览按钮"...",选择新建的文件夹并打开,也可以自行输入如图15-4所示对话框中的所有内容。

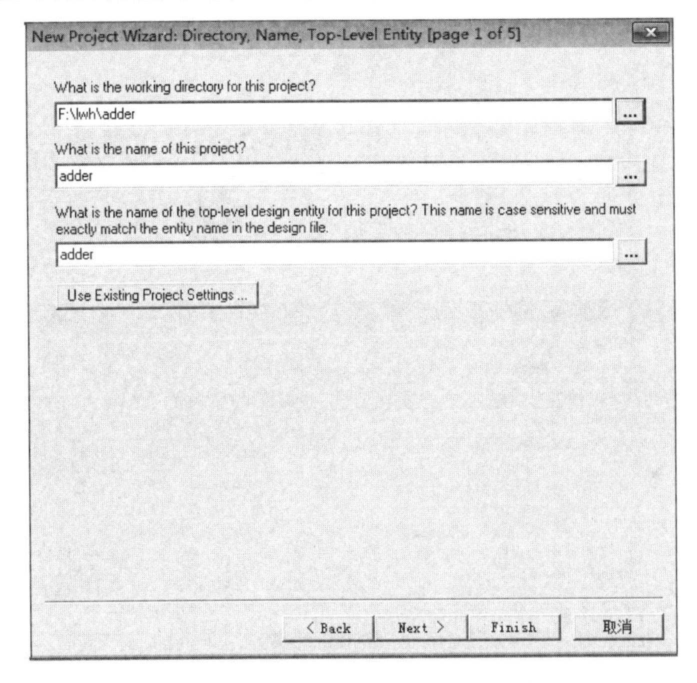

图15-4 新工程目录和文件名称对话框

上述工作完成之后,单击Next按钮打开Add Files对话框,如图15-5所示。在此对话框中,可单击Add按钮添加设计输入文件,输入文件可以是原理图文件也可以是文本文件。如果工程中用到用户自定义的库,则需要单击User Libraries按钮,添加相应的库文件。添加完成后,单击Next按钮。

对于初学者,可以直接单击Next按钮进入目标芯片选择对话框,如图15-6所示,目标芯片就是将要装载用户设计的可编程逻辑芯片,当PLD被编程/配置以后,这个PLD便具有了相应的功能。在Family下拉列表中列出了该版本Quartus Ⅱ集成开发软件支持的所有Altera公司的可编程逻辑器件系列。这里选择Cyclone Ⅲ系列。

完成PLD系列的选择以后,在Available devices栏中选择具体目标芯片型号,同一芯片系列具有许多不同规格、包装形式和质量等级的芯片。这里选择的具体芯片为EP3C25F324C8。

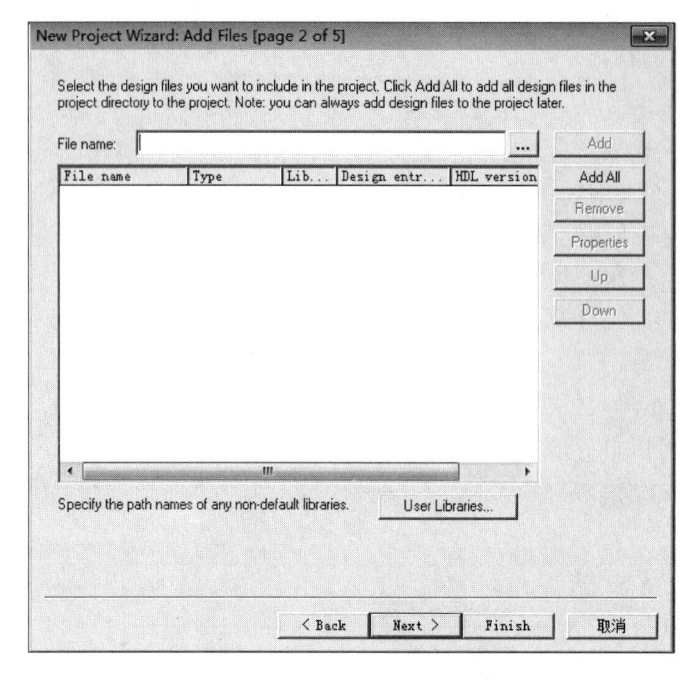

图 15-5　向工程加入文件对话框

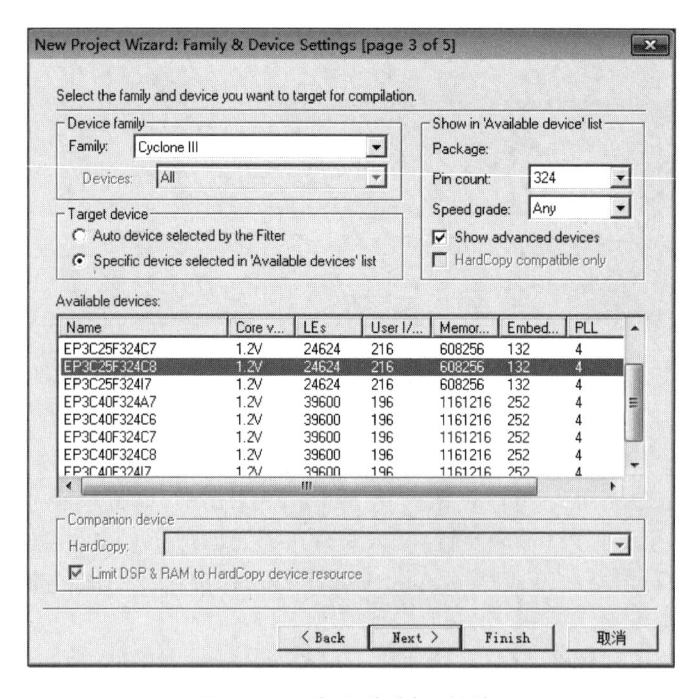

图 15-6　目标芯片选择对话框

在选择芯片时把 Show in 'Available device' list 栏中所有的下拉菜单都设置为 Any，可使系列中的所有芯片都显示出来，当然也可选择其他选项以方便器件的选择。注意，不要选择 Show advanced devices 选项，以避免一些低档芯片被屏蔽，完成目标芯片选择后，单击 Next 按钮进入如图 15-7 所示的 EDA 工具选择对话框。在该对话框中可以选择其他 EDA 工具。

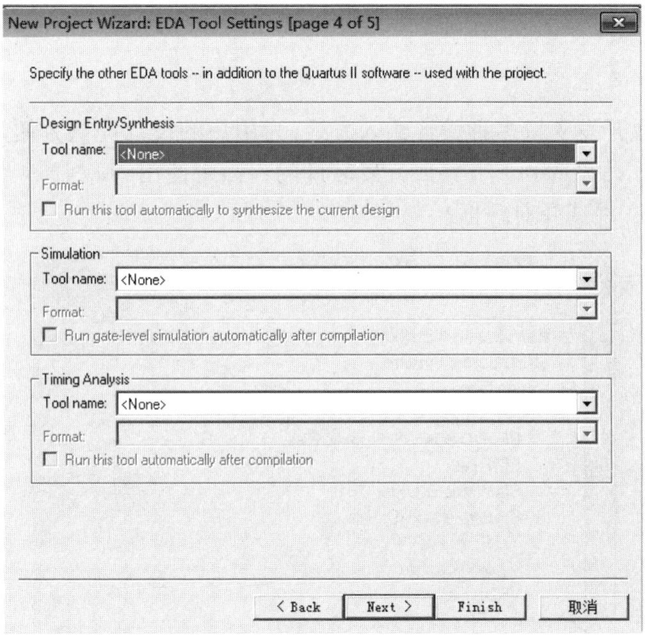

New Project Wizard: EDA Tool Settings [page 4 of 5]

Specify the other EDA tools -- in addition to the Quartus II software -- used with the project.

Design Entry/Synthesis
Tool name: <None>
Format:
Run this tool automatically to synthesize the current design

Simulation
Tool name: <None>
Format:
Run gate-level simulation automatically after compilation

Timing Analysis
Tool name: <None>
Format:
Run this tool automatically after compilation

< Back Next > Finish 取消

图 15-7　EDA 工具选择对话框

这里选择默认的选项 None,对该对话框不做变更,表示使用 Quartus Ⅱ集成开发软件中自带的综合器、仿真器等 EDA 工具。

完成 EDA 工具的选择后,单击 Next 按钮将出现新工程设置信息总结框,如图 15-8 所示。检查全部参数设置,若无误,单击 Finish 按钮完成工程的创建;若有错误,可以单击 Back 按钮返回,重新设置。

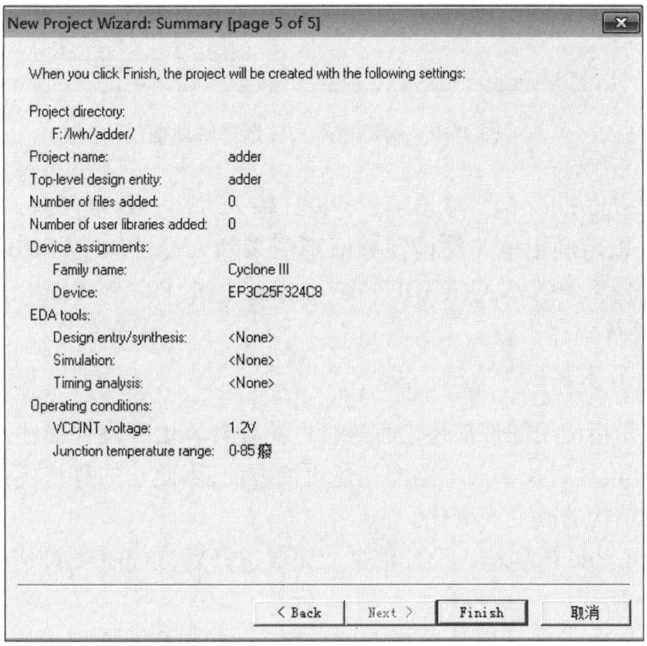

New Project Wizard: Summary [page 5 of 5]

When you click Finish, the project will be created with the following settings:

Project directory:
F:/lwh/adder/
Project name: adder
Top-level design entity: adder
Number of files added: 0
Number of user libraries added: 0
Device assignments:
Family name: Cyclone III
Device: EP3C25F324C8
EDA tools:
Design entry/synthesis: <None>
Simulation: <None>
Timing analysis: <None>
Operating conditions:
VCCINT voltage: 1.2V
Junction temperature range: 0-85 癈

< Back Next > Finish 取消

图 15-8　新工程设置信息总结框

15.3 设计输入

Quartus Ⅱ集成开发支持多种设计输入方式,为用户的设计提供方便。完成工程创建以后,在如图15-2所示的Quartus Ⅱ集成开发软件的界面中使用File→New命令,打开如图15-9所示的新建输入文件选择对话框。

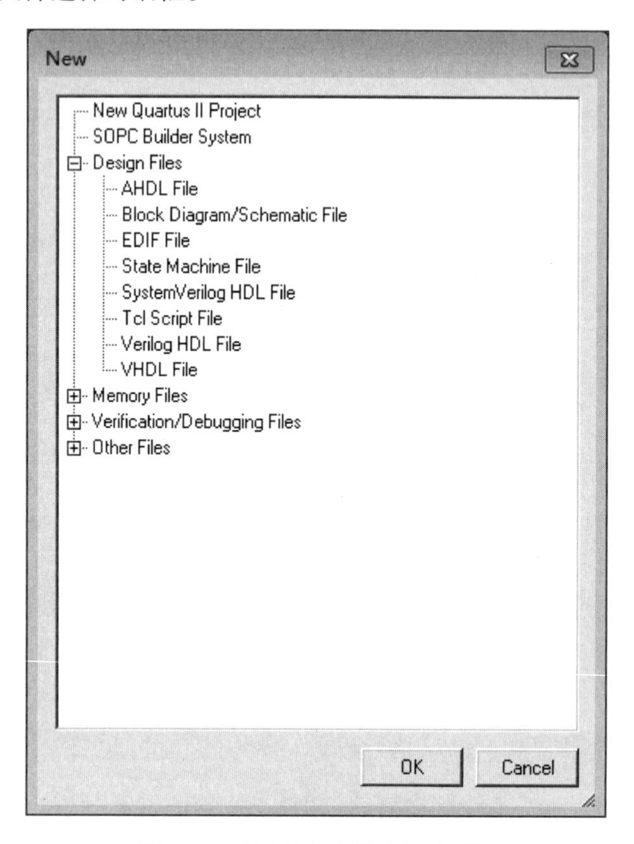

图15-9 新建输入文件选择对话框

对话框中的Design Files标签显示了8种设计输入方法。其中,Block Diagram/Schematic File为图形输入方式,可利用电路结构图和原理图来输入设计信息;EDIF File支持EDF网表编辑器产生的网表文件的输入;AHDL File、Verilog HDL File和VHDL File都是文本输入方法,支持不同的硬件描述语言。

1. 建立文本设计文件

文本输入方式是指使用硬件描述语言进行电路设计。由于硬件描述语言具有行为描述的特点,并且在改变设计时比采用电路图描述更加方便,因此它的移植性强、通用性好,设计不会因芯片工艺和结构的改变而变化。

这里选择VHDL File选项输入设计信息。完成选择后,单击OK按钮将打开一个文本编辑窗口,如图15-10所示。

在图15-10中,VHDL源代码已经被输入。这个代码可用来实现一位半加器的设计。该半加器具有两个加数输入端(in_a和in_b)、一个和输出端(out_s)及一个进位输出端

(out_c)。半加器的真值表如表15-1所示。

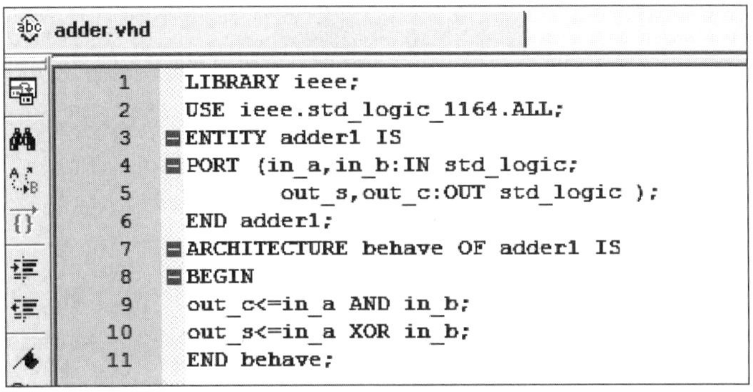

```
adder.vhd
1   LIBRARY ieee;
2   USE ieee.std_logic_1164.ALL;
3   ENTITY adder1 IS
4   PORT (in_a,in_b:IN std_logic;
5           out_s,out_c:OUT std_logic );
6   END adder1;
7   ARCHITECTURE behave OF adder1 IS
8   BEGIN
9   out_c<=in_a AND in_b;
10  out_s<=in_a XOR in_b;
11  END behave;
```

图15-10　文本编辑窗口

表15-1　一位半加器的真值表

输入		输出	
in_a	in_b	out_s	out_c
0	0	0	0
0	1	1	0
1	0	1	0
1	1	0	1

由半加器的真值表可以得出和输出端(out_s)及进位输出端(out_c)的逻辑表达式。

```
out_s = in_a⊕in_b
out_c = in_a & in_b
```

图15-10文本编辑窗口中列出的一位半加器的程序(adder.vhd)清单如下。这里列出一个完整程序的目的是支持Quartus Ⅱ集成开发软件的使用。

```
LIBRARY ieee;
USE ieee.std_logic_1164.ALL;
ENTITY adder1 IS
PORT (in_a,in_b: IN std_logic;
        out_s,out_c: OUT std_logic);
END adder1;
ARCHITECTURE behave OF adder1 IS
BEGIN
out_c <= in_a AND in_b;
out_s <= in_a XOR in_b;
END behave;
```

在文本编辑窗口中输入上述程序之后，利用File→Save As命令可以完成程序的第一次存储。这里将文件命名为adder，扩展名为.vhd。如果对VHDL程序进行了修改，再次存储文件时则可以选择 File→Save 命令来实现。

2. 建立图形设计文件

原理图输入方式是一种类似于传统电子设计中绘制电路图的输入方式,原理图由逻辑器件和连线构成。原理图输入方式的操作更加直观,可以方便地使用 Quartus Ⅱ集成开发软件提供的各种元件。由于这些元件经过大量的优化,用其完成的系统所达到的技术指标优于设计者自行完成设计的系统。

原理图输入方式也可以把多个设计者独自完成的设计工作结合在一起,实现所要求的完整系统。在 Quartus Ⅱ集成开发软件中,把多个设计文件结合在一起的文件称为顶层文件,它可以实现把一系列子系统组合成一个完整系统的工作。每个设计者独自完成的设计工作(无论是使用文本编辑,还是使用原理图编辑),都可以转换为可调用的元件。转换的可调用元件也可以像 Quartus Ⅱ集成开发软件提供的各种元件一样在原理图输入方式中使用。本节采用原理图输入方式进行一位半加器的设计。

在 Quartus Ⅱ集成开发软件的如图 15-9 所示的新建输入文件选择对话框中,于 Design Files 标签下选择 Block Diagram/Schematic File 选项,然后单击 OK 按钮,系统将打开如图 15-11 所示的原理图编辑窗口。

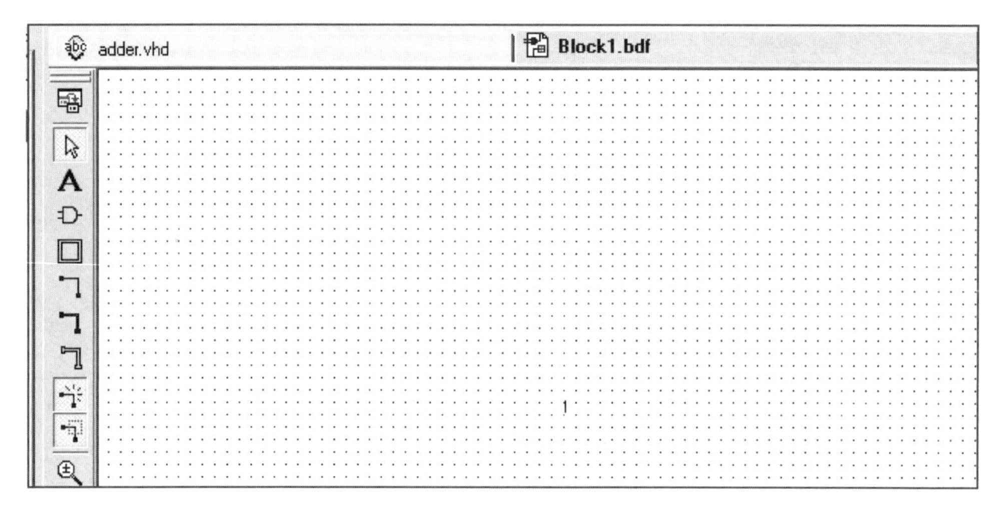

图 15-11　原理图编辑窗口

Quartus Ⅱ集成开发软件为实现不同的逻辑功能提供了大量的基本单元和宏功能模块,这些模块可以在原理图编辑过程中直接调用。利用 Edit→Insert Symbol 命令,或者在原理图编辑窗口中双击都可以打开如下页图 15-12 所示的 Symbol 对话框,在对话框左上角的 Libraries 选择框中可以选择需要的模块。Quartus Ⅱ集成开发软件提供的模块库包括 megafunctions, primitives, others 这 3 种类型。

megafunctions,即兆功能函数库,包括很多参数可调整的模块,如累加器、加法器、乘法器等算术运算模块,时钟数据恢复(CDR)、锁相环(PLL)、双速率数据端口等输入/输出模块,FIFO、RAM、ROM 等存储器模块。选择兆功能函数库中的模块时,Launch MegaWizard Plug 复选框将被激活,如果选中该复选框,MegaWizard Plug In Manager 功能将自动执行。这里可以设置调用模块的参数。

primitives,即基本单元库,包括逻辑门、触发器及输入/输出引脚。

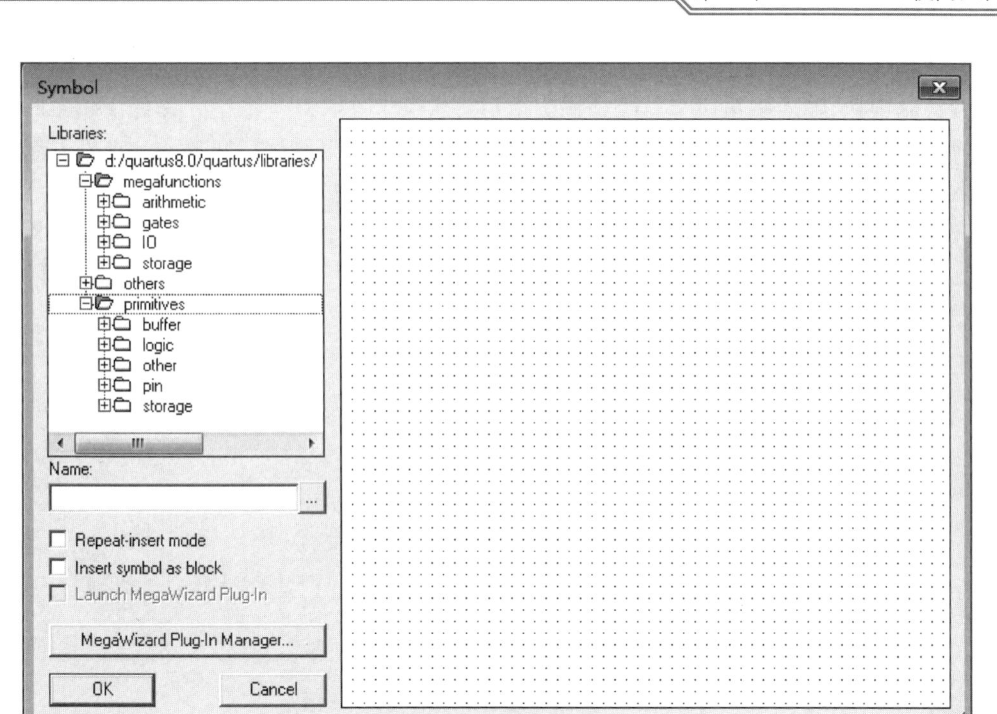

图 15-12 Symbol 对话框

others,即其他库,包括74系列标准逻辑器件,这部分由于与MAX+PLUS Ⅱ开发软件兼容,因此用"maxplus2"作为文件夹名。

Name文本框可以用来直接输入需要使用的模块名称。无论是利用Libraries选择框选定模块,还是利用Name文本框指定模块,一旦完成,在右侧的窗口中都将出现该模块的符号,这时单击OK按钮,这个模块符号即可出现在原理图编辑窗口中。

如果需要在原理图编辑窗口放置多个同样的模块,Repeat-insert mode复选框应该被选中。如果不需要再放置模块,在原理图编辑窗口中右击,然后在激活的菜单中选择Cancel选项,即可停止模块的放置。

利用逻辑门即可完成半加器的设计。图15-13所示为已经放置好完成设计所需的逻辑门、输入端口和输出端口的原理图编辑窗口。

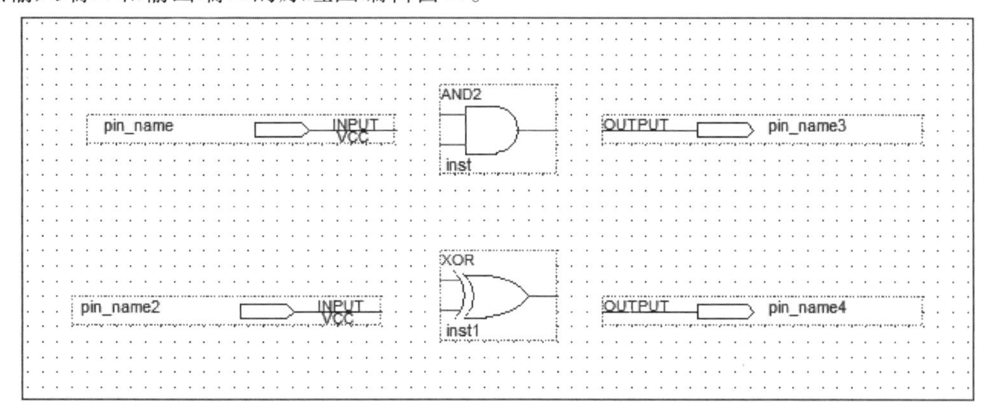

图 15-13 完成模块放置的原理图编辑窗口

原理图编辑窗口中的2输入与门(AND2)和异或门(XOR)取自基本单元库的logic文件夹中的对应模块;输入端口(INPUT)和输出端口(OUTPUT)取自基本单元库的pin文件夹中的对应模块。每个模块的标志旁边都有该模块的名称和被自动赋予的标号,如在2输入与门(AND2)标志的左上角显示这个模块名称AND2,左下角显示该模块标号inst。

在调入所需要的模块后,还需要根据所设计的电路完成各个模块之间的连线,并为输入和输出引脚命名,这样才能建立一个完整的原理图设计文件。完成原理图编辑的窗口示意图如图15-14所示。

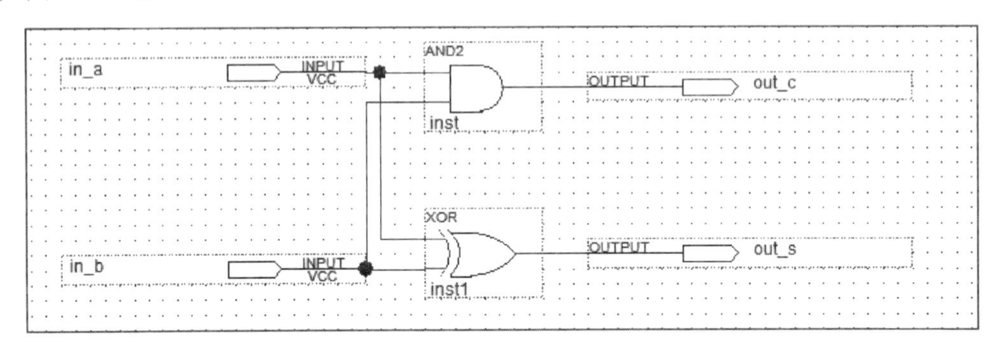

图15-14　完成原理图编辑的窗口示意图

输入和输出引脚的命名可以通过以下步骤实现:将鼠标指针移动到需要更改的模块pin_name处并双击,当模块标号出现阴影时,即可输入新的名称。

各个模块之间的连线可以通过以下步骤实现:将鼠标指针移动到布线的起始点,按住鼠标左键,拖动鼠标到布线的结束点即可。在布线的过程中,连线可以实现一个直角转向,如果需要多个直角转向,可以在完成每个直角转向后释放鼠标左键,然后再次按下鼠标左键继续拖动。若要删除一根连线,则可以单击该连线,使其为高亮线,然后按Delete键即可。

在原理编辑窗口中完成图形编辑之后,利用File→Save As命令可以完成第一次存储,将其命名为adder2,扩展名为.bdf。再次存储文件则可以利用File→Save来实现。

注意,此处的adder2.bdf和利用文本方式输入的adder.vhd都存于文件夹adder中。

3. *层次化设计*

一个规模较大的应用系统通常需要多个设计者来共同完成,每个设计者完成应用系统的一部分。当每个设计者完成各自的设计工作以后,需要把这些单独完成的设计结合在一起,实现所要求的完整系统。在Quartus Ⅱ集成开发软件中,把多个设计文件结合在一起的文件称为顶层文件,它可以实现把一系列子系统组合成一个完整系统的工作。

这里通过利用一位半加器完成一位全加器的设计过程来介绍层次化设计的概念和具体方法。实现一位全加器需要两个一位半加器,这两个一位半加器一个采用原理图输入方式进行设计,另一个采用VHDL语言进行设计。

全加器具有3个输入端和2个输出端:2个加数输入端(ain和bin)、1个进位输入端(cin),以及1个和输出端(sum)和1个进位输出端(cout)。全加器的真值表如表15-2所示。

表 15-2 一位全加器的真值表

输入			输出	
ain	bin	cin	sum	cout
0	0	0	0	0
1	0	0	1	0
0	1	0	1	0
1	1	0	0	1
0	0	1	1	0
1	0	1	0	1
0	1	1	0	1
1	1	1	1	1

实现全加器顶层设计包括以下步骤：首先把前面分别利用文本输入完成的半加器设计 adder. vhd 和利用原理图输入完成的半加器设计 adder2. bdf 转换为顶层文件中可以调用的元件；然后再新建顶层文件，顶层文件使用原理图输入，并将它命名为 f_adder. bdf。

把半加器设计结果转换为全加器中能够调用的元件，可以通过以下步骤来实现：分别打开前面设计的 adder2. bdf 和 adder. vhd 源文件；每打开一个设计输入文件，选择 File→Create/Update→Create Symbol Files for Current File 命令，即可产生它们对应的元件。

产生全加器中可调用的半加器元件后，在顶层文件的原理图输入文件 f_adder. bdf 中打开 Symbol 对话框，这时 Libraries 选择框的 Project 文件夹中出现 adder 1 和 adder 2 两个元件，如图 15-15 所示。adder 1 和 adder 2 具有同样的功能，前者由 VHDL 文本编辑方式完成设计输入，后者由原理图编辑方式完成设计输入。使用两个元件的任意一个都可以完成顶层设计，这里产生两个元件的目的，是为了说明原理图输入文件和文本输入文件都可以转换为顶层文件中可以调用的元件。

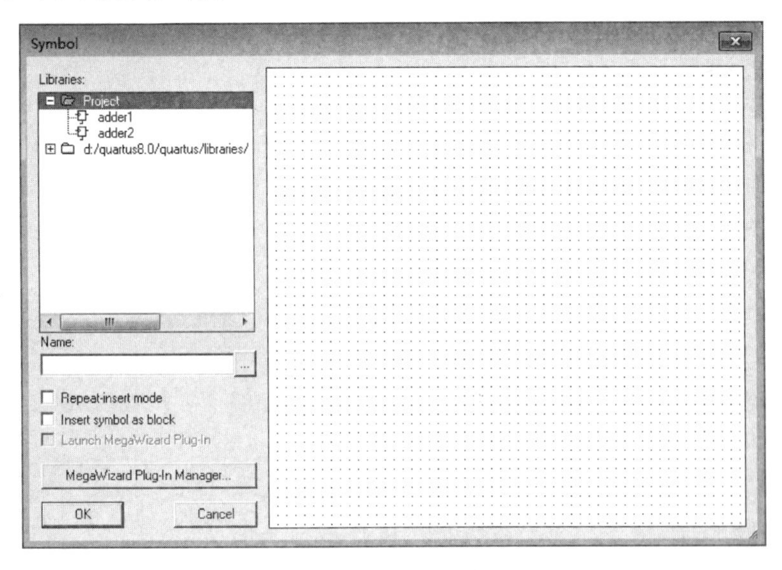

图 15-15 具有可调用元件的顶层 Libraries 选择框

图 15-16 所示为完成原理图编辑的顶层设计文件 f_adder. bdf 的原理图编辑窗口。第一个半加器为基于 VHDL 的文本编辑输入文件产生的元件，第二个半加器为基于原理图编辑的输入文件产生的元件。这两个元件具有同样的输入/输出引脚和同样的功能，但是它们具有不同的名称。

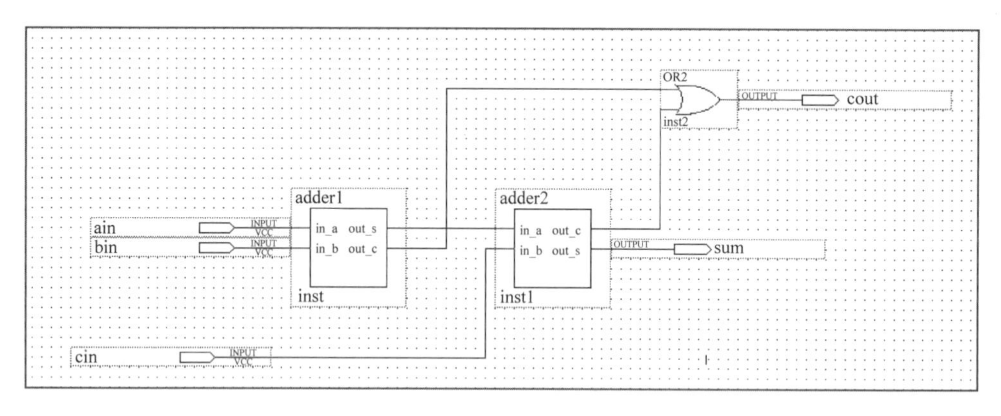

图 15-16 完成全加器设计的原理图编辑窗口

15.4 设计的编译

工程创建完成且设计文件完成输入后,即可对设计进行编译,这个过程也被称为综合。编译将产生描述电路结构的网表文件,它不依赖于任何特定的硬件结构,可以轻易地被移植到任意通用硬件环境中。另外,在把硬件描述语言表达的电路功能转换为表达电路具体结构的网表文件过程中,它不是机械的一一对应的"翻译"过程,而是必须根据设计库、工艺库,以及预先设置的各类约束条件,选择最优的方式完成电路结构的设计。Quartus Ⅱ集成开发软件的编译器主要完成设计项目的检查和逻辑综合,将项目最终设计结果生成可编程逻辑器件的下载文件,并为模拟和编程产生输出文件。

Quartus Ⅱ集成开发软件的编译器包括多个独立的模块,各个模块既可以单独运行,也可以启动全编译过程。在 Quartus Ⅱ集成开发软件工作窗口中,工程的编译可以通过 Tools 菜单进行,也可以通过 Processing 菜单进行。

使用 Processing→Compiler Tool 命令可以打开编译器窗口,如图 15-17 所示。编译器窗口显示出编译器的所有模块。单击每个模块中的按钮可以逐步完成编译过程,这时进程表将显示工作进度,工作完成之后将显示花费的时间和是否出现错误。每一步完成后都可以通过单击右下角的 Report 按钮打开编译报告。

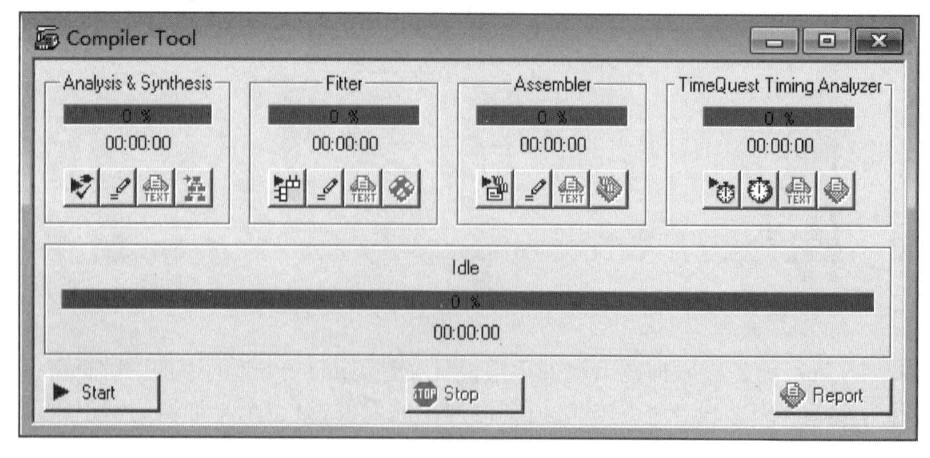

图 15-17 Quartus Ⅱ集成开发软件的编译器窗口

单击左下角的 Start 按钮可以启动全编译过程，如图 15-18 所示，Quartus Ⅱ集成开发软件工作窗口左边中间的状态窗口将显示编译的进度，下方的信息窗口在编译的过程中将不断显示编译信息。编译过程结束以后，窗口将显示编译是否成功、是否有错误信息、是否有警告信息。如果有错误，编译将不会成功；对于初学者，警告信息目前可以不去关注，它对后面的仿真及器件的编程影响不大。

编译报告显示了设计的系统占用所使用器件的资源情况。这里设计一位全加器需要占用 EP3C25F324C8 可编程逻辑器件 24624 个逻辑单元中的 2 个，216 个输入/输出引脚中的 5 个，没有使用到存储器资源。

利用图 15-18 中的 Compilation Report 选项卡可以获得更多的信息。例如，单击Fitter→Pin-Out File 可以打开可编程逻辑器件的引脚分配表，引脚分配为可编程逻辑器件与系统中的其他器件的连接提供信息。

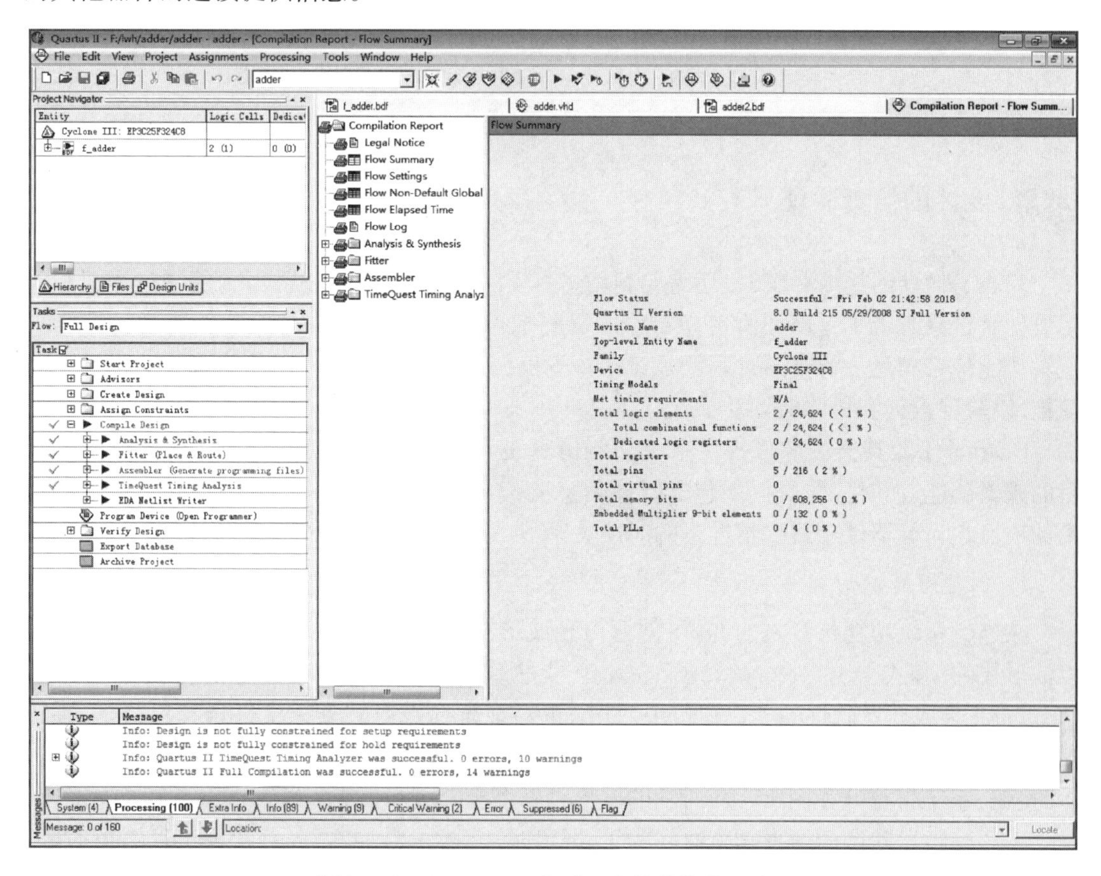

图 15-18　Quartus Ⅱ集成开发软件的编译结果

在上面的编译过程中，没有对编译的过程进行任何干预。编译的过程中不是机械的一一对应的“翻译”过程，它可以根据设计库、工艺库，以及预先设置的各类约束条件，选择最优的方式形成电路结构。通过对编译器选项的设置，编译的过程可以被控制。

在 Quartus Ⅱ集成开发软件工作窗口中选择 Assignments→Setting 命令可以打开 Settings 对话框。

在 Settings 对话框的 Category 中列出了许多选项，选择不同的选项可以完成不同的设置，其中与编译相关的有以下几个选项。

选择 Device 选项,既可以设置目标器件,也可以由编译器在适配过程中自动选择最适合该设计的目标器件。在创建工程的过程中,可编程逻辑器件的系列和型号已经被指定,利用 Device 选项可以重新指定可编程逻辑器件的系列和型号。

选择 Compilation Process Settings 选项可以进行编译速度、编译需要的计算机存储扩建等设置。

选择 Analysis & Synthesis Settings 选项可以优化编译过程,如可以在编译前指定编译器,在实现设计系统时以工作速度为优先选择、以占用尽可能少的器件资源为优先选择,或者折中考虑工作速度和占用器件资源。

在不加人工干预的情况下,编译器将自动完成目标器件的引脚分配。如果需要指定目标器件的引脚用途,如印制电路板已经完成制作,可以通过在 Quartus Ⅱ集成开发软件工作窗口中选择 Assignments→Pins 命令来实现。

综上所述,设计者可以在很大程度上干预设计的编译过程,具体的干预取决于设计者所面临的情况,不存在一个标准的设置。作为一个初学者,目前可以不考虑上述的设置,任由编译器的自动安排。

15.5 设计的仿真验证

完成了设计的输入和编译,还需要利用仿真工具对设计进行仿真,因为编译过程只检查了设计是否具有规则错误和所选择器件的资源是否满足设计要求,并没有检查设计要求的逻辑功能是否满足。仿真的过程就是让计算机根据一定的算法和一定的仿真库对设计进行模拟,以验证设计和排除错误。

Quartus Ⅱ集成开发软件提供系统功能仿真工具和时序仿真工具。功能仿真仅测试项目的逻辑功能,而时序仿真使用包含时序信息的编译网表,不仅能测试逻辑功能,还能测试设计项目在目标器件中最差情况下的时序关系。

1. 创建仿真波形文件

在进行系统功能仿真之前,需要创建仿真波形文件,也称矢量波形文件(.vwf),该文件以波形图的形式描述系统在仿真输入信号的作用下产生的系统输出仿真信号。在 Quartus Ⅱ集成开发软件的工作窗口中使用 File→New 命令打开新建文件选择对话框,在该对话框中单击 Verification/Debugging Files 标签,再选择 Vector Waveform File 选项,然后单击 OK 按钮,系统将打开如图 15-19 所示的波形编辑器窗口。

波形编辑器默认的仿真结束时间为 1 μs,根据仿真需要,可以自由设置仿真结束时间。使用 Edit→End Time 命令打开结束时间对话框,在 Time 框内输入仿真结束时间,选择时间单位,然后单击 OK 按钮完成设置。需要注意的是,当仿真结束时间太长时,可能使开发软件的工作不正常。

图 15-19 中波形编辑器的内容目前还是空的,在进行系统功能仿真之前需要加入系统的输入节点和希望检查的输出节点。例如,在图 15-19 中的 Name 列的空白处双击,在弹出的菜单中选择 Insert Node or Bus 选项,可以打开 Insert Node or Bus 对话框,在这个对话框中单击 Node Finder 按钮可以打开 Node Finder 窗口,如图15-20 所示。

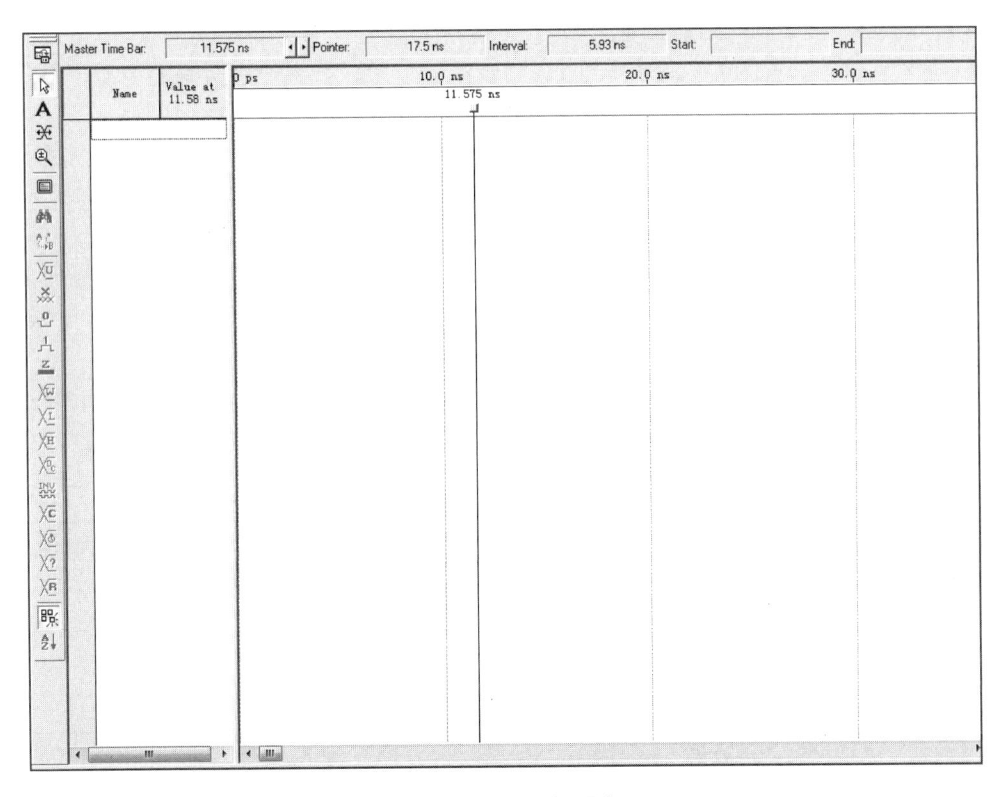

图 15-19　波形编辑器窗口

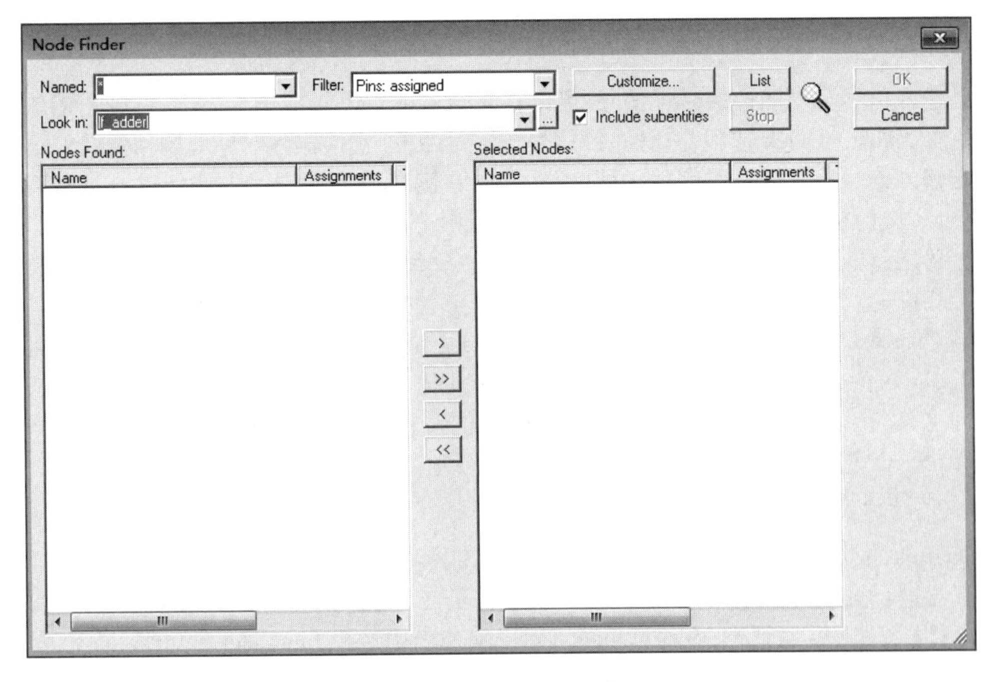

图 15-20　Node Finder 窗口

在图 15-20 的 Filter 下拉菜单中选择 Pins：assigned 选项，单击 List 按钮可以在左侧的

Nodes Found 列表框中列出所有的输入节点和输出节点，选择希望观察的节点，单击“›”按钮可以将该节点送入右侧的 Selected Nodes 列表框中。如果希望观察所有的节点，可以单击“»”按钮。下面的两个反方向按钮可以用来取消已经选择的观察节点。

完成希望观察节点的选择后，在图 15-20 中单击 OK 按钮，Insert Node or Bus 对话框再次出现，单击对话框中的 OK 按钮，波形编辑器将出现希望观察的节点，如图 15-21 所示。这时输入信号没有加入，输出信号的内容不定。在 Quartus Ⅱ 集成开发软件的工作窗口中使用 View→Utility Windows→Node Finder 命令也可以在波形编辑器窗口加入希望观察的节点。这时在 Node Finder 列表框列出的节点中选择要加入波形编辑器的节点，然后按住鼠标左键，拖动到波形编辑器 Name 列的空白处放开即可。

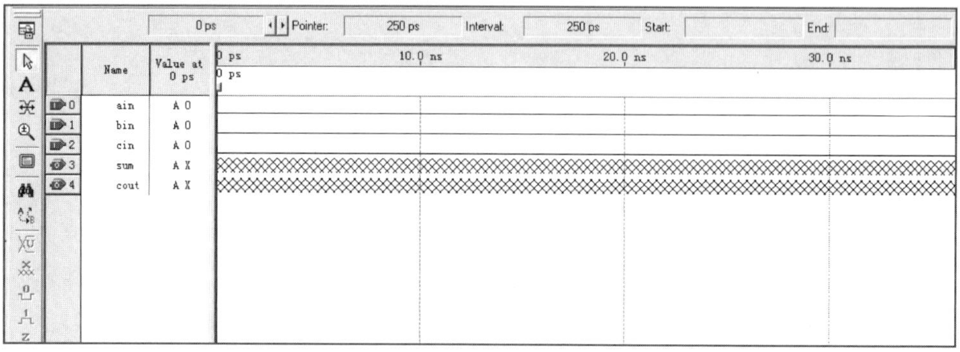

图 15-21　加入观察节点后的波形编辑器窗口

若输入信号为总线信号，可以在它的名称左边的标志上右击，从弹出的快捷菜单中选择 Value→Count Value 选项设置总线为计数输入；选择 Value→Arbitrary Value 选项设置总线为任意固定值输入。

若输入信号为周期性的时钟信号，可以在它的名称左边的标志上右击，从弹出的快捷菜单中选择 Value→Clock 选项，打开时钟信号设置对话框，直接输入时钟周期相位及占空比。

若输入信号为任意波形信号，可以拖动鼠标左键在波形编辑区中选择输入信号需要编辑的区域，然后在选中的区域右击，在 Value 菜单中选择需要设置的值。

上述所有输入信号的编辑过程也可以在选中要编辑的信号后，直接单击波形编辑器工具条上相应的按钮完成。

在 Quartus Ⅱ 集成开发软件的工作窗口中使用 File→Save As 或 File→Save 命令可以打开 Save As 对话框。这个对话框自动给出文件存储的文件夹、文件名和文件类型，单击 Save 按钮即可完成矢量波形文件的保存。需要注意的是，在 Save As 对话框中要选中 Add file to current project 复选框，以使这个文件加入当前的工程之中。

2. 设计仿真

Quartus Ⅱ 集成开发软件提供系统功能仿真工具和时序仿真工具，因此在仿真之前需要对仿真器进行设置。在 Quartus Ⅱ 集成开发软件的工作窗口中使用 Assignments→Setting 命令可以打开 Settings 对话框，在对话框的 Category 列表中选择 Simulator Settings 选项，即可打开仿真器设置对话框，如图 15-22 所示。

在仿真器设置对话框中，Simulation mode 下拉列表可用来选择仿真类型。若要进行功能仿真，则选择 Functional 选项，注意在仿真开始前应使用 Processing→Generate Functional Simulation Netlist 命令产生用于功能仿真的网表文件；若要进行时序仿真，则选择 Timing，注意在仿真前必须完成编译,产生用于时序仿真的网表文件。Simulation input 文本框用来输入包括目录的仿真波形文件。对话框中的其他选项采用默认值即可。

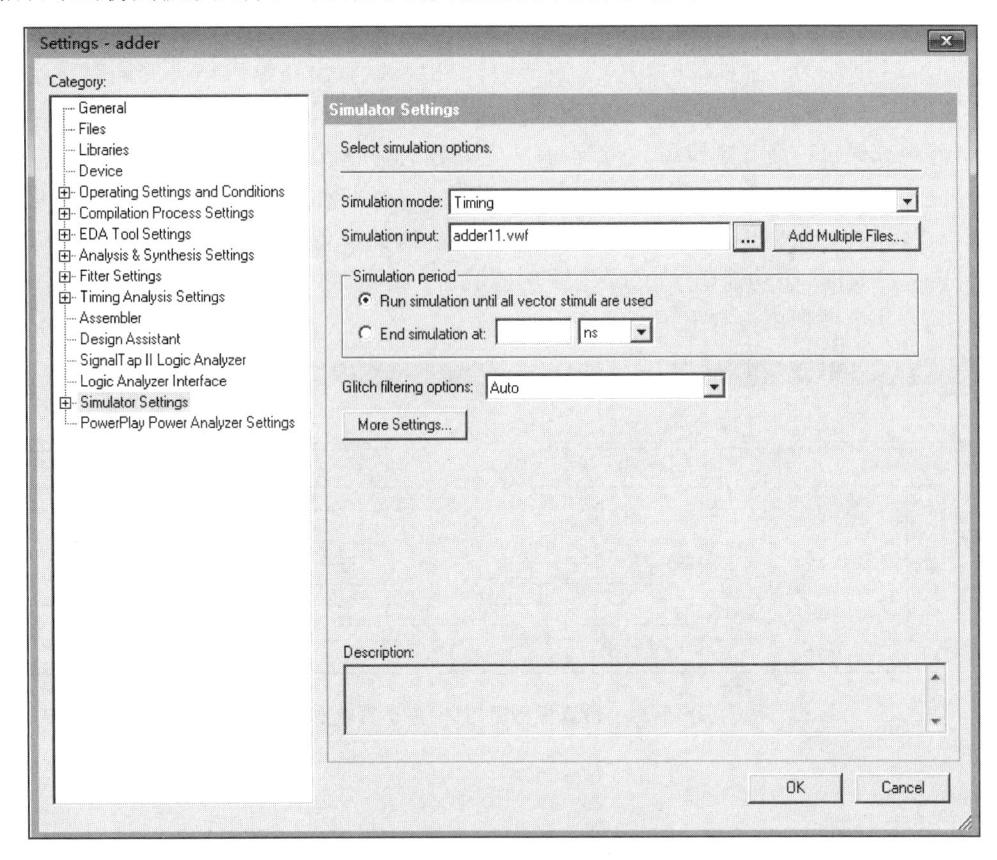

图 15-22 仿真器设置对话框

完成仿真器的设置以后,在 Quartus Ⅱ集成开发软件的工作窗口中使用 Processing→Start Simulation 命令就可以启动仿真器。

在仿真过程中,仿真器报告窗口自动打开。设计仿真结束之后,仿真报告可以通过该窗口左边的文件夹打开。图 15-23 所示为前面所设计的全加器的功能仿真波形 Simulation Waveforms。从图中可以看出,仿真波形与全加器的真值表完全一致,说明所设计的全加器的逻辑功能正确。

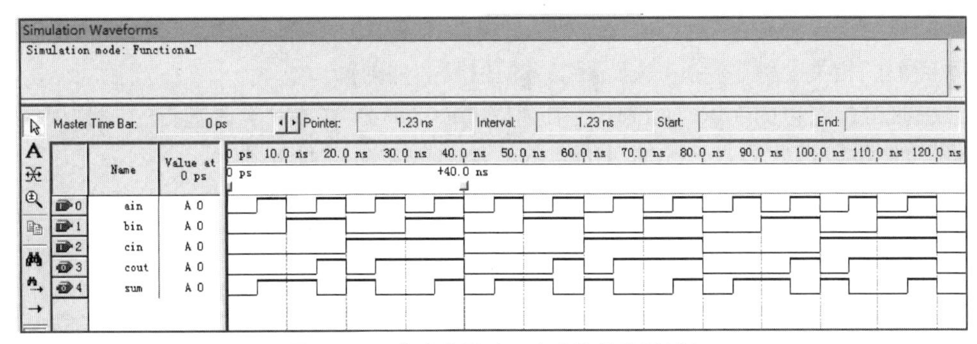

图 15-23 仿真报告窗口(功能仿真波形)

仿真波形就是利用图形来描述电路输入和输出之间的关系，即数字电路描述方法时序图。利用仿真波形可以直观地检查设计输出是否满足要求，如果不满足要求，可根据出现的现象，分析出具体原因后再予以克服。

图 15-24 所示为全加器的时序仿真波形，从图中可以看出在输入信号的同时发生的变化，在输出信号中出现了不正确的尖峰信号，这些尖峰信号被称为“毛刺”。此外，信号在可编程器件内部通过连线和逻辑单元时，都有一定的延时，并且信号的高低电平转换也需要一定的过渡时间。由于存在这两方面的因素，多个信号的电平值发生变化时，在信号变化的瞬间，组合逻辑的输出状态不确定，就产生了竞争冒险，因此产生“毛刺”。因为时序仿真体现了器件内部的延时，而功能仿真仅对逻辑功能验证，所以在时序仿真波形中观察到的“毛刺”，在功能仿真波形中没有出现。

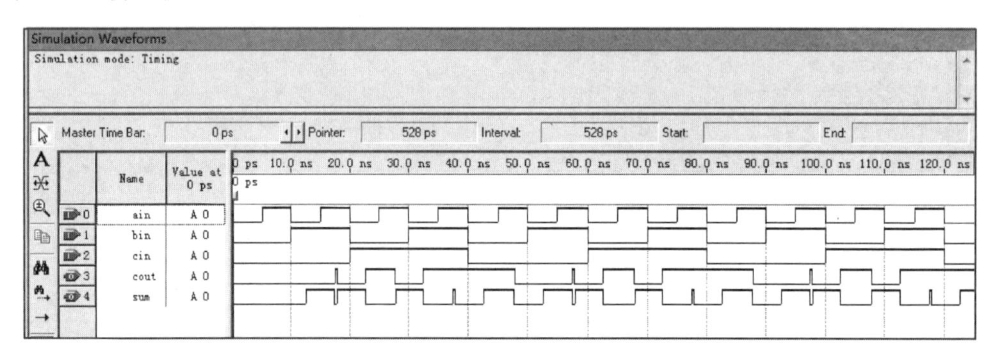

图 15-24　仿真报告窗口(时序仿真波形)

15.6　引脚分配

现在利用可编程逻辑器件进行的工程设计越来越复杂，使用的器件不但支持的 I/O 标准种类多、速度高，而且为了连接更多的外部设备，引脚的数目也越来越多，因此用户必须对器件的 I/O 引脚进行有效的分配。为器件的输入和输出引脚指定具体的引脚号码，称为引脚分配或引脚锁定。可编程逻辑器件必须与其他器件共同完成设计的系统功能，通常放置可编程逻辑器件以及其他相关器件电路板上的连接线是固定的，因此需要指定可编程逻辑器件的一些特定引脚对应实体中定义的设计实体的输入和输出端口。

分配可编程逻辑器件的引脚，可以选择 Assignments→Pins 命令，打开如图 15-25 所示的引脚分配窗口。建议在进行引脚分配之前完成设计实体的编译，这样引脚的名称已经在支持该对话框的相关文件中存在，从而可以方便引脚的分配。

在引脚分配窗口的 Filter 下拉列表中选择 Pins：all 选项。由于在进行引脚分配之前完成了设计的编译，因此需要分配的引脚名称已经出现在窗口的 Node Name 列表之中。在引脚分配窗口中的 Location 列中双击，可以打开被选择的可编程逻辑器件的所有输入/输出引脚的列表，从列表中选择希望使用的引脚即可使这个引脚的名称出现在表格中。完成后的引脚分配窗口如图 15-26 所示。

退出引脚分配窗口，系统将自动完成引脚分配信息的存储。完成引脚分配的顶层设计文件 f_adder. bdf 的原理图编辑窗口如图 15-27 所示。

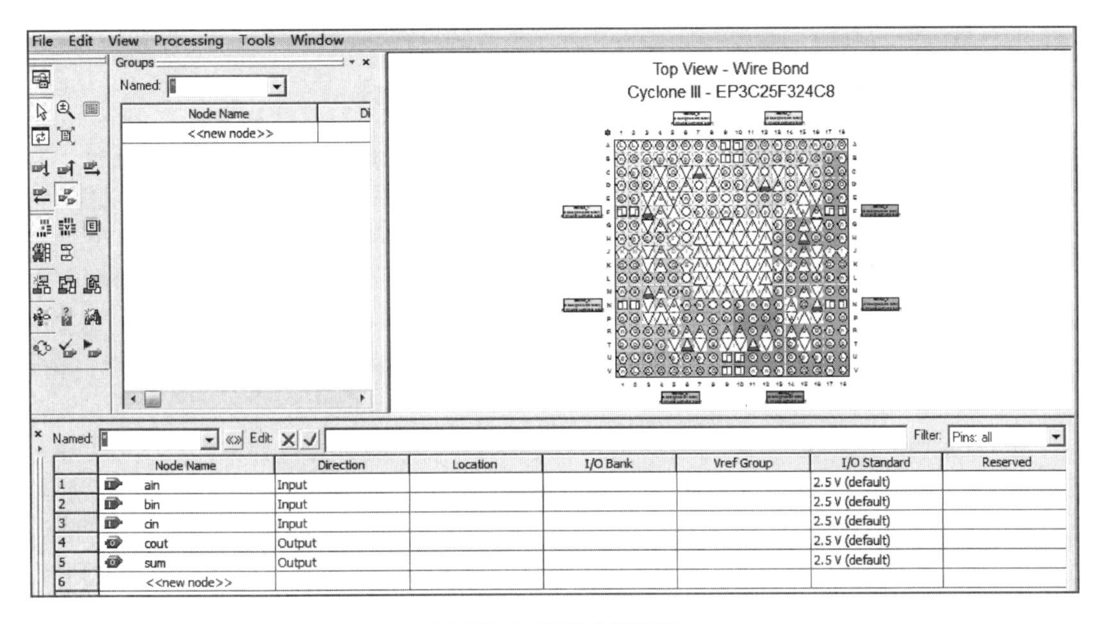

	Node Name	Direction	Location	I/O Bank	Vref Group	I/O Standard	Reserved
1	ain	Input				2.5 V (default)	
2	bin	Input				2.5 V (default)	
3	cin	Input				2.5 V (default)	
4	cout	Output				2.5 V (default)	
5	sum	Output				2.5 V (default)	
6	<<new node>>						

图 15-25 引脚分配窗口

Named: Edit: Filter: Pins: all

	Node Name	Direction	Location	I/O Bank	Vref Group	I/O Standard	Reserved
1	ain	Input	PIN_A7	8	B8_N0	2.5 V (default)	
2	bin	Input	PIN_B3	8	B8_N0	2.5 V (default)	
3	cin	Input	PIN_F6	8	B8_N0	2.5 V (default)	
4	cout	Output	PIN_B4	8	B8_N0	2.5 V (default)	
5	sum	Output	PIN_F8	8	B8_N0	2.5 V (default)	
6	<<new node>>						

图 15-26 完成引脚分配的引脚分配窗口

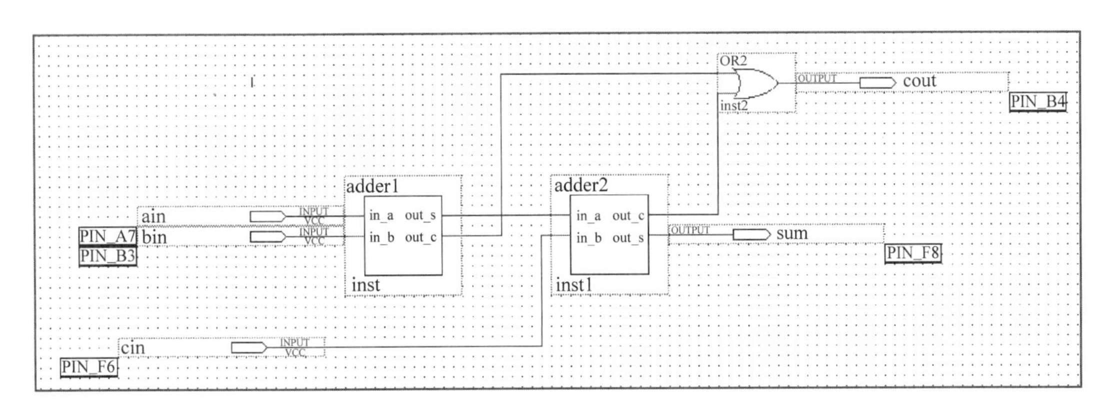

图 15-27 完成引脚分配的原理图编辑窗口

若不进行上述的引脚分配，设计实体被编译时，Quartus Ⅱ集成开发软件会自动对引脚进行分配，这可以从编译报告中看到，当然这不能适用于具体的电路板设计。在完成引脚分配以后，必须再一次对设计实体进行编译，才能将引脚分配信息编译进编程下载文件中，此后就可以将生成的编程下载文件下载到目标板中了。

15.7 器件配置

基于可编程逻辑器件的数字系统的开发过程,包括设计输入、编译、仿真和向器件下载设计文件这些步骤。一旦器件获得合适的设计文件,这个器件就具有了相应的逻辑功能。

复杂可编程逻辑器件(Complex Programmable Logic Device,CPLD)采用 EEPROM 存储器存储被下载的文件,这是一种非易失性存储器,一旦完成设计文件的下载,即使系统断电也不会丢失数据;FPGA 采用 SRAM 存储器存储被下载的文件,这是一种易失性存储器,每次应用系统加电时都必须向器件重新下载文件。因此,向 CPLD 下载文件的操作被称为编程(Programming),向 FPGA 下载文件的操作被称为配置(Configuring)。

利用 Quartus Ⅱ集成开发软件可以完成设计的输入、编译及仿真,利用该软件也可以实现可编程逻辑器件的编程/配置。在完成设计的编译后,如果选择 CPLD 器件,一个扩展名为. pof 的文件将被自动生成;如果选择 FPGA 器件,一个扩展名为. sof 和一个扩展名为. pof 的文件将被自动生成。这两个文件的名称与输入文件的名称相同,它们将被用来通过下载电缆对目标器件进行编程/配置。

在 Quartus Ⅱ集成开发软件的工作窗口中利用 Tools→Programmer 命令可以打开编程/配置器窗口,如图 15-28 所示。编程/配置器窗口可以用来设置准备使用的计算机输出端口、下载电缆的类型、可编程逻辑器件的编程/配置模式,以及下载的具体文件。Quartus Ⅱ集成开发软件通常根据设计选择的器件自动完成下载文件的加入。在器件的编程/配置过程中,Progress 显示栏将显示工作进度。

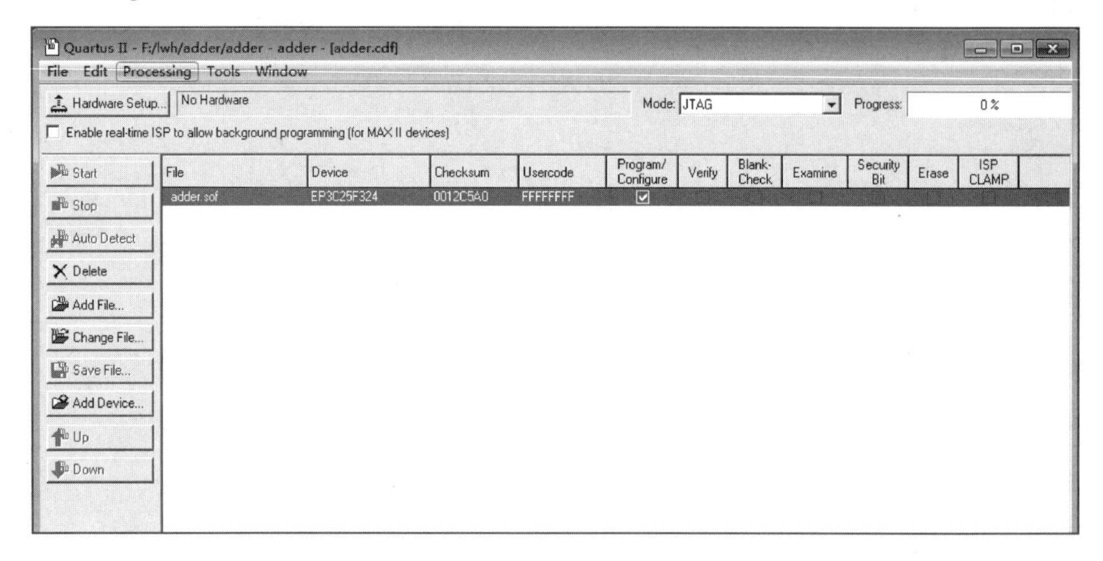

图 15-28 编程/配置器窗口

初次打开的编程/配置器窗口没有设置编程硬件,这时窗口最上面的文本框显示 No Hardware。在编程/配置器窗口中单击 Hardware Setup 按钮可以打开 Hardware Setup 对话框,如图 15-29 所示。

在该对话框中,单击 Add Hardware 按钮可以打开添加硬件对话框,如图 15-30 所示,Available hardware items 列表框中列出了可能的编程方式。可在 Currently selected hardware

下拉列表中选择希望的编程方式。上述工作完成后,关闭该窗口。

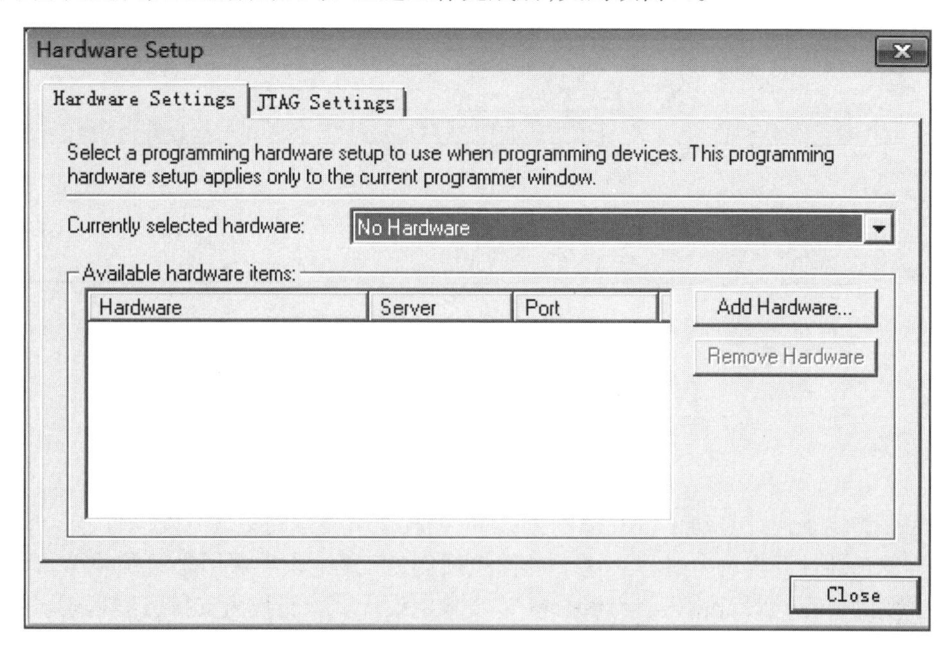

图 15-29 Hardware Setup 对话框

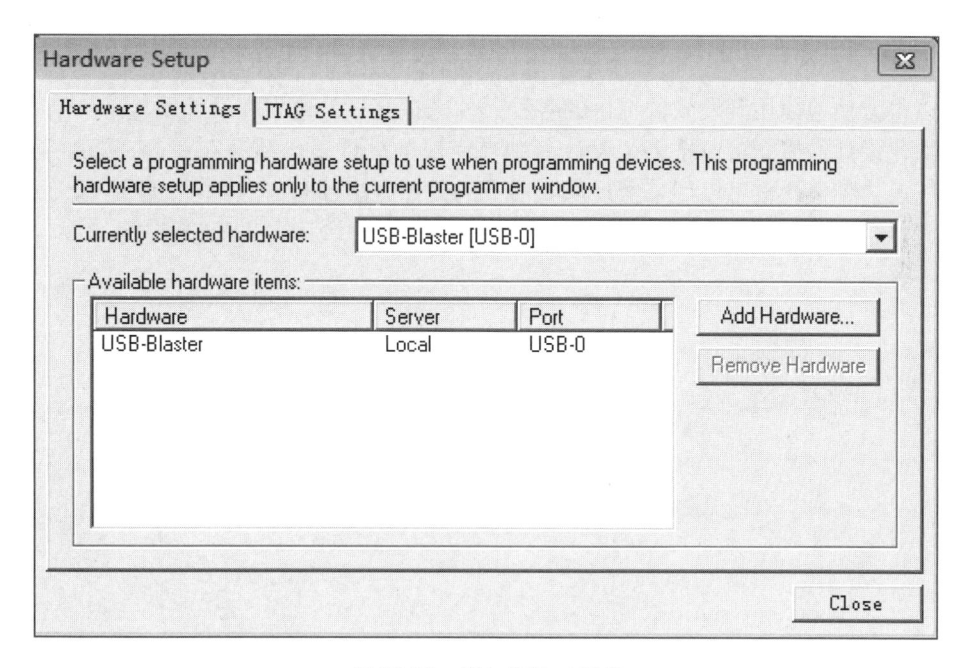

图 15-30 添加硬件对话框

完成硬件设置以后的编程/配置器窗口如图 15-31 所示。在窗口中,利用 Mode 下拉列表可以选择编程/配置模式,当前选择 JTAG 模式。在 JTAG 模式下,对器件进行编程/配置之前,Program/Configure 复选框必须被选中。上述工作完成以后,单击 Start 按钮可以开始编程/配置工作。在工作过程中,Progress 显示栏目显示工作进度。编程/配置器的工作状态可以保存,这个文件的扩展名为. cdf。

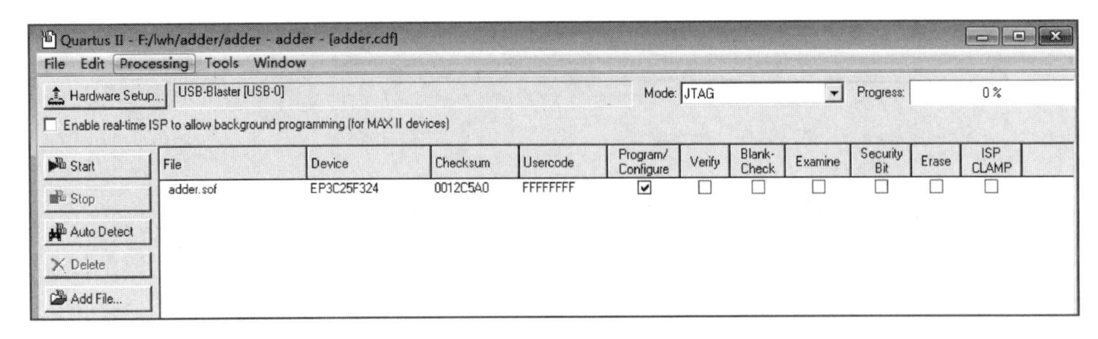

图 15-31　完成硬件设置的编程/配置器窗口

15.8　小结

作为一种电子设计自动化(EDA)的工具,可编程逻辑器件的集成开发软件 Quartus Ⅱ支持可编程逻辑器件开发的全过程。这个过程包括创建工程(该步骤用来组织整个可编程逻辑器件开发的过程)、设计输入、设计编译(该步骤把设计输入转换为支持可编程逻辑器件仿真/编程的文件格式)、设计仿真(该步骤用来检查设计是否满足逻辑要求)、器件编程(该步骤使可编程逻辑器件具有所要求的逻辑功能)。

Quartus Ⅱ集成开发软件不仅支持利用硬件描述语言通过文本编辑的方法完成电路设计,而且也提供类似传统电子设计中绘制电路图的输入方式。当使用原理图输入方式时,设计者可以很方便地使用开发软件提供的各种元件来提高设计速度和设计质量。

层次化设计的概念可以把多个设计者独自完成的设计工作结合在一起,实现所要求的完整系统。这种概念也可以用来实现从上而下的设计方法,即首先建立模型,并验证模型的可行性,然后把整个设计划分成一系列子系统,由多个设计者同时进行设计。

第16章　Verilog HDL基础

本章主要介绍 Verilog HDL 的发展历史、特点，重点介绍 Verilog HDL 语言的语法和语义，包括标识符、关键字、注释、格式、数据类型、赋值、表达式、编译指令等。

16.1　Verilog HDL 的发展历史及特点

传统的逻辑电路设计工具离不开绘图板、丁字尺、橡皮、铅笔和图纸，后来随着计算机的使用，引入辅助设计软件进行电路设计、维护，即“甩图板工程”。20 世纪 80 年代，硬件描述语言开始出现，当时主要用于表达可编程逻辑器件的逻辑方程。到 20 世纪 90 年代，工程技术人员已普遍接受硬件描述语言的表达方式，而且随着 PLD、CPLD、FPGA、片上系统(System on Chip，SoC)等工程的复杂度、规模、速度逐年递增，从顶层到模块级设计都离不开硬件描述语言。

最早的硬件描述语言是 PALASM 语言，即可编程逻辑阵列器件汇编器(PAL Assembler)，其历史要追溯到发明可编程逻辑阵列器件的 Monolithic Memories 公司。PALASM 作为一种计算机程序设计低级语言，与汇编语言非常类似，用于逻辑方程的设计。后来出现的可编程逻辑通用编译语言(Compiler Universal Language for Programming Logic，CUPL)和高级布尔代数方程语言(Advanced Boolean Equation Language，ABEL)，在表达方法上比 PALASM 语言有更大的灵活性和自由度，具有高级语言的一些特征，如“if-else”“case”等分支语句。到 20 世纪 80 年代中期，同时出现了影响深远的 VHDL 语言和 Verilog HDL 语言。Verilog HDL 的全称为 Verilog Hardware Description Language，对 Verilog HDL 影响最大的是 Brunel 大学开发的 HILO-2 系统，这是 Brunel 大学为英国国防部设计的一套测试系统。HILO-2 系统成功地将门级和寄存器传输级的抽象结合起来，还支持校验、仿真、时序分析、失效仿真和测试。1983 年冬，Gateway Design Automation 公司设计了 Verilog HDL 语言，用于该公司专有的仿真软件产品中。之后，几个专有的分析、综合工具也使用 Verilog HDL 语言作为描述语言。1988 年，当时名不见经传的 Synopsys 公司将 Verilog HDL 语言引入到它的综合工具中；1989 年，Gateway Design Automation 公司将 Verilog HDL 语言的使用权授权给 Cadence Design Systems公司，该语言立即受到用户、软件供应商的普遍欢迎和推广。1993 年，IEEE 成立 Verilog HDL 标准化工作组，并于 1995 年颁布标准 IEEE 1364—1995，即 Verilog—1995；之后 5 年内，IEEE 1364 标准委员会向全世界 1000 多人征求使用意见和反馈信息，修订后于 2001 年发布 IEEE 1364—2001，即 Verilog—2001。经修订 Verilog—2001 和 System Verilog 的兼容性，2005 年发布 Verilog—2005 标准。2005 年，IEEE 1364—2005 和 IEEE 1800—2005 两个部分合并为 IEEE 1800—2005，成为一个新的统一的 System Verilog 硬件描述验证语言。2009 年，IEEE 1800—2005 更新为 IEEE 1800—2009。2012 年，IEEE 1800—2009 更新为 IEEE 1800—2012，后又在 2017 年更新为 IEEE 1800—2017。

作为一种优秀的硬件描述语言,Verilog HDL 语言规定了准确的语法和语义,为系统设计提供层次化、规范化、形式化的描述语言规定。设计者可使用 Verilog HDL 语言丰富的资源,包括逻辑门级原语、用户定义原语、开关级原语和网络逻辑;可进行器件引脚之间的延时检查和时序检查;提供网络类型和变量类型,实现不同级别的语义抽象;以网络或变量表达式进行连续赋值,实现层次建模;网络或变量的计算结果以变量存储的方式进行过程赋值,实现行为建模;可设计带输入输出接口、对功能进行描述的模块,模块之间以网络互联,按层次化结构构成系统。

程序语言接口(Programming Language Interface,PLI)和 Verilog 语言接口(Verilog Procedural Interface,VPI)提高了 Verilog HDL 的扩展性。PLI/ VPI 是一个程序集合,允许它的外部函数访问基于 Verilog HDL 语言的设计信息,与 Verilog HDL 仿真器进行动态的交互操作,还可以将 Verilog HDL 仿真器与其他仿真器或 CAD 系统连接起来,定制调试任务、计算延时和反向标注。

16.2 标识符与关键字

Verilog HDL 的标识符(identifier)可以是任意一组字母、数字、符号和下划线符号的组合,标识符的第一个字符必须是字母或下划线。另外,标识符是区分大小写的,如 decoder,DECODER,_Adder_8,adder_8 和 error_condition。

转义标识符(escaped identifier)可以在一条标识符中包含任何可打印字符,以反斜线\开头,以空白符结尾(空白符可以是一个空格、一个制表字符或换行符),如\n。

Verilog HDL 定义了一系列保留字,即关键字,如表 16-1 所示,注意只有小写的关键字才是保留字。例如,标识符 always 是个关键字,而标识符 ALWAYS 不是关键字,转义标识符 \always与关键字 always 并不完全相同。

表 16-1 Verilog HDL 定义的关键字

always	and	assign	automatic	begin	buf
bufif0	bufifl	case	casex	casez	cell
cmos	config	deassign	default	defparam	design
disable	edge	else	end	endcase	endconfig
endfunction	endgenerate	endmodule	endprimitive	endspecify	endtable
endtask	event	for	force	forever	fork
function	generate	genvar	highz0	highz1	if
ifnone	initial	inout	input	instance	integer
join	large	liblist	localparam	macromodule	nor
noshowcancelled	not	notif0	notif1	or	output
parameter	pmos	posedge	primitive	pull0	pull1
pulldown	pullup	pulsestyle_onevent	pulsestyle_ondetect	rcmos	real
realtime	reg	releses	repeat	rnmos	rpmos

续表

rtran	rtranif0	rtranif1	scalared	showcancelled	signed
small	apecify	specparm	strong0	strong1	supply0
supply1	table	task	time	tran	tranif0
tranif1	tri	tri0	tri1	triand	trior
weak0	weak1	while	wire	wor	xnor
xor					

16.3 注释

在 Verilog HDL 中有两种形式的注释,用于编译控制或添加注释信息。例如,下述用于编译控制的注释语句:

```
/*  begin                                   //(1)
            if(Count >15)Count =0;          //(2)
            else Count = Count +1;          //(3)
       end                                  //(4)
*/                                          //(5)
```

多行注释从语句(1)的"/ * "开始,至空语句(5)结束,即语句(1)至语句(5)不参与编译。而"//"表示在本行结束的注释,例如:

```
begin                                    //(1)
     //if(Count >15)Count =0;            //(2)
     else Count = Count +1;              //(3)
end                                      //(4)
```

表示语句(2)不参与编译。

简明、准确、清晰的注释行可以增强代码的可读性和可移植性,在文件的起始部分,应按需注释文件的文件名称、单位名称、日期、作者、所属工程、顶层模块、模块名称及其描述、版权申明、版本及更新记录。例如:

```
//Copyright (c)2009-2013,Corporation name
//All rights reserved
//THIS SOFTWARE CONTAINS VALUABLE CONFIDENTIAL AND
//PROPRIETARYINFORMATION OF CUGB
//-CONTACT-----------------------------------------------------------
//Website: ********
//Email: ********
//Phone: ********
//Fax: ********
```

```
//-PROJECT-----------------------------------------------------------
//Project: ********
//Client: ********

//-FILE DETAILS------------------------------------------------------
//Design Unit: *******
//File: *******
//Author: *******
//Created: *******
//Version: *******
//Description: *******
```

在模块或语句块的起始部分或关键部分,应明确注释该语句块的相关信息,例如:

```
initial              //Clock generator
begin
  clk=0;
#10 forever #10 clk=!clk;
initial              //Test stimulus
    begin
    rst=0;
    #5 rst=1;
    #4 rst=0;
    #2000 $stop;
    end
```

16.4 格式

Verilog HDL 的文本编辑格式采用自由格式,即结构不仅可以跨越多行编写,也可以在一行内编写,空白符(换行、制表符和空格)没有特殊意义。例如:

```
    always@(posedge CLK)begin if(Count >15)Count = 0;else Count =
Count +1;end
```

与之等价的表达为:

```
always@(posedge CLK)
  begin
    if(Count >15)Count=0;
    else Count=Count +1;
  end
```

很显然,后一种表达方式提高了程序的可读性,而且采用制表符(即Tab键)而不是空格的方式来对齐语句。在规范化的设计文件中,不要使用连续的空格对齐语句,而采用制表符(Tab键)将语句对齐和缩进,一个Tab键占4个字符宽度(可在文本编辑器中调整字符宽度)。此外,各种层次化结构或嵌套语句应严格地逐层缩进对齐,每一层缩进一个Tab键。例如:

```
always(expression0)
    begin
      if(expression1)
        begin
          statement1;
            beign
              statement2;
            end
        end
      else statements;
    end
```

16.5 数据类型

数据类型是指在数字硬件内所有可以用于存储或传输的数据基本单位,分为网络数据类型和变量数据类型两大类,两种数据类型具有不同的赋值方式和值保持方式,代表不同的硬件结构。两种数据类型都不允许重复申明。

网络数据类型以关键字net为确认,表示结构性实体的物理连接,除trireg网络型之外,网络数据类型的值由连续赋值或逻辑门原语等驱动源的值决定,无数值储存功能。若网络数据类型没有连接到驱动源,则输出高阻值z(tired除外),包括逻辑值、矢量与标量、参数、常数、字符串等。

16.5.1 值集合

Verilog HDL规定了4种逻辑值:0,1,z和x,其中,0和1互补。

0:逻辑0或逻辑条件为假。

1:逻辑1或逻辑条件为真。

z:高阻状态。

x:未知逻辑或不确定的逻辑。

注意,输出x的值由所使用的综合工具确定,可能是0,也可能是1,对设计者来说,输出是随机信号;而输入x则由外部条件给定,由此生成的输出逻辑是确定信号。除金属-氧化物半导体(MOS)原语可以传输z逻辑之外,其他门级原语或表达式输入端的z逻辑与x逻辑等效。

z逻辑和x逻辑不区分大小写,如4'b0z1x与4'b0Z1X等价。

16.5.2 矢量与标量

未指定范围的网络型或寄存器型，当作1位标量处理，无方向性；矢量是指定范围的多位网络型或寄存器型。指定范围的左侧以msb常数表达式表示指定范围的最高位，指定范围的右侧以lsb常数表达式表示指定范围的最低位，因此指定范围表示为[msb: lsb]。msb和lsb可以取正整数、零或负整数，允许msb小于lsb，也允许lsb小于msb。默认情况下，msb和lsb是无符号整数。例如：

```
tri[15:0] busa;//16位三态总线矢量busa,最高位busa[15],最低位busa[0]
trireg(small)storeit;//强度为small的存储结点storeit
reg a;          //1位矢量,即标量a
reg[3:0] v;     //4位矢量v,最高位至最低位依次为v[3],v[2],v[1],v[0]
reg[-1:4] b;    //6位矢量,最高位为b[-1],最低位为b[4]
wire w1,w2      //一位网络w1和w2
reg[4:0] x,y,z; //3个寄存器型矢量x,y和z
```

要定义16位地址总线Bus_Addr：

```
reg [15:0]  Bus_Addr1;
reg [0:15]  Bus_Addr2;
```

这两个语句的矢量是相反的，由65536个标量地址构成矢量地址；第一个语句的最高位地址是Bus_Addr1[15]，最低位地址是Bus_Addr1[0]；而第二个语句的最高位地址是Bus_Addr2[0]，最低位地址是Bus_Addr2[15]。

矢量可使用1、0、z或x，当总线宽度小于设定宽度时，从最高位开始以1、0、z或x补齐。例如，8'bz0x0等价于8bzzzzz0x0；而8'h1等价于8'h1111_11111。

16.5.3 数组

数组是相同类型的标量或矢量按一定顺序排列而成的元素的集合，所有的变量类型（包括reg, integer, time, real, realtime）都可以定义为数组。例如：

```
reg x [11:0];//标量数组,定义x[0]~x[11]共12个寄存器型标量
wire [7:0] y [15:0];//矢量数组,定义y[0]~y[15]共16个wire型矢量,
                    //每个矢量的总线宽度为8位
reg [0:31] x[127:0];//矢量数组,定义x[0]~x[127]共128个寄存器型矢
                    //量,每个矢量的总线宽度为32位
wire w_array[7:0][5:0];//wire型二维数组w_array,8×6个元素,1位宽度
integer inta[1:64];//integer型一维数组inta,64个元素
time chng_hist[1:1000];//time型一维数组chng_hist,1000个元素
integer t_index;//integer型一维数组t_ index,1个元素
```

寄存器类型的一维数组称为存储器，用于对只读存储器（ROM）模型、随机存储器（RAM）模型或寄存器类型文件的建模，存储器中的每一个寄存器按唯一地址进行编址，按

地址索引号访问数据。

```
reg[7:0] mema[0:255];              //定义一维存储器 mema,256 个存储单元,
                                   //8 位宽度
reg arrayb[7:0] [0:255];           //定义二维存储器 arrayb,8 行256 列,共
                                   //8 ×256 个存储单元,1 位宽度
reg[7:0] arrayc [7:0] [0:255];     //定义二维存储器 arrayc,8 行256 列,共
                                   //8 ×256 个存储单元,8 位宽度
```

16.5.4 参数

参数是一种常数,既不属于变量类型,也不属于网络类型,使用参数表达方式可提高程序的可维护性,但不允许重复申明。共有两类参数:模块参数和指定参数,其确认符可使用 parameter,localparam 或 specparam,其基本格式如下。

```
parameter [signed] [range] list_of_param_assignment;
localparam [signed] [range] list_of_param_assignment;
specparam [signed] [range] list_of_specparam_assignment;
```

(1) parameter 和 localparam 都是模块参数,区别在于 parameter 可以在本模块内利用 defparam 进行参数的重新定义、修改、排序和赋值。localparam 经定义后,不允许重复定义或赋值。例如:

```
parameter msb=7;//定义参数 msb,其值为 7
parameter e=25,f=9;//定义整型参数 e 和 f
parameter r=5.7;//定义实数型参数 r
```

(2) 先定义参数,再使用参数,但不允许重复定义参数。可将多条参数语句用逗号分隔。例如:

```
parameter byte_size=8,byte_mask=byte_size -1;
parameter average_delay= (r+f)/2;
```

(3) 可以在参数名之前指定参数的数据类型 type、总线宽度[range]、有无符号数[signed]等属性。若未具体指定范围或类型,则默认为参数赋值的范围或类型,最低位 lsb 为0,最高位 msb 为赋值范围的总线宽度减1位;若指定参数的范围而未指定其类型,则默认参数申明的类型,按无符号数处理。例如:

```
parameter signed [3:0] mux_selector=0;   //4 位参数 mux_selector,有
                                         //符号数,参数值为 4'b0000
parameter real r1=3.5e17;                //实数型参数 r1
parameter p1=13'h7e;                     //隐含的实数型参数 p1
parameter [31:0] dec_const=1'b1;//对参数 dec_const 的 1 位数值强制
                                //转换为 32 位,即 dec_const=32'b1
parameter newconst =3"h4;                //整型参数 newconst
```

(4) specify-endspecify 指定块内使用 specparam,作用域为 specify-endspecify 指定块,常用于指定端口延时的延时参数。例如:

```
specparam t_rise =150;//定义 specparam 类型参数,上升沿延时值为 150
                    //个时间单位
t_fall =200;//定义 specparam 类型参数,下降沿延时值为 200 个时间单位
specparam t_rise_control =40,t_fall_control =50;//定义 specparam
                                                //类型参数
```

(5) 不允许将 specparam 类型参数向 parameter 类型参数赋值,下述语句为非法表达。

```
specparam dhold =1.0;
parameter regsize = dhold +1.0;
```

16.5.5 字符串

字符串是双引号内、以 8 位 ASCII 码值表示一个字符的字符序列集合,被当作无符号的整型常数用于赋值或表达式中。例如,定义 8×12 位的寄存器类型字符串:

```
integer [8 *12:1] String_logo ="Hello,WORLD";
```

转义字符也是一种字符串,以反斜线为标志,如表 16-2 所示。

表 16-2 转义字符

转义字符	意义	举例
\n	换行符	integer [10: 0] String_logo = "Hello,WORLD! \n";
\t	制表符	integer [10: 0] String_logo = "Hello,WORLD! \t";
\"	"	if(Key==\")then Key_value <= Key_value +1;
\nn	八进制数 nn 对应的字符	if(Key== \180)then DataBus <=8'b00;

在矢量寄存器中,字符串的存储是以 1 个字符占 8 位 ASCII 码保存的,即 n 个字符的字符串,需要 $8n$ 位的寄存器存储单元。当寄存器的存储单元超过字符串所需的存储空间时,空出的存储单元从最高位开始以空格填充(空格的 ASCII 码是 8'h00)。例如:

```
reg [8 *6:1]s1;        //声明寄存器 s1,存储空间是 8 ×6 位,即 6 个字符
s1 ="Hello";           //存储字符串
```

此处,"Hello"占 5 字节的存储空间,s1[0] = "o",s1[1] = "1",依次类推,s1[4] = "H",因此 s1[5] = "\0" = 8'h00。

16.5.6 变量类型

变量是数据存储单元的抽象,赋值过程期间,变量一直保存当前数据,直到新的赋值条件到来。赋值语句相当于一个触发器,当满足赋值条件时,更新数据存储单元的值。reg、integer和 time 类型的初始化值为 x,real、realtime 的初始化值默认为 0.0。5 种变量类型如表 16-3 所示。

表 16-3 变量类型

变量名称	类型	说明
reg	寄存器类型	存储本模块内部的逻辑运算结果，输入端口、双向端口不能定义为 reg 类型
integer	整型	主要用于多位的矢量信号定义，例如： integer[MSB: LSB] identifier1,…,identifier;
time	时间型	时间型为 64 位无符号整数，例如： time Current_time; Current_time = $ time;
real	实数型	无范围限制，如 real Area; 可采用科学计数法，如 Area = 1.5E3;
realtime	实数时间型	常用于表达高精度的实数时间

1. 寄存器类型

寄存器类型是具有数据存储功能的变量数据类型，以关键字 reg 申明。与硬件的寄存器不同，Verilog HDL 的寄存器不需要驱动时钟。如果没有新的数据更新，寄存器类型将一直存储当前的值。申明寄存器类型的形式如下：

```
reg [signed] [range] list_of_variable_identifiers;
```

(1) [signed]指定寄存器有无符号数，可选项，默认为无符号数。

(2) [range]指定寄存器的总线宽度，可选项，默认为 1 位总线宽。

(3) list_of_variable_identifiers 指定寄存器的确认符，同类型的多个寄存器申明，确认符之间以逗号隔开。例如：

```
reg signed [3:0)count;             //4 位寄存器 count,取值范围 -8～7
reg [-1:4] b;                      //6 位寄存器 b
reg [7:0] b[1023:0];               //8 位寄存器 b,1024 个存储器单元
reg [7:0] b[1023:0][1023:0];       //8 位寄存器 b,1024 ×1024 个存储器单元
reg a,b,c,d;                       //1 位寄存器 a,b,c,d
```

2. 整型和实数型

整型变量取值为整数，确认符为关键词 integer；实数型变量取值为实数，确认符为关键词 real。例如：

```
integer [signed] [range]list_of_variable_identifiers;
real [signed] list_of_real_identifiers;
```

(1) [signed]指定整型变量或实数型变量是否为无符号数，可选项，默认整型和实数型皆为有符号数。

(2) [range]指定整型变量的总线宽度，可选项，默认整型变量的总线宽度为 32 位；实数型变量不能指定总线宽度。

(3) list_of_variable_identifiers 指定整型变量的确认符，同类型的多个整型变量或实数型变量申明，确认符之间以逗号隔开。例如：

```
integer signed[63:0] count;      //64 位、有符号数整型变量 count
integer b;                       //32 位整型变量 b
real a,b,c,d;                    //实数型变量 a,b,c,d
```

3. 时间型和实数时间型

在时序检查、错误诊断、调试过程中,时间型变量主要用于存储时间或管理仿真时间,取值为整数,确认符为关键词 time,默认为无符号数,常与系统函数 $ time 结合使用;实数时间型变量取值为实数,确认符为关键词 realtime,默认值为有符号实数。例如:

```
realtime list_of_real_identifiers;
time list_of_variable_identifiers;
```

list_of_variable_identifiers 指定时间型、实数时间型变量的确认符,同类型的多个变量申明,确认符之间以逗号隔开。例如:

```
time t1,t2,t3;
realtime rt1,rt1,rt2,rt3;
```

16.6 赋值

赋值是对网络数据类型或变量数据类型置入数据的基本方式。有两种基本赋值方式:向网络数据类型赋值的连续赋值;向变量数据类型赋值的过程赋值,并派生出使用 assign/deassign 和 force/release 的两种过程性连续赋值。

赋值语句由左侧、赋值符号(包括“=”或“<=”)、右侧和结束符(分号)组成,例如:

```
parameter PI =3.14;              //(1),对参数 PI 赋初始值 3.14
Count <=Count +1b1;              //(2),非阻塞式赋值
```

语句(1)的左侧是参数 PI,右侧是实数型常数 3.14,赋值符号(=)位于左侧和右侧之间,将右侧的数据 3.14 置入左侧 PI,即赋值过程,分号表示该赋值语句结束。

语句(2)的左侧是变量 Count,右侧是变量与常数之和,赋值符号(<=)位于左侧和右侧之间,当满足赋值条件之后,将右侧的数据置入左侧。

根据左侧的数据类型,连续赋值和过程赋值可分为表 16-4 所示的 11 个子类。

表 16-4 赋值的类型

语句类型	子类型
连续赋值	网络类型(矢量或标量)
	矢量网络的位选择
	矢量网络的部分选择
	矢量网络的索引位选择
	上述 4 种数据类型的任意结合

续表

语句类型	子类型
过程赋值	变量类型(矢量或标量)
	矢量寄存器变量、整型变量或时间型变量的位选择
	矢量寄存器变量、整型变量或时间型变量的部分选择
	存储器字
	矢量寄存器变量、整型变量或时间型变量的索引部分选择
	寄存器类型的任意结合、寄存器类型的部分选择或位选择

16.6.1 连续赋值

类似于逻辑门驱动网络,连续赋值驱动矢量网络或标量网络获得数值。只要右侧的值有变化,就执行赋值。连续赋值提供一种不需要指定逻辑门互联的组合逻辑建模方式。实际上,驱动网络的逻辑表达式已经指定了连续赋值的建模方式。连续赋值方式包括网络申明赋值、连续赋值语句、延时赋值、强度赋值,本书主要讲述常用的前三种。

1. 网络申明赋值

网络申明赋值是将网络申明和连续赋值结合在一条语句内完成的连续赋值方法。由于网络不能重复申明,一次网络申明赋值只能对一个特殊的网络进行一次赋值,因此,这种赋值方式的使用范围受到限制。例如:

```
wire (strong1,pull0)  mynet = enable;  //申明网络 mynet 及其强度
                      //(strong1,pull0)的同时,对网络 mynet 赋值 enable
```

2. 连续赋值语句

连续赋值语句将网络申明和连续赋值分开处理,由不同的语句完成。网络申明可以是明确申明的,也可以是隐含申明的。赋值过程是连续的、自动的过程,一旦赋值语句的右侧表达式的值变化,立即获得“新”的值,并向左侧赋值。例如:

```
wire mynet;                          //wire 型网络 mynet 申明语句
assign (strong1,pull0) mynet = enable;//赋值语句
```

上例将申明语句和赋值语句分离,实现对网络 mynet 的连续赋值。也可以不必直接指定被赋值的网络,间接地采用网络连接的方式对多个网络赋值。例如:

```
module adder(sum_out,carry_out,carry_in,ina,inb);
  output [3:0] sum_out;
  output carry_out;
  input [3:0] ina,inb;
  input carry in;
  wire carry_out,carry_ in;                        //同类型多网络申明
  wire [3:0] sum_out,ina,inb;                      //同类型多网络申明
  assign  {carry_out,sum_out}= ina + inb + carry_in;  //连续赋值
endmodule
```

全加器模块 adder 的进位输出 carry_out 和 sum_out 结合为左侧表达式,由被加数 ina、加数 inb、进位 carry_in 结合成为右侧表达式,构成连续赋值语句,间接获得进位输出。

3. 延时赋值

延时赋值采用延时符号#和延时值结合#delay_value,使网络在时间单位的 delay_value 倍数范围内,保持当前的值,直到延时结束,右侧表达式的值向左侧赋值。

【例 16-1】延时赋值实验。设时间单位为 1ns,时间精度为 1ns,输入激励信号,测试各种延时赋值语句的特性。

```
'timescale 1ns/1ns
module test_bench
reg rst;                     //(1)
wire wireA;                  //(2)
wire #1 wireB;               //(3)
initial                      //生成激励信号
  begin
    rst=0;
    rst=#1 1;                //(4),0~1ns,rst=0;
    rst=#2 0;                //(5),1~3ns,rst=1;
    rst=#5 1;                //(6),3~8ns,rst=0;
    rst=#5 0;                //(7),8~13ns,rst=1;
    rst=#5 1;
    rst=#3 0;
    rst=#3 1;
    rst=#1 0;                //(8)
    rst=#1 1;                //(9)
    rst=#1 0;                //(10)
    rst=#1 1;                //(11)
    rst=#1 0;                //(12)
    rst=#1 1;                //(13)
    rst=#5 0;
    rst=#5 1;
    rst=0;
  end
  assign #2 wireA=rst;       //(14)
  assign wireB=rst;          //(15)
endmodule
```

本例共使用 3 种延时赋值的表达形式。

第一种延时赋值,利用语句(1)定义网络 rst,initial 语句块中,将延时控制#delay_value 嵌入到 rst 语句的右侧表达式之前,如语句(4)rst=#11,该操作使激励信号 rst 在延时 1ns 之后(此时 delay_value=1),右侧表达式向左侧表达式赋值,实现 1ns 延时。

第二种延时赋值的赋值语句是:

```
wire wireA                          //(2)
assign #2 wireA=rst;                //(14)
```

语句(2)定义网络 wireA,由语句(14)实现 2ns 延时赋值。需要注意的是,在语句(8)~(12)的激励信号区间,延时时间大于激励信号的周期,赋值语句的延时特性造成数据丢失。

第三种延时赋值采用延时申明的间接赋值方法:

```
wire #1 wireB;                      //(3)
assign wireB=rst;                   //(15)
```

语句(3)定义网络 wireB 的同时,也定义该网络的延时值为 1 个时间单位(1ns),因此语句(15)间接而隐含地进行 1ns 的延时赋值。

16.6.2　过程赋值

与连续赋值不同,过程赋值的赋值对象是变量类型,过程赋值语句向变量置入数据,变量一直保持该值不变,直到下一个过程赋值变化。

实现过程赋值有很多方式,利用 always 语句、initial 语句、函数、任务等构成触发控制的赋值语句或赋值语句块,利用事件控制、延时控制、条件语句、条件运算符、循环、多路分支等构成触发条件的行为建模方式。

在变量申明的同时对变量赋值是一种特殊的过程赋值,只能在模块级进行过程申明赋值。例如:reg [3:0] a =4'h;等效于下面两条语句:

```
reg [3:0] a;
a=4'h4;
```

不允许对数组进行变量申明赋值。例如,下面的语句是非法的。

```
reg [3:0] array[3:0]=0;
```

允许对部分变量进行变量申明和初始值赋值。例如:

```
integer i=0,j;
real r1=3.8,r2=4.0,r3;
   realtime rt1=2.6;
```

16.7　表达式

表达式是由操作符和操作数构成的一种结构,通过表达式获得操作数的值和操作符的语义。即使没有操作数,任何合法的操作符也可以当作表达式。对于使用 Verilog HDL 语言进行描述的语句来说,需要对数值进行操作的地方,都可以使用表达式。

大部分语句的结构要求使用操作符和操作数,操作数包括常数、参数、变量、参数的位选择及存储器、参数的部分选择、命名空间等。操作符包括实现算术运算、关系运算、相等运算、逻辑运算、按位操作、移位操作、条件操作、连接及复制操作等操作符。

16.7.1 操作数

1. 常数表达

整型常数可以按表达的需要选择十六进制、十进制、八进制或二进制,共有两种表达方式。一种是未指定数据宽度的十进制格式,默认为有符号数。例如:

```
parameter Bus_Size=32;  //以参数方式将总线宽度 Bus_Size 指定为 32 位
parameter PI=3.14          //实数型宏定义 π=3.14
```

另一种方式采用固定格式 aa...a'sfnn...n 设置常量,aa...a 指常量的总线宽度,用十进制表示,若 aa...a 的总线宽度小于设定值的位数,则从 nn...n 最高位开始用 0 补齐;若 aa...a 的总线宽度大于设定值的位数,则从 nn...n 最高位开始切断多余的位;'sf 中反引号是书写格式规定的,s 表示有符号数,默认为无符号数(可以用空格代替 s),f 是常量的权值代号,十六进制、十进制、八进制和二进制的权值代号分别为 h(hexadecimal)、d(decimal)、o(octal)、b(binary),nn...n 是常量的值。下述 4 个语句是等价的:

```
parameter Bus_Size=2'h20;        //用两位十六进制表达
parameter Bus_Size=2'd32;        //用两位十进制表达
parameter Bus_Size=2'o40;        //用两位八进制表达
parameter Bus_Size=6'b100000;  //用六位二进制表达
```

若设定值的位数小于总线宽度,设置的结果是在设定值的最高非零位开始,以 0、z 或 x 自动补齐。例如:

```
reg [15:0] a,b,c,d;
initial
   begin
   a='h x;        //a 的设定值为十六进制数 xxxx
   b='h 3x;       //b 的设定值为十六进制数 003x
   c='h z3;       //c 的设定值为十六进制数 zzz3
   d='h 0z3;      //d 的设定值为十六进制数 00z3
end
reg [15:0] e,f,g;
e='h5;  //e 的设定值最低三位为 3'b101,其余高位为 0,即{13{1'b0},3'b101}
f='hx;              //f 的设定值每位均为 x,即(16{1'hx})
g='hz;              //g 的设定值每位均为 z,即(16{1'hz})
```

如果常量的位数过多,为便于阅读,可以在位与位之间插入下划线,不改变常量的值。例如:

```
parameter Bus_Size=5 'b1_0000;
initial Delay_time=20_000;                 //延时 20000 μs
```

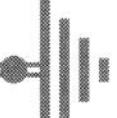

也可按设计需要，在常量中混合使用 z 和 x。例如：

```
LCD_BUS = 8'bxxzz_x0xx;
```

对于负数，直接在 aa...a 添加负号；而正数可按默认方式省略正号。例如：

```
ADC_H = -8'd6; //向 8 位宽度的变量 ADC_H 赋值十进制数 -6，而 ADC_H = 8'd -6;
               //则为非法
```

实数型可采用形如 aEn（或 aen）$= a \times 10^n$ 的基数表示法，数字太长可用下划线隔开。例如：

```
3.1E2                //3.1 ×10^2 = 310;
3.1e-2               //3.1 ×10^-2 = 0.031;
1.50e2
267.98_533_691_E-5
```

基数表示法是无符号数，除非用基数指定符 s，如，十进制数 -4 表示为 4'sd12。也可直接采用小数点后至少一位数字的十进制数表达。例如：

```
0.31
38.68
```

而类似下述的表达为非法：

```
.3138.3.E2
```

2. 参数表达

参数常用于表达常数、参数化建模、生成条件控制等，在表达式中可多次重复使用，参数的作用域在当前模块内。例如，利用参数定义总线宽度和存储空间：

```
parameter word_size = 16, memory_size = word_size * 1024;
  //总线宽度 word_size 和存储空间 memory_size
reg [word_size -1:0]ADC1;     //定义 16 位存储单元 ADC1
reg [word_size -1:0]ADC2 [memory_size -1:0];//定义一维数组，
                                             //16 ×1024 个存储单元
reg [word_size -1:0]ADC3 [memory_size -1:0] [memory_size -1:0];
  //定义二维数组存储单元
```

利用参数定义延时时间：

```
Parameter delay_value = 5;
wire #delay_value A;
assign A = C + D;
```

或利用多参数定义延时时间：

```
parameter min_delay=5,typ_delay= 10,max_delay=20;
wire #(min_delay,typ_delay,max_delay)A;
trireg (large)#(min_delay,typ_delay,max_delay)cap1;
```

【例16-2】利用参数控制模块生成条件。检测被乘数a和乘数b的总线宽度是否满足参数控制条件,若满足条件,则例化标量积模块,否则例化矢量积模块,即利用参数控制模块的生成条件。

```
module multiplier(a,b,product);
  parameter a_width=8,b_width=8;                    //定义模块参数
  localparam product_width=a_width+b_width; //定义本地参数
  input [a_width-1:0] a;
  input [b_width-1:0] b;
  output [product_width-1:0] product;
  generate
    if((a_width==8)&&(b_width==8))                  //模块生成条件
    Smultiplier #(a_width,b_width)u1(a,b,product);
                                       //条件例化 Smultiplier 模块
    else
    Vmultiplier #(a_width,b_width)u1(a,b,product);
                                       //条件例化 Vmultiplier 模块
  endgenerate
endmodule
```

3. 变量表达

integer型寄存器默认为有符号数,以2的补码表示;real型和realtime型寄存器默认为有符号数,以浮点数表示。reg型寄存器和time型默认为无符号数。

```
integer intA;
reg [15:0] regA;
reg signed [15:0] regS;
time t1;
realtime rt1;
real x;
intA= -4'd12;          //intA 默认有符号数,结果是 -4
regA=intA/3;           //regA 的结果是 2 的补码,即 65532
regA= -4'd12;          //表达式的结果是 65524
intA=regA/3;           //表达式的结果是 21841
intA= -4'd12/3;        //表达式的结果是 1431655761
regA= -12/3;           //表达式的结果是 65532
```

```
regS= -12/3;       //regS 申明为有符号数,表达式的结果是 -4
t1 =25;            //时间变量赋值结果为整数
rt1 =2.5;          //有符号浮点数
x =0.7;            //有符号浮点数
```

4. 位选择及存储器

位选择用于从矢量网络、矢量寄存器、整型变量或时间变量中抽取特定的位,可以利用表达式进行位寻址。若位选择的寻址范围超出地址范围,或者对 x 或 z 进行位选择,其结果将返回 x。申明为 real 或 realtime 的变量,不允许进行位选择。此外,位选择结果是无符号数,与操作数无关。

设存储器的最高位为 MSB,最低位为 LSB,首行地址为 Row0(对于一维存储器,常称之为基地址),末行地址为 Rown,首列地址为 Col0,末行地址为 Coln。当 LSB、Row0、Col0 皆为 0 时,申明一个存储单元,可寻址 MSB +1 位;申明一维存储器,可寻址(Rown +1)(MSB +1)位;申明二维存储器,可寻址(Rown +1)(Coln +1)(MSB +1)位。申明该存储器语句的一般形式为:

```
reg [MSB: LSB] reg_identifier;
reg [MSB: LSB] reg_identifier [Row0 : Rown];
reg [MSB: LSB] reg_identifier[Row0 : Rown] [Col0 : Coln];
```

例如,定义存储单元 vect 并赋值:

```
reg [7 : 0] vect;
vect =4;//vect =8'b0000_0100
```

设地址索引号为 index,则索引表达式 vect[index]有如下结果:

若 index=0,则 vect[index]值为 0;

若 index=2,则 vect[index]值为 1;

若 index=2: 0,则 vect[index]值为 3'b100;

若 index=3: 0,则 vect[index]值为 4'b0100;

若 index=5: 1,则 vect[index]值为 4'b0010;

若 index=x,则 vect[index]值为 x;

若 index=z,则 vect[index]值为 z。

【例 16-3】定义一个共 256×256×8 位的二维存储器 twod_array,并进行位选择。

```
reg[7 : 0] twod_array[0 : 255][0 : 255];
reg[3 : 0]a;
reg b,c,d;
parameter sel =3;                 //定义位选择的地址索引号 3
a=twod_array [14][1][3 : 0]; //选择第 15 行、第 2 列单元的低 4 位,向 a 赋值
```

```
b=twod_array [11][3][5];   //选择第12行、第4列单元的第6位,向b赋值
c=twod_array [1][3][sel]; //参数方式选择第4位,向c赋值
d=b&&c;                    //位与运算
```

5. 部分选择

部分选择是指从矢量网络、矢量寄存器、整型变量或时间变量中抽取特定的、连续多位的操作。读操作时,超出存储器寻址范围的位返回 x;写操作时,只写入存储器寻址范围的位,对于超出存储器寻址范围的位,写操作无效。例如:

```
reg [7:0] Mdata;
reg [3:0]temp1,temp2;
temp1=Mdata[4:1];//将 Mdata[4]~Mdata[1]分别映射到
                  //temp1[3]~temp1[0]
temp2={Mdata[7],temp1[2:0]}; //选择 Mdata[7]、temp1[2]~temp1[0]
                              //进行组合,映射到 temp2[3]~temp2[0]
```

部分选择的结果是无符号数,与操作数无关。例如:

```
reg [15:0] a;
  reg signed [7:0] b;
  initial
    begin
      b=8'b1111_1000;
      a=b[7:0];//a=16'b0000_0000_1111_1000
    end
```

6. 命名空间

命名空间用于指定系统中每个模块、宏模块、原语的名称,以阻止模块、宏模块、原语的名称被重复命名。Verilog HDL 有两种全局命名空间和 5 种本地命名空间。

(1) 全局命名空间。全局命名空间分为定义命名空间和文本宏命名空间,定义命名空间定义模块、宏模块和原语的唯一名称,该名称一旦被定义,就不能再被其他模块、宏模块、原语重复定义。

例如,定义一个名为 ffand 的模块,该模块中利用与非门原语 nand 例化两个与非门,例化名分别为 NA1 和 NA2。

```
module ffand (q,qbar,preset,clr);
output q,qbar;
input preset,clr;
nand NA1 (q,qbar,preset);
nand NA2 ((qbar,q,clr);
endmodule
```

文本宏命名空间以单引号为前导字符，按定义的先后顺序，以确定的名称出现在描述设计的输入文件中，但该输入文件中，后续定义的同名文本宏名将覆盖前面已定义的文本宏名。例如：

```
'define wordsize 8                          //定义文本宏名 wordsize
reg[1:'wordsize] data;                      //使用定义文本宏名 wordsize
'define var_nand(delay)nand #delay //定义文本宏名 var_nand(delay),
                                            //与非门 nand 的延时时间
'var_nand(2)a1(q21,n10,n11); //例化名为 a1 的与非门,延时 2 个时间单位
'var_nand(5)a2(q22,n10,n11);          //例化名为 a2 的与非门
```

上例中，采用文本宏命名空间例化与非门的语句“'var_nand(2)a1(q21,n10,n11);”等价于“nand #2 a1(q21,n10,n11);”。

（2）本地命名空间。5 种本地命名空间是块、模块、端口、属性和指定块，本书详细讲解常用的前 4 种。一旦定义 5 种本地命名空间的名称，该本地命名空间将不能以同名或不同类型的其他命名空间所定义。

① 块命名空间用于命名块、函数、任务，定义命名块、函数、任务、参数、命名事件、变量类型申明的唯一名称。

例如，对赋值语句块进行命名，实现块流程控制：

```
begin:Tansf            //块命名,块名为 Tansf
    rega=regb;
    disable Tansf;     //终止块 Tansf;
    regc=rega;         //终止块语句被终止,该语句永远不被执行
end
```

对任务命名，实现任务进程控制：

```
task testa;
begin
    ...
    if(a==0)
    disable testa;              //终止任务
    ...
end
endtask
```

对事件命名，实现事件流程控制：

```
fork                   //对并行事件语句块命名,块名为 event_timing
    begin:event_timing
    @ev1;
    repeat(5)@trig;
```

```
    #delay aaction (Rega,Regb);
end
    @reset disable event_timing;     //终止事件运行
join
```

② 模块命名空间用于对模块、宏模块和原语的命名，定义命名块、函数、任务、参数、命名事件、网络类型和变量类型申明的唯一名称。

例如，对数据类型的模块命名：

```
parameter String1 = "Hello,World"    //参数类型申明,命名 String1
    wire a;                           //网络类型申明,命名 a
    reg b;                            //寄存器类型申明,命名 b
    supply1 VCC1;                     //网络类型申明,命名 VCC1
```

模块命名空间是使用最频繁的命名方法，种类众多，可参见相关部分。

③ 端口命名空间用于对模块、宏模块、原语、函数和任务的命名，提供两个不同命名空间之间或将两个对象以结构定义的方式进行连接，其本质是通过单向端口（如 input 或 output）或双向端口（如 inout），将不同命名空间进行互联。端口类型申明包括 input、output 和 inout。在端口命名空间定义端口名时，允许在模块命名空间内重新申明为同名的变量类型或网络类型端口名。

【例 16-4】端口命名空间及端口的直接顺序连接。在模块内申明、命名的端口及例化门级原语的端口，在模块内一直有效，端口之间可直接引用进行各原语之间的端口互联。

```
module Test (a,b,c,d);
inout a,b;                      //申明 a、b 为双向端口
input c,d;                      //申明 c、d 为输入端口
wire int;
wire cinvert;
and # (6,5)A1 (int,c,d);        //例化 and 原语,连接输入口 c、d
not # (2,6)N1 (cinvert,int);    //例化 not 原语,与 A1 模块连接 int 端口
tranif1 SW1 (a,b,cinvert);      //例化 tranif1 原语,与 N1 模块连接
                                //cinvert 端口,连接双向端口
endmodule
```

将端口与其他模块或顶层模块连接。例如，将 Test 模块的 a、b、c 和 d 端口分别与顶层模块的 x[6]、x[10]、x[3]和 x[7]连接，端口顺序必须保持一致：

```
module topmod;
    wire [7:0] x;//在顶层模块,申明并命名端口 x
    …
    Test B1 (x[6],x[10],x[3],x[7]);     //例化 Test 模块,端口直接连接
    …
endmodule
```

或者以端口名方式连接，此时端口名的出现顺序与模块连接无关：

```
module topmod;
    wire [7:0] x;
    …
    Test B1 (b[0],a[6],d[7],c[3]);     //端口名连接
    …
endmodule
```

端口连接需遵循两条基本规则：一是输入端口或双向端口是网络数据类型；二是每个连接端口都是流出节点向流入节点的连续赋值，流出节点的端口是信号源，其他端口是流入节点。

只有网络类型或结构性网络类型表达式用于流入节点的连续赋值，它们包括标量网络、矢量网络、矢量网络的位选择、矢量网络的部分选择、结构性网络表达式的连接。

④ 属性命名空间用于指定未被标准化的特殊属性，这些属性包括：在所采用的各种工具中，硬件描述语言包含的对象、语句或语句组，其基本形式采用属性例化表达。例如：

```
(* attr_spec{ ,attr_spec} *)
```

attr_spec 为属性说明，属性例化表达式既可以前缀置于模块申明、模块端口列表、语句或端口连接之前，也可以后缀置于表达式的操作符或函数名之后。

【例 16-5】属性命名空间用于分支语句属性指定。

指定 3 种分支语句属性如表 16-5 所示，指定两种模块定义属性如表 16-6 所示。

表 16-5　指定 3 种分支语句属性

分支语句属性指定 I	分支语句属性指定 Ⅱ	分支语句属性指定 Ⅲ
(* full_case,parallel_case *) case(x) <rest_of_case_statement>	(* full_case=1,parallel_case=1 *) case(x) <rest_of_case_statement>	(* full_case,parallel_case=1 *) case(x) <rest_of_case_statement"

表 16-6　指定两种模块定义属性

模块定义属性 I	模块定义属性 Ⅱ
(* optomize_power *) module mod1(<port_list>)	(* optomize_power=1 *) module mod1(<port_list>)

用于表达式中，如寄存器类型申明时，指定状态机的状态属性：

```
(* fsm_state *) reg [7:0] state1;
(* fsm_state=1 *)reg [3:0] state2,state3;
reg [3:0] reg1;          //reg1 无 fsm_state 属性
(* fsm_state=0 *)reg [3:0] reg2;     //表达式 fsm_state=0 可用于控
                                    //制 reg2
```

将属性命名空间嵌入操作数之前，控制运算条件：

```
A = B + (* mode = "cla" *)C;      //算术运算方式属性为 cla
```

将属性命名空间嵌入函数调用之前：

```
A = add(* mode = "cla" *)(b,c);
```

将属性命名空间嵌入条件选择之前：

```
A = b?(* no_setting *)3 : 6;
```

若未指定值的属性，则该值为 1。若重复指定属性，按最后一次指定的属性执行，语言工具给出警告信息。

16.7.2 操作符

1. 算术操作符

与 C 语言类似，Verilog HDL 有 6 种算术运算，相应地有 6 种算术操作符，如表 16-7 所示。

表 16-7 算术运算

操作符	算术运算	举例	运算结果(A = 5, B = 2)
+	加	assign C = A + B;	C = 7
-	减	assign C = A - B;	C = 3
*	乘	assign C = A * B;	C = 10
/	除	assign C = A/B;	C = 2.5
%	取模	assign C = A% B;	C = 1
**	求幂	assign C = A ** B;	C = 25

注意，若被除数或取模数不能被 2 整除，则除法运算和取模运算即有可能被综合器取消，此时需寻求减法、移位的综合运算来实现。

对于除法运算或取模运算，若第二个操作数是零，则结果为 x。对于幂运算，若操作数是实数、整数或有符号数，其结果为实数；若第一个操作数是零、第二个操作数是零或负数，或者第一个操作数是负数、第二个操作数不是整数，则幂运算结果是不确定的。

2. 关系操作符

关系运算的结果为 1(真)或 0(假)，如表 16-8 所示。如果操作数中有一位为 x 或 z，那么结果为 x。如果操作数长度不同，长度较短的操作数从最高位开始以 0 补齐。

表 16-8 关系运算

操作符	关系运算	举例	运算结果(A = 5, B = 2)
>	大于	C = (A > B);	条件为真，C = 1
<	小于	C = (A < B);	条件为假，C = 0
>=	不小于	C = (A >= B);	条件为真，C = 1
<=	不大于	C = (A <= B);	条件为假，C = 0

关系运算的优先级低于算术运算，例如：

```
A<B/C-5;        //运算顺序为除法运算、减法运算、关系运算
A<(B-5);        //括号运算优先,关系运算次之
3-(A<5);        //括号运算优先,减法运算次之
```

若 A<5 为真,则(A<5)的结果为1,3-(A<5)的运算结果为2;若 A<5 为假,则(A<5)的结果为0,3-(A<5)的运算结果为3。

3. 相等操作符

相等运算逐位比较两个操作数(包括 x 和 z),运算结果为1(真)或0(假),如表16-9所示。如果两个操作数之一包含 x 或 z,结果为未知的值(x)。如果操作数长度不同,长度较短的操作数从最高位开始以0补齐。

表16-9 相等运算

操作符	相等运算	举例	运算结果(A=5,B=2)
===	全等	C=(A===B);	逐位比较,条件为假,C=0
!==	非全等	C=(A!==B);	逐位比较,条件为真,C=1
==	相等	C=(A==B);	(A==B)为假,C=0
!=	不相等	C=(A!=B);	(A!=B)为真,C=1

相等运算表达式中,若操作数 A 和 B 都是有符号数,较小的操作数自动调整数据宽度使两个操作数的数据宽度一致。若一个操作数是实数,另一个操作数应转换为等值的实数。

4. 逻辑操作符

Verilog HDL 规定了模块中使用的3种逻辑运算,如表16-10所示。如果逻辑条件为真,运算结果为1;如果逻辑条件为假,运算结果为0;如果逻辑条件为不确定,运算结果为 x。

表16-10 逻辑运算

操作符	意义	举例	运算结果(A=10,B=9,C=12)
&&	与逻辑	Z=(A>B)&&(A<C);	Z=1
||	或逻辑	Z=(A==B)||(B==C);	Z=0
!	非逻辑	Z=!A[0];	Z=1

可采用多元逻辑表达式的组合条件,实现复杂的逻辑运算。例如:

```
a<size-1&& b!=c&&index!=lastone
```

对各项表达式添加括号,未改变运算优先级,但表达方式更清晰明了。例如:

```
(a<size-1)&&(b!=c)&&(index!=lastone)
```

非逻辑运算常用于条件表达式中,如 if(! flag),但是在很多情况下,表达式改为 if(flag=0)更能清晰地表示变量或网络 flag 的物理意义。

5. 按位操作符

位逻辑运算如表16-11所示。

表 16-11　位逻辑运算真值表

与逻辑运算					或逻辑运算					异或逻辑运算					同或逻辑运算					非逻辑运算	
&	0	1	x	z	|	0	1	x	z	^	0	1	x	z	^~	0	1	x	z	~	
0	0	0	0	0	0	0	1	x	x	0	0	1	x	x	0	1	0	x	x	0	1
1	0	1	x	x	1	1	1	1	1	1	1	0	x	x	1	0	1	x	x	1	0
x	0	x	x	x	x	x	1	x	x	x	x	x	x	x	x	x	x	x	x	x	x
z	0	x	x	x	z	x	1	x	x	z	x	x	x	x	z	x	x	x	x	z	z

位逻辑运算也支持多位矢量的逻辑运算。例如,A = 4'b1010,B = 4'b0001,则 A&B 是从最低位开始、按位对齐方式进行逻辑与运算,即 A&B = 4'b0000,而 A|B = 4'b1011,依次类推。若 A = 2'b10,B = 4'b0001,则 A&B = 4'b0000,A|B = 4'b0011。

6. 移位操作符

有两类移位运算:逻辑移位运算(左移 <<,右移 >>),移入的位为 0;算术移位运算(左移 <<<,右移 >>>),有符号数的右移,高位移入位为 1,有符号数的左移,低位移入位为 0,无符号数的移入位皆为 0,如表 16-12 所示。若表达式中含有 x 或 z 位,则移位运算结果是不确定的。

表 16-12　移位运算

操作符	位移运算	举例	运算结果(reg signed [7:0]A; A = 8'b1001_0110)
<<	逻辑左移	B = A <<3;	B = 8'b1011_0000,低位填充 3 个 0
>>	逻辑右移	B = A >>3;	B = 4'b0001_0010,高位填充 3 个 0
<<<	算术左移	B = A <<<2;	B = 4'b0101_1000,低位填充 2 个 0
>>>	算术右移	B = A >>>3;	B = 4'b1111_0010,高位填充 3 个 1

7. 条件操作符

有两种条件操作符:选择条件表达和并列条件表达,如表 16-13 所示。

表 16-13　条件运算

操作符	条件表达	举例	运算结果(设 C = 5)
?:	选择条件	C >3? A = 2: 1;	当 C = 5 时条件为真,A = 2
or	并列条件	if(C==5 or C==7) A = 0;	条件为真,A = 0

根据条件表达式的值选择表达式。例如,cond_expr? expr1: expr2,如果 cond_expr 为真,选择 expr1;如果 cond expr 为假,选择 expr2。如果 cond_expr 为 x 或 z,结果按表 16-14 所示的逻辑 expr1 和 expr2 的条件运算决定。

表 16-14　不确定条件的条件运算结果

?:	**0**	**1**	**x**	**z**
0	0	x	x	x
1	x	1	x	x
x	x	x	x	x
z	x	x	x	x

例如,检测炉内温度 Temprature 是否超过300 ℃,以控制执行元件 Actuator。当 Temprature > 300 ℃时,Actuator = 1;否则,Actuator = 0。

```
wire Actuator = Temprature >300?1:0;
```

8. 连接和复制操作符

连接操作是采用连接符{and}将几个表达式合并形成新的表达式的操作,如{expr1, expr2,…,exprN},但不允许连接非定长常数。

例如,当遇到低位在前、高位在后的3字节24位AD转换结果时,拟将最高位至最低位逐位反转以方便后级的信号处理。例如:

```
wire [23:0] ADC;
wire [7:0] ADC_H,ADC_M,ADC_L;
assign ADC [23:0] = {ADC_H[0:7],ADC_M[0:7],ADC_L[0:7]};
```

字符串连接。例如:

```
reg [8*11:1] s;
reg [8*5:1]s1 = "Hello";
reg [8*6:1]s2 = "world";
s = {s1,s2};        //s = "Hello world"
```

此处,{a,b[2:0],2'b10}等效于{a,b[2],b[1],b[0],1'b1,1'b0},{3{w}}等效于{w,w,w},而A[7:0] = {1'b1,{0{1'b0}}}是非法语句,左侧与右侧的总线宽度不一致。

16.8 编译指令

编译指令规定了编译器进行编译行为的文件结构和路径。在 Verilog HDL 语言编译时,特定的编译器指令在整个编译过程中有效(编译过程可跨越多个文件),直到遇到其他的不同编译程序指令。以反引号(')开始的某些标识符是编译器指令。例如:

```
'define Width_Bus 16
```

Verilog HDL 的编译器指令如表16-15所示。

表16-15 编译器指令

指令	功能	备注
'define, 'undef	定义宏,取消宏	'define BUS_SIZE 16
'ifdef,'else,'endif	条件编译	
'default_nettype	修改默认网络类型	
'include	文件包含	'include "PLL.H"
'resetall	恢复默认设置	
'timescale	定义时间单位/精度	'timescale 1ns/10ps
'unconnected_drive,'nounconnected_drive	未连接的输入端口设置	
'celldefine,'endcelldefine	标记为单元模块	

1. 宏定义

'define 指令用于宏定义,以方便进行文本替换。一旦'define 指令被编译,则该宏定义在整个编译过程中都有效,与 C 语言中的#define 指令相当。例如:

```
'define BUS_SIZE 16
reg [BUS_SIZE-1:0] DataBus;
```

'undef 指令取消之前定义的宏。例如:

```
'define BUS_SIZE 16
reg[BUS_SIZE-1:0] DataBus;……
'undef BUS_SIZE      //在'undef 编译指令后,BUS SIZE 的宏定义不再有效
```

2. 条件定义

'ifdef、'else 和'endif 编译指令用于条件编译。例如:

```
'ifdef OS1
parameter BUS_SIZE=16;
'else
parameter BUS_SIZE=32;
'endif
```

在编译过程中,如果已定义了名称为 OS1 的文本宏,则总线宽度为 16 位,否则为 32 位。条件定义中'else 程序指令对于'ifdef 指令是可选的。

3. 默认类型

'default_nettype 指令用于修改隐式网络的默认类型。

4. 文件包含

'include 编译器指令用于插入内嵌文件的内容。文件既可以用相对路径名定义,也可以用全路径名定义。例如:

```
'include <Verilog HDL filec >
'include"../.. /UDP.v"
```

编译时,这一行由 UDP 用户自定义原语文件“../../UDP. v”的内容替代。

5. 复位编译器指令

'resetall 指令复位所有的编译器指令为默认值,无操作对象,直接使用。例如:

```
'resetall
```

6. 时间单位

在 Verilog HDL 模型中,所有时延都用单位时间表述。使用'timescale 编译器指令将时间单位与实际时间相关联。该指令用于定义时延的单位和时延精度。'timescale 编译器指令格式为:

```
'timescale time_unit/time_precision
```

time_unit 和 time_precision 由值 1、10 和 100，以及单位 s、ms、μs、ns、ps 和 fs 组成。例如：

```
'timescale 1ns/100ps
```

表示时延单位为 1ns，时延精度为 100ps。'timescale 编译器指令在模块说明外部出现，并且影响后面所有的时延值。例如，下述测试平台时钟生成模块 TB_CLK_GEN：

```
'timescale 1ns/100ps
module TB_CLK_GEN (CLOCK);
    output CLOCK;
    reg CLOCK;
    parameter Delay_ON=6;               //高电平时延 6ns
    parameter Delay_OFF=Delay_ON-2;     //低电平时延 4ns
    initial begin
        CLOCK=1;                        //在开始时刻,初始化时钟为高电平
        end
    always begin
        #Delay_ON CLOCK=1;
        #Delay_OFF  ~CLOCK;             //输出占空比为 60%、周期为 10ns
                                        //的时钟
        end
endmodule
```

第 17 章　VHDL 基础

VHDL，全称为 Very-High-Speed Integrated Circuit Hardware Description Language，即超高速集成电路硬件描述语言，是电子设计的主流硬件描述语言。本章通过实例讲述硬件描述语言的基本结构和语法基础知识，主要包括 VHDL 程序的基本结构和 VHDL 的文字规则、数据对象、数据类型、操作符、操作数等语言要素，并从多侧面描述电子系统的硬件结构和基本逻辑功能，是电子系统 EDA 设计的基础。

17.1　硬件描述语言 VHDL 简介

VHDL 是 EDA 技术的重要组成部分，诞生于 1982 年。1987 年底，VHDL 被 IEEE 和美国国防部确认为标准硬件描述语言。自 IEEE 公布 VHDL 的标准版本（IEEE 1076）开始，各 EDA 公司相继推出了自己的 VHDL 设计环境，或者宣布自己的设计工具可以和 VHDL 接口。此后，VHDL 在电子设计领域被广泛接受，并逐步取代了原有的非标准硬件描述语言。后来 VHDL 不断进行修订更新，当前最新版本为 IEEE 1076.1—2017。现在，VHDL 和 Verilog HDL 作为 IEEE 的工业标准硬件语言，得到众多 EDA 公司的支持，在电子工程领域已成为事实上的通用描述语言。

VHDL 主要用于描述数字系统的结构、行为、功能和接口。除了含有许多具有硬件特征的语句外，VHDL 的语言形式、描述风格与句法与一般的计算机高级语言类似。VHDL 的程序结构特点是将一项工程设计或称设计实体（已是一个元件、一个电路模块或一个系统）分成外部（或称可视部分，即端口）和内部（或称不可视部分），其中内部即设计实体的内部功能和算法完成部分。在对一个设计实体定义了外部界面后，一旦其内部开发完成后，其他的设计就可以直接调用该实体。这种将设计实体分成内、外部分的概念是 VHDL 系统设计最显著的特征。应用 VHDL 进行工程设计的优点是多方面的，具体如下。

（1）VHDL 具有更强的行为描述能力。强大的行为描述能力可以使 VHDL 避开器件的具体结构，从逻辑行为上描述和设计大规模电子系统。就目前流行的 EDA 工具和 VHDL 综合器而言，将基于抽象的行为描述风格的 VHDL 程序综合成为具体的 FPGA 和 CPLD 等目标器件的网表文件已不成问题。

（2）具有较强的预测能力。VHDL 具有丰富的仿真语句和库函数，使得在任何大系统的设计早期，就能查验设计系统的功能可行性，可随时对系统进行仿真模拟，从而在设计早期就使设计者对整个工程的结构和功能可行性做出判断。

（3）支持团队设计模式。市场对高响应速度大规模数字系统的需求在不断增加，同时激烈的市场竞争要求尽量缩短产品上市时间，这就要求必须有多人甚至多个开发组共同并行工作才能完成设计，VHDL 中设计实体的概念、程序包的概念和设计库的概念为设计的分解和并行工作提供了有力的支持。

(4) 自动化程度高。用 VHDL 完成一个确定的设计,可以利用 EDA 工具进行逻辑综合和优化,并自动把 VHDL 描述设计转变成门级网表。这种方式突破了门级设计的瓶颈,极大地减少了电路设计的时间和可能发生的错误,提高了设计效率。利用 EDA 工具的逻辑优化功能,可以自动地把一个综合后的设计变成一个占用资源更少或更高速的电路系统。反过来,设计者还可以很容易地从综合和优化的电路中获得设计信息,返回去更新或修改 VHDL 设计描述,使之更加完善。

(5) 系统设计与硬件结构无关。VHDL 对设计的描述具有相对独立性。设计者可以不懂硬件的结构,也不必管最终设计的目标器件是什么,即可进行独立的设计。正因为如此,VHDL 设计程序的硬件实现目标器件有广阔的选择范围,其中包括各种系列的 CPLD、FPGA 及各种门阵列器件。

(6) 具有极强的移植能力。由于 VHDL 具有类属描述语句和子程序调用等功能,对于完成的设计,在不改变源程序的条件下,只需改变类属参量或函数,就能轻易地改变设计的规模和结构。

17.2　VHDL 语言程序基本结构

一个完整的 VHDL 语言程序通常包含库(Library)、程序包(Package)、实体(Entity)、结构体(Architecture)和配置(Configuration)5 个部分。库存放已经编译的程序包、实体、结构体、配置;程序包存放各种设计模块都能共享的数据类型、常数和子程序等;实体用于描述所设计的系统的外接口信号;结构体用于描述系统内部的结构和行为;配置用于从库中选取所需单元来组成系统设计的不同版本。其中,库可由用户生成或由 ASIC 芯片制造商提供,以便在设计中共享。

17.2.1　库、程序包

库和程序包是 VHDL 设计的共享资源,一些共用的、经过验证的模块放在程序包中,实现代码重用。一个或多个程序包可以预编译到一个库中,使用起来更为方便,使用库和程序包的一般定义表达式为:

```
LIBRARY   <设计库名>;
USE   <设计库名>.<程序包名>.ALL;
```

(1) 库。库是经编译后的数据的集合,用来存放程序包定义、实体定义、结构体定义和配置定义,使设计者可以共享已经编译过的设计结果。在 VHDL 语言中,库的说明总是放在设计单元的最前面,成为这项设计的最高层次的设计单元。

LIBRARY 指明所使用的库名,使设计单元内的语句可以使用库中的数据。本设计中,打开的是 IEEE 库,VHDL 语言允许存在多个不同的库,但各个库之间是彼此独立的,不能互相嵌套。

(2) 程序包。程序包说明像 C 语言中的 include 语句一样,用来罗列 VHDL 语言中所要用到的常数定义、数据类型、函数定义等,是一个可编译的设计单元,也是库结构中的一个层次。要使用程序包时可用 USE 语句说明,指明库中的程序包。例如:

```
USE  IEEE.STD_LOGIC_1164.ALL;
```

该语句表明打开 IEEE 库中的 STD_ LOGIC_1164 程序包,并使程序包中所有的公共资源对于本语句后面的 VHDL 设计实体程序全部开放,即该语句后的程序可任意使用程序包中的公共资源。这里用到了关键词“ALL”,代表程序包中的所有资源。

库语句必须与 USE 语句同用。一旦说明了库和程序包,整个设计实体都可以进入访问或调用,但其作用范围仅限于所说明的设计实体。

17.2.2 实体

在 VHDL 中,实体是设计实体的表层设计单元,类似于原理图中的一个部件符号,它可代表整个系统、一块电路板、一个芯片或一个门电路。其功能是对这个设计实体与外部电路进行接口描述。实体说明部分规定了设计单元的输入/输出接口信号或引脚,它是设计实体对外的一个通信界面。其具体的格式为:

```
ENTITY 实体名  IS
[类属参数说明;]
[端口说明;]
END 实体名;
```

一个基本设计单元的实体说明以“ ENTITY 实体名 IS”开始,至“END 实体名”结束。实体说明的框架一般用大写字母表示,即每个实体说明都应这样书写,是不可或缺的部分;设计者填写的部分一般用小写字母表示,随设计单元不同而不同。实际上,对 VHDL 而言,大写或小写都一视同仁,不加区分。本书仅仅是为了阅读方便而加以区别的。

(1) 类属参数说明。类属参数说明为设计实体和其外部环境的静态信息提供通道,特别是用来规定端口的大小、实体中子元件的数目、实体的定时特性等。

(2) 端口说明。端口说明为设计实体和其外部环境的动态通信提供通道,是对基本设计实体与外部接口的描述,即对外部引脚信号的名称、数据类型和输入/输出方向的描述。其一般格式为:

```
PORT(端口名:方向  数据类型;
     …
     …
     端口名:方向  数据类型);
```

① 端口名是赋予每个外部引脚的名称,通过用一个或几个英文字母,或者用英文字母加数字命名。

② 端口方向用来定义外部引脚的信号方向是输入还是输出。IEEE 1076.1 标准包中定义了以下常用的端口模式。

IN: 输入结构体,只可以读。

OUT: 输出结构体,只可以写(结构体内部不能再使用)。

BUFFER: 输出结构体(结构体内部可再使用)。

INOUT: 双向,可以读或写。

"OUT"和" BUFFER"都可以定义输出端口,但它们之间是有区别的,如图17-1所示。

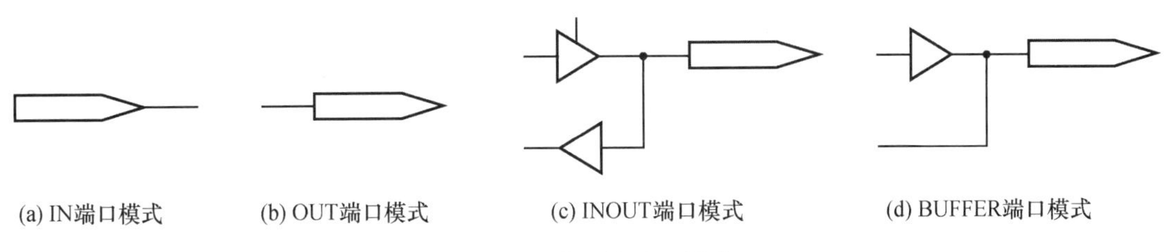

图 17-1 常用的端口模式

③ 数据类型说明。VHDL语言中的数据类型有多种,但在数字电路的设计中经常用到的有两种,即BIT和BIT_VECTOR(分别等同于STD_LOGIC和STD_LOGIC_VECTOR)。当端口被说明为BIT时,该端口的信号取值只能是二进制数1和0,即位逻辑数据类型;而当端口被说明为BIT_VECTOR时,该端口的信号是一组二进制数。

【例17-1】2输入端与非门的实体描述示例。

```
LIBRARY  IEEE;
USE  IEEE.STD_LOGIC_1164.ALL;
ENTITY  nand  IS
PORT(a: IN  STD_LOGIC;
     b: IN  STD_LOGIC;
     c: OUT  STD_LOGIC);
END nand;
   …
   …
```

17.2.3 结构体

结构体描述一个基本设计单元的结构或行为,把一个设计的输入和输出之间的关系建立起来。一个设计实体可以有多个结构体,每个结构体对应着实体不同的实现方案,各个结构体的地位是同等的。

结构体对其基本设计单元的输入/输出关系可以用3种方式进行描述,即行为描述、寄存器传输描述和结构描述。不同的描述方式,只是体现在描述语句的不同上,而结构体的结构是完全一样的。

由于结构体是对实体功能的具体描述,因此它一般要跟在实体的后面。通常,先编译实体之后才能对结构体进行编译。如果实体需要重新编译,那么相应的结构体也应重新进行编译。

结构体分为结构说明部分和结构语句部分两部分,其具体的描述格式为:

```
ARCHITECTURE 结构体名 OF 实体名  IS
    [说明语句]
BEGIN
    [功能描述语句]
END  结构体名;
```

(1) 结构体名。结构体的名称是对结构体的命名,它是该结构体的唯一名称。结构体名由设计者自主选择,但当一个实体具有多个结构体时,结构体的命名不可互相重复。OF后面紧跟的是实体名,表明该结构体所对应的是哪一个实体。用 IS 来结束结构体的命名。

(2) 说明语句。说明语句用于对结构体内部使用的常数、数据类型、信号、子程序、元件和函数等进行说明,它不是必需的。结构体的说明语句部分必须放在关键词 ARCHITECTURE 和 BEGIN 之间。例如:

```
ARCHITECTURE  behave  OF  mux  IS
    SIGNAL  nel: STD_LOGIC;
        …
BEGIN
        …
END  behave;
```

信号定义和端口说明一样,应有信号名和数据类型的说明。因它是内部连接用的信号,故无需有方向的说明。

在一个结构体中说明和定义的数据类型、常数、元件、函数和过程等只能用于这个结构体中。如果希望这些定义也能用于其他的实体或结构体中,则需要将其作为程序包来处理。

(3) 功能描述语句。功能描述语句是结构体实质性的描述,从 BEGIN 开始,由若干个功能描述语句描述模块实现的逻辑功能或操作,它是必需的,是结构体的主体。

结构体中包含了以下 5 类功能描述语句。

① 进程语句,定义顺序语句模块。

② 信号赋值语句,将设计实体内的处理结果向定义的信号或界面端口进行赋值。

③ 子程序调用语句,用于调用过程或函数,并将获得的结果赋值于信号。

④ 元件例化语句,对其他的设计实体做元件调用说明,并将此元件的端口与其他的元件、信号或高层次实体的界面端口进行连接。

⑤ 块语句,将结构体中的并行语句进行组合,以改善并行语句及其结构的可读性。

图 17-2 给出了结构体内部构造的描述层次和描述内容关系。

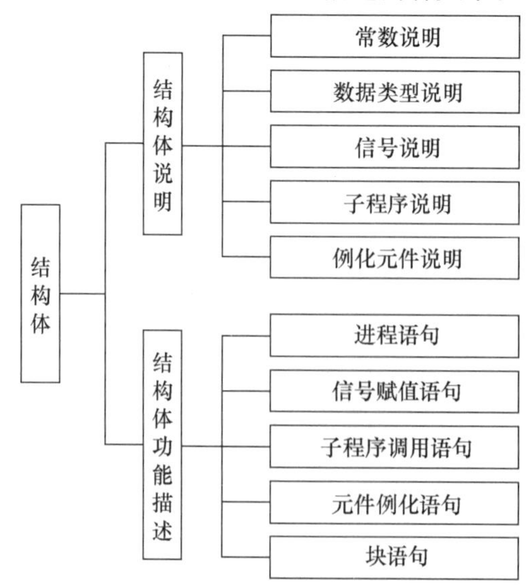

图 17-2　结构体的描述层次及内容

【例 17-2】全加器 VHDL 的完整描述。

```
LIBRARY  IEEE;
USE   IEEE.STD_ LOGIC_1164 . ALL;
ENTITY   adder   IS                          --实体描述
PORT(cnp: IN  SID_ LOGIC;
     a,b: IN  STD_ LOGIC;
     cn: OUT  STD_LOGIC;
     s: OUT  STD_ LOGIC);
END  adder;
ARCHITECTURE  one  OF  adder  IS            --结构体描述
   SIGNAL  nl,n2,n3,STD_LOGIC;
BEGIN
   nl <=a  XOR  b;
   n2 <=a  AND  b;
   n3 <=n2  AND  cnp;
   s <=cnp  XOR  n1;
   cn <=n1  OR  n2;
END one;
```

17.2.4 配置

配置语句是用来为较大的系统设计提供管理和工程组织的，一般用来描述层与层之间的连接关系，以及实体与结构之间的连接关系。在分层次的设计中，配置可以用来把特定的设计实体关联到元件实例（COMPONENT），或者把特定的结构（ARCHITECTURE）关联到一个确定的实体。当一个实体存在多个结构时，可以通过配置语句为其指定一个结构体。例如，可以利用配置使仿真器为同一实体配置不同的结构体，以使设计者比较不同结构体的仿真差别。或者为例化的各元件实体配置指定的结构体，从而形成一个所希望的例化元件层次构成的设计实体。若省略配置语句，则 VHDL 编译器将自动为实体选一个最新编译的结构。

配置的语句结构为：

```
CONFIGURATION  配置名  OF  实体名  IS
FOR  为实体选配的结构体名
END  FOR;
END  配置名;
```

若用配置语句指定结构体，则配置语句放在结构体之后进行说明。例如，某一个实体 adder，存在 2 个结构体 one 和 two 与之对应，则用配置语句进行指定时可做如下描述。

```
CONFIGURATION  tt  OF  adder  IS
FOR  one
END  FOR;
END  tt;
```

在例 17-3 中,分别给出了描述 1 位全加器结构体的两种方法,即行为描述和数据流描述方法。该例是在一个 1 位全加器的设计实体中,同时存在两种不同的逻辑描述方式构成的结构体,然后用配置语句来为特定的结构体需求做配置指定。

【例 17-3】1 位全加器中配置语句的使用。

```
LIBRARY  IEEE;
USE  IEEE.STD_LOGIC_1164.ALL;
ENTITY  fulladder_cfg  IS
   PORT(a,b,ci: IN STD_LOGIC;
        s,co: OUT STD_LOGIC);
END  fulladder_cfg;
ARCHITECTURE  behavioral  OF  fulladder_cfg  IS  --1 位全加器结构
                                                 --体行为描述
BEGIN
   s <='1'WHEN (a='0'AND b='1'AND ci='0')ELSE
       '1'WHEN (a='1'AND b='0'AND ci='0')ELSE
       '1'WHEN (a='0'AND b='0'AND ci='1')ELSE
       '1'WHEN (a='1'AND b='1'AND ci='1')ELSE
       '0';
   co <='1'WHEN (a='0'AND b='1'AND ci='0')ELSE
        '1'WHEN (a='1'AND b='1'AND ci='1')ELSE
        '1'WHEN (a='1'AND b='0'AND ci='1')ELSE
        '1'WHEN (a='1'AND b='1'AND ci='1')ELSE
        '0';
END  behavioral;
ARCHITECTURE  Dataflow  OF  fulladder_cfg IS  --1 位全加器结构体数
                                              --据流描述
BEGIN
   s <=a  XOR  b  XOR  ci;
   co <= (a  AND  b)OR(b  AND  ci)OR (a  AND  ci);
END  Dataflow;
CONFIGURATION  first  OF  fulladder_cfg IS    --结构体的配置
      FOR  behavioral
      END  FOR;
END  first;
```

本例中,如果没有配置语句部分,则综合器将采用默认配置。为实体 fulladder 配置的是最后一个编译的结构体,即结构体 Dataflow;而现在加上配置语句部分,为实体配置的结构体是 behavioral,其中配置名 first 是编程者指定的标识符,即配置名。

17.3 VHDL 的语言要素

VHDL 硬件描述语句的基本语言结构要素主要有各类操作数(Operands)、运算操作符(Operator)、数据对象(Data Object,简称 Object)及数据类型(Data Type,简称 Type),数据对象包括常量(CONSTANT)、变量(VARIABLE)和信号(SIGNAL)3 种。

17.3.1 VHDL 文字规则

1. 数字型文字

数字型文字有多种表达方式,现列举如下:

(1) 整型文字(十进制数)。例如,678,0,156e2(=15600),456_23_4287(456234287)。

其中,数字间的下划线仅仅是为了提高文字的可读性,相当于一个空的间隔符,没有其他意义,因而不影响文字本身的数值。

(2) 实数文字(十进制数,须带有小数点)。例如,188.83,88_56_238.45(=8856238.45),44.99e-2(=0.4499)。

(3) 以数字基数表示的文字。用这种方式表示的数由五部分组成。第一部分,用十进制数标明数制进位的基数;第二部分,数制隔离符号“#”;第三部分,表达的文字;第四部分,指数隔离符号“#”;第五部分,用十进制表示的指数部分,这一部分的数如果是 0 可以省去不写。例如:

10#170#;(十进制表示,等于 170)

2#1111_1110#;(二进制表示,等于 254)

8#376#;(八进制表示,等于 254)

2. 字符串型文字

字符串型文字按字符个数多少分为字符和字符串。

字符是用单引号引起来的 ASCII 字符,可以是数值,也可以是符号或字母,如'A','*','Z'。

字符串是用双引号引起来的一维字符数组,又分为文字字符串和数位字符串。

文字字符串,如"error","both s and q egual to l","x"。

数位字符串,也称为位矢量,是预定义的数据类型 BIT 的一维数组,它们所代表的是二进制、八进制或十六进制的数组,其位矢量的长度为等值的二进制数的位数。

其格式为:

```
基数符号"数值"
```

其中基数符号有以下 3 种。

B:二进制基数符号,表示二进制数位 0 或 1,在字符串中每一位表示一个 BIT。

O:八进制基数符号,在字符串中的每一位代表一个八进制数,即代表一个 3 位的二进制数。

X:十六进制基数符号(0～F),在字符串中的每一位代表一个十六进制数,即代表一个 4 位的二进制数。例如:

```
B"1_1101_1110"        --二进制数数组,长度为9
O"34"                 --八进制数数组,长度为6
X"AD0"                --十六进制数数组,长度为12
```

3. 标识符

标识符用来定义常数、变量、信号、端口、子程序或参数的名称。VHDL 基本标识符的书写规则如下:

(1) 以英文字母开头。

(2) 不连续使用下划线“_”,且其前后都必须有英文字母或数字。

(3) 不以下划线“_”结尾。

(4) 由 26 个大小写英文字母、数字 0～9 及下划线“_”组成的字符串。

(5) 保留字(关键字)不能用于标识符。

合法标识符的示例,如: Decoder_1,FFT,Sig_N,Not_ Ack,State0,Idle。

不合法标识符的示例,如:

_Decoder_1　　(起始为下划线)
2FFT　　(起始为数字)
RyY_RST_　　(标识符的最后不能是下划线)
data_ _BUS　　(标识符中不能有双下划线)
return　　(关键词)
SIR_ #N　　(符号“#”不能成为标识符的构成)
Not-Ack　　(符号“-”不能成为标识符的构成)

4. 下标名及下标段名

下标名用于指示数组型变量或信号的某一元素,而下标段名则用于指示数组型变量或信号的某一段元素,其语句格式为:

```
数组类型信号名或变量名(表达式 TO/DOWNTO)
```

其中,表达式的数值必须在数组元素下标号范围以内,并且必须是可计算的。TO 表示数组下标序列由低到高,如“2 TO 8”,DOWNTO 表示数组下标序列由高到低,如“8 DOWNTO 2”。

下面是下标名及下标段名使用示例。

```
SIGNAL  A,B:BIT _VECTOR (0 TO 3);
STGNAL  M:INTEGER  RANGE  0  TO  3;
SIGNAL  Y,Z:BIT;
Y < =A(m);                     --不可计算型下标表示
Z < =B(3);                     --可计算型下标表示
C(0 TO 3) < =A(4 TO 7);        --不可计算型下标表示
C(4 TO 7) < =A(0 TO 3);        --不可计算型下标表示
```

17.3.2 VHDL 数据对象

在 VHDL 中,数据对象类似于一种容器,可以接受不同数据类型的赋值。数据对象有 3

种,即常量、变量和信号。

1. 常量

常量的定义和设置主要是为了使设计实体中的常数容易阅读和修改。例如,将位矢量的宽度定义为一个常数,只要修改这个常数就能容易地改变宽度,从而改变硬件结构。在程序中,常量是一个恒定不变的值,一旦做了数据类型的赋值定义后,在程序中不能再改变,因而具有全局意义。常量的定义形式为:

```
CONSTANT  常数名:数据类型: =表达式;
```

例如:

```
CONSTANT dely: TIME: =25ns;
CONSTANT Vcc: REAL: =5.0;
CONSTANT FBUS: BIT_VECTOR: ="0101";
```

VHDL 要求所定义的常量数据类型必须与表达式的数据类型一致。

常量定义语句所允许的设计单元有实体、结构体、程序包、块和子程序。在程序包中定义的常量可暂时不设具体数值,它可以在程序包体中设定。

常量的可视性规则如下:

(1) 在程序包中说明的常量被全局化。

(2) 在实体说明部分的常量可被该实体中的任何结构体引用。

(3) 在结构体中的常量能被其结构体内部任何语句使用,包括进程语句。

(4) 在进程说明中说明的常量只能在进程中使用。

2. 变量

变量是一个局部量,只能在子程序中使用,变量不能将信息带出对它做出定义的当前设计单元,变量的值是一种理想化的数据传输,不存在延时行为(仿真过程中共享变量例外)。变量常用在实现某种算法的赋值语句中。

定义变量的语法格式为:

```
VARIABLE 变量名:数据类型: =初始值;
```

例如:

```
VARIABLE  A: INTEGER;             --定义 A 为整数型变量
VARIABLE  B,C: INTEGER: =2;       --定义 B 和 C 为整数型变量,初始值为 2
VARIABLE  d: STD_LOGIC;           --定义标准位变量
```

变量作为局部量,其使用范围仅限于定义了变量的进程或子程序中。变量的值将随变量赋值语句的运算而改变。变量定义语句中的初始值可以是一个与变量具有相同数据类型的常数值,也可以是一个全局静态表达式,这个表达式的数据类型必须与所赋值变量一致。此初始值不是必需的,综合过程中综合器将略去所有的初始值。

变量数值的改变是通过变量赋值来实现的,其赋值语句的格式为:

```
目标变量名: =表达式;
```

例如：

```
VARIABLE  x,y: REAL;
VARIABLE  a,b: BIT_VECTOR(0 TO 7)P;
x: =100.0;
y: =1.5 +x;                                --运算表达式赋值
a: =b;
a: ="10100101";                            --位矢量赋值
a(3 TO 6): = ('1','1','0','1',);
a(0 TO 5): =b(2 TO 7);
a(7): ='0';
```

3. 信号

信号是电子电路内部硬件连接的抽象，可以将结构体中分离的并行语句连接起来，并能通过端口与其他模块连接。

信号的定义格式为：

```
SIGNAL 信号名1,信号名2: 数据类型: =初始值;
```

关键词 SIGNAL 后可以跟一个或多个信号名，每一个信号名产生一个新的信号。信号名之间使用逗号隔开。信号初始值的设置不是必需的，并且初始值仅在 VHDL 的行为仿真中有效。

信号的使用和定义范围是实体、结构体和程序包，但不能在进程和子程序中定义信号。与变量相比，信号的硬件特征更为明显，它具有全局性特性。例如，在程序包中定义的信号，对于所有调用此程序包的设计实体都是可见的；在实体中定义的信号，在其对应的结构体中都是可见的。

除了没有方向外，信号和实体的端口（PORT）概念是一致的。相对于端口来说，其区别只是输出端口不能读入数据，输入端口不能被赋值。信号可以看作实体内部的端口。反之，实体的端口只是一种隐形的信号，端口的定义实际上是做了隐式的信号定义，并附加了数据流动的方向。信号本身的定义是一种显式的定义，因此，实体中定义的端口，在其结构体中都可以看作是一个信号，并加以使用而不必另做定义。

以下是信号定义的示例：

```
SIGNAL  INIT: BIT_VECTOR(7 DOWNTO 0);   --定义信号 INIT 是位矢量
SIGNAL  c: INTEGER  RANGE 0 TO 15;      --定义信号 c 的数据类型是整数
                                        --类型，整数范围为 0～15
SIGNAL y,x: REAL;                       --定义信号 y、x 数据类型为实数
```

在进程中，只能将信号列入敏感表，不能将变量列入敏感表，这是因为只有信号才能把进程外的东西带入进程内，可见进程只对信号敏感，而对变量不敏感。

信号作为一种数值容器不但能容纳当前值，还能容纳历史值。这一点与触发器的记忆功能有很好的对应关系。

当定义了信号的数据类型和表达方式后，在 VHDL 设计中就能对信号进行赋值了。信

号可以有多个驱动源或赋值信号源,但必须将此信号的数据类型定义为决断性数据类型。

信号的赋值语句格式为:

```
目标信号名 <= 表达式;
```

这里的表达式可以是一个运算表达式,也可以是数据对象(信号、变量或常量)。符号“ <”表示赋值操作,可以设置延时。信号获得传入的数据并不是即时的。即使是零延时,也要经历一个特定的延时过程。因此,“ <= ”两边的数值并不总是一致,这与实际器件的延时很接近。尽管综合器在综合时略去所设置的延时,但即使没有利用 AFTER 关键词设置信号的赋值延时,任何信号赋值都是存在延时的。在综合后的功能仿真中,信号或变量间的延时是看作零延时的。为了给信息传输的先后做出符合逻辑的排序,将自动设置一个小的 δ 延时,即一个 VHDL 模拟器的最小分辨率时间。

下面是给信号赋值的示例:

```
Sig1 <='1';              --给信号"Sig1"赋以一个常数信号'1'
a <=b;                   --将信号 b 值赋给 a
z <=x AFTER 5ns;         --将 x 赋给 z,但是延迟 5ns 后有效
```

4. 常量、变量和信号三者的使用比较

(1) 从硬件电路系统来看,常量相当于电路中的恒定电平,如 GND、VCC 接口;而变量和信号则相当于组合电路系统中门与门间的连接及其连线上的信号值。

(2) 从行为仿真和 VHDL 语句功能上看,信号和变量的区别主要表现在接受和保持信号的方式、信息保持与传递的区域大小上。信号可以设置延时量,而变量则不能;变量只能作为局部的信息载体,而信号则可作为模块间的信息载体,变量的设置有时只是一种过渡,最后的信息传输和界面间的通信都靠信号来完成。

(3) 从综合后所对应的硬件电路结构来看,信号一般将对应更多的硬件结构,但在许多情况下,信号和变量并没有什么区别。在满足一定条件的进程中,综合后两者都能引入寄存器。这时它们都具有能够接受赋值这一重要的共性,而 VHDL 综合器并不理会它们在接受赋值时存在的延时特性。

(4) 虽然 VHDL 仿真器允许变量和信号设置初始值,但在实际应用中,VHDL 综合器并不会把这些信息综合进去。这是因为实际的 FPGA/CPLD 芯片在上电后,并不能确保其初始状态的取向。因此,对于时序仿真来说,设置的初始值在综合时是没有实际意义的。

17.3.3　VHDL 数据类型

VHDL 是一种强数据类型语言。要求设计实体中的每一个常数、信号、变量、函数及设定的各种参量都必须具有确定的数据类型,并且只有相同数据类型的量才能互相传递和作用。VHDL 数据类型分为下面几种。

(1) 标量类型(SCALAR TYPE):指单元素的最基本的数据类型,通常用于描述一个单值数据对象,它包括实数类型、整数类型、枚举类型、时间类型。

(2) 复合类型(COMPOSITE TYPE):可由标量型复合而成,主要有数组型(ARRAY)和记录型(RECORD)。

(3) 寻址类型(ACCESS TYPE):为给定的数据类型的数据对象提供存取方式。

(4) 文件类型(FILES TYPE):用于提供多值存取类型。

以上4种数据类型在现成程序包中,又可分为随时获得的预定义数据类型和用户自定义数据类型两种。预定义的VHDL数据类型是VHDL最常用、最基本的数据类型。这些数据类型都已经保存在VHDL的标准程序包STANDARD和STD_ LOGIC_1164中,以及在其他的标准程序包中做了定义,可在设计中随时调用。

1. VHDL的预定义数据类型

VHDL的预定义数据类型都是在VHDL标准程序包STANDARD中定义的,在实际应用中,已自动包含进VHDL的源文件中,因而不必通过USE语句以显式调用。

(1) 布尔量(BOOLEAN)数据类型。

布尔量(BOOLEAN)数据类型是一个枚举型数据类型,具有两种状态:FALSE(假)和TRUE(真)两种。常用于逻辑函数中做逻辑比较,如相等(=)、比较(<)等。综合工具会用一个二进制位表示BOOLEAN类型的变量和信号。布尔量不属于数值,因此它不能用于运算,只能通过关系运算符获得一个布尔值。

例如,在IF语句中,当A大于B时,其结果为TRUE(真);反之为FALSE(假),综合器将其变为1或0,对应于硬件系统中的一根线。

程序包STANDARD中定义的源代码为:

```
TYPE BOOLEAN IS (FALSE,TRUE);
```

(2) 位(BIT)和位矢量(BIT VECTOR)数据类型。

位(BIT)数据类型也属于枚举型,取值只能是1或0。位数据类型的数据对象,如变量和信号等,可以进行逻辑运算,运算的结果依然是位数据类型,BIT表示一位的信号值,放在单引号中,如'0'或'1'。

位和位矢量数据的预定义包括在标准程序包STANDARD中。程序包STANDARD中定义的位数据类型源代码为:

```
TYPE BIT IS ('1','0');
```

位矢量(BIT_VECTOR)同样是基于BIT数据类型的无约束数组,位矢量是用双引号括起来的一组位数据。如:"001100"、"00B10B",使用位矢量必须注明宽度,即数组中元素的个数与排列。例如:

```
SIGNAL a: BIT_VECTOR(3 DOWNTO 0);
```

(3) 字符(CHARACTER)和字符串(STRING)数据类型。

字符与字符串数据类型也属于枚举型的数据。实际上,字符串就是一个字符数组。在声明字符时,通常用单引号将字符引起来,如'A';对字符串必须用用双引号标明,如"Rose-bud"。

注意:

① 字符与字符串类型的数据是不可综合的,只有仿真器可以处理字符与字符串。

② 在VHDL程序设计中,标识符的大小写是不区分的,但是使用了单引号或双引号声明的字符串是区分大小写的。

(4) 整数(INTEGER)数据类型。

整数类型用于表示所有正整数、负整数和零。在VHDL中,整数的取值范围为-2 147 483 647~

+2 147 483 647,即可用32位有符号的二进制数表示。在实际应用中,VHDL仿真器通常将整数类型作为有符号数处理,而VHDL综合器则将整数作为无符号数处理。在使用整数时,VHDL综合器要求用RANGE子句为所定义的数限定范围,然后根据所限定的范围来决定表示此信号或变量的二进制数的位数,因为VHDL综合器无法综合未限定范围的整数类型信号或变量。

例如,语句“SIGNAL TYPE1: INTEGER RANGE 0 TO 15;”规定整数TYPE1的取值范围为0～15,共16个值,可用4位二进制数表示,因此,TYPE1将被综合成4条信号线。

(5) 实数(REAL)数据类型。

实数数据实际上是模仿描述数学上的实数对象,它们表示整数值和分数值范围的数,或称点数,标准程序包指定实数的最小范围为-1.0E+38～+1.0E+38。通常,实数类型只能在VHDL仿真器中使用,VHDL综合工具不支持实数。如果设计人员在程序中需要使用实型数据,则通常采用实型数据归一化的方法,使用整型数据来表示。

(6) 时间(TIME)数据类型。

VHDL中唯一的预定义物理类型是时间。完整的时间类型包括整数和物理量单位两部分,整数和单位之间至少要留一个空格,如55 ms,20 ns。

(7) 错误等级(SEVERITY_LEVEL)。

在VHDL仿真器中用来指示系统的工作状态,共有4种: NOTE(注意)、WARNING(警告)、ERROR(出错)、FAILURE(失败)。在仿真过程中,可输出这4种值来提示被仿真系统当前的工作情况。

2. IEEE预定义标准逻辑位与矢量

在IEEE库的程序包STD_LOGIC_1164中,定义了两个非常重要的数据类型,即标准逻辑位(STD_LOGIC)和标准逻辑矢量(STD_LOGIC_VECTOR)。

(1) 标准逻辑位数据类型。

在IEEE库中的程序包STD_LOGIC_1164中定义标准逻辑位共9种取值: 'U','X','0','1','Z','W','L','H','-'。其中'U'代表未初始化的;'X'代表强未知的;'0'代表强0;'1'代表强1;'Z'代表高阻态;'W'代表弱未知的;'L'代表弱0;'H'代表弱1;'-'代表忽略。

在程序中使用此数据类型前,需加入下面的语句:

```
LIBRARY IEEE;
USE IEEE.STD_LOGIC_1164.ALL;
```

由于标准逻辑位数据类型的多值性,在编程时应当特别注意,如果在条件语句中未考虑到STD_LOGIC的所有可能的取值情况,综合器可能会插入不希望的锁存器。

程序包STD_LOGIC_1164中还定义了STD_LOGIC逻辑运算符AND,NAND,OR,NOR,XOR和NOT的重载函数,以及两个转换函数,用于BIT和STD_LOGIC的相互转换。

由STD_LOGIC类型代替BIT类型可以完成电子系统的精确模拟,并可实现常见的三态总线电路。

(2) 标准逻辑矢量数据类型。

标准逻辑矢量是由标准逻辑位构成的数组,其类型定义为:

```
TYPE STD_LOGIC_VECTOR IS ARRAY(NATURAL RANGE <  >)OF STD_LOGIC;
```

显然,STD_LOGIC_VECTOR 是定义在 STD_LOGIC_1164 程序包中的标准一维数组,数组中的每一个元素的数据类型都是标准逻辑 STD_LOGIC。

STD_LOGIC_VECTOR 数据类型的数据对象赋值的原则为：相同位宽、相同数据类型的矢量间才能进行赋值。

3. 其他预定义标准数据类型

VHDL 综合工具配带的扩展程序包中,定义了一些有用的类型。例如,Synopsys 公司在 IEEE 库中加入的程序包 STD_LOGIC_ARITH 中定义的数据类型为：无符号型(UNSIGNED)、有符号型(SIGNED)和小整型(SMALL_INT)。

在程序包 STD_LOGIC_ARITH 中的类型定义为：

```
TYPE UNSIGNED IS ARRAY (NATURAL RANGE < >)OF STD_ LOGIC;
TYPE SIGNED IS ARRAY (NATURAL RANGE < >)OF STD_ LOGIC;
SUBTYPE SMALL_INT IS INTEGER RANGE 0 TO 1;
```

如果将信号或变量定义为这几个数据类型,则可以使用本程序包中定义的运算符,在使用之前,请注意必须加入下面的语句：

```
LIBRARY IEEE;
USE IEEE.STD_LOGIC_ ARITH. ALL;
```

UNSIGNED 类型和 SIGNED 类型是用来设计可综合的数学运算程序的重要类型,UNSIGNED 用于无符号数的运算,SIGNED 用于有符号数的运算,在实际应用中,大多数运算都会用到它们。

在 IEEE 程序包中,UNMERIC_STD 和 NUMERIC_BIT 程序包中也定义了 UNSIGNED 型及 SIGNED 型。其中,UNMERIC_STD 是针对 STD_LOGIC 型定义的,而 NUMERIC_BIT 是针对 BIT 型定义的。在程序包中还定义了相应的运算符重载函数。有些综合器没有附带 STD_LOGIC_ARITH 程序包,此时只能使用 NUMBER_STD 和 NUMERIC_BIT 程序包。

在 STANDARD 程序包中没有定义 STD_LOGIC_VECTOR 的运算符,而整数类型一般只在仿真时用来描述算法,或者作为数组下标运算,因此无符号数据类型(UNSIGNED TYPE)和有符号数据类型(SIGNED TYPE)的使用率是很高的。

(1) 无符号数据类型。

UNSIGNED 数据类型代表一个无符号的数值,在综合器中,这个数值被解释为一个二进制数,这个二进制数的最左位是其最高位。例如,十进制的 8 可以表示如下：

```
UNSIGNED("1000")
```

如果要定义一个变量或信号的数据类型为 UNSIGNED,则其位矢长度越长,所能代表的数值就越大。例如,一个 4 位变量的最大值为 15,一个 8 位变量的最大值则为 255,0 是其最小值,不能用 UNSIGNED 定义负数,以下是两则无符号数据定义的示例：

```
VARIABLE VAR: UNSIGNED(0 TO 10);
SIGNAL SIG: UNSIGNED(5 TO 0);
```

其中,变量 VAR 有 11 位数值,最高位是 VAR(0),而非 VAR(10);倍号 SIG 有 6 位数值,最高位是 SIG(5)。

(2) 有符号数据类型。

SIGNED 数据类型表示一个有符号位数值,综合器将其解释为补码,此数的最高位是符号位,例如,SIGNED("0101")代表 +5,SIGNED("1011")代表 -5。

若将上例的 VAR 定义为 SIGNED 数据类型,则数值意义就不同了,例如:

```
VARIABLE VAR: SIGNED(0 TO 10);
```

其中,变量 VAR 有 11 位,最左位 VAR(0)是符号位。

4. 用户自定义的数据类型

VHDL 允许用户自行定义新的数据类型,用户自定义数据类型是用类型定义语句(TYPE)和子类型定义语句(SUBTYPE)实现的,下面介绍这两种语句的使用方法。

① 类型语句定义。TYPE 语句语法结构为:

```
TYPE 数据类型名 IS 数据类型定义 [OF 基本数据类型];
TYPE 数据类型名 IS 数据类型定义;
```

其中,数据类型名由设计者自定,此名将作为数据类型定义之用,数据类型定义部分用来描述所定义的数据类型的表达方式和表达内容;关键词 OF 后的基本数据类型是指数据类型定义中所定义元素的基本数据类型,一般都是取已有的预定义数据类型,如 BIT、STD_LOGIC 或 INTEGER 等。

以下列出了两种不同的定义方式:

```
TYPE st1 IS array(0 TO 15)OF STD_LOGIC;
TYPE week IS(sun,mon,tue,wed,thu,fri,sat);
```

第一句定义的数据 st1 是一个具有 16 个元素的数组型数据类型,数组中的每一个元素的数据类型都是 STD_LOGIC 型;第二句所定义的数据类型是由一组文字表示的,而其中的每一个文字都代表一个具体的数值,如可令 sun = "1010"。

② 子类型语句定义。子类型 SUBTYPE,只是由 TYPE 所定义的原数据类型的一个子集,它满足原数据类型的所有约束条件,原数据类型称为基本数据类型。子类型 SUBTYPE 的语句格式为:

```
SUBTYPE 子类型名 IS 数据类型名 范围;
```

子类型的定义只在基本数据类型上做一些约束,并没有定义新的数据类型。子类型定义的基本数据类型必须是在前面已通过 TYPE 定义的类型,包括已在 VHDL 预定义程序包中 TYPE 定义过的类型。例如:

```
SUBTYPE digits IS INTEGER RANGE 0 TO 9;
```

其中,INTEGER 是标准程序包中已定义过的数据类型,子类型 digits 只是把 INTEGER 约束到只含 10 个值的数据类型。

由于子类型与其基本数据类型属同一数据类型,因此属于子类型的和属于基本数据类型的数据对象间,可以直接进行赋值和被赋值,不必进行数据类型的转换。

利用子类型定义数据对象除了提高程序可读性和易处理外,其实质性的好处在于有利于提高综合的优化效率,这是因为综合器可以根据子类型所设的约束范围,有效地推知参与综合的寄存器的最合适的数目等优化措施。

用户自定义数据类型可以有多种,如枚举类型(ENUMERATED TYPE)、整数类型(INTEGER TYPE)、实数类型(REAL TYPE)、数组类型(ARRAY TYPE)、记录类型(RECORD TYPE)等。

(1) 枚举类型。

VHDL 中的枚举数据类型是用文字符号来表示一组实际的二进制数的类型(若直接用数值来定义,则必须使用单引号)。定义枚举数据类型需要枚举该类型的所有可能的值。

其格式为:

```
TYPE 类型名称 IS (枚举文字);
```

实际上,前面介绍的位 BIT_VECTOR 就是两状态的枚举数据类型:标准逻辑位 STD_LOGIC 和标准逻辑矢量 STD_LOGIC_VECTOR 是九状态的枚举数据类型。例如,可以将一个星期 week 定义为七状态数据类型:

```
TYPE week IS(sun,mon,tue,wed,thu,fri,sat);
```

需要指出,枚举类型文字元素在综合过程中需要经过编码,编码与文字本身无关,是由综合器自动进行编码的。通常综合器将第一个枚举量(最左边的量)编码为 0,以后各枚举量的编码值依次加 1,而且将第一枚举元素转变为位矢量,位矢量的长度取决于所需要表达的所有枚举元素的个数。例如,上例中用于表达 week 七个状态的位矢量长度应该为 3,编码默认值分别是 000,001,010,011,100,101 和 110。当然,为了某些特殊的需要,编码顺序也可以人为设置。

(2) 整数类型和实数类型。

整数和实数是在标准的程序包中已做过预定义的数据类型,但没有限定其取值范围。由于数据类型的取值定义范围太大,生成的硬件电路将十分复杂,甚至综合器根本无法进行综合。因此,在实际应用中,设计人员必须对整数和实数数据类型的取值范围按实际需要重新定义,以便降低逻辑综合的复杂性,提高芯片的资源利用率。

VHDL 仿真器通常将整数和实数数据类型的数作为有符号数处理。对用户定义的数据类型和子类型中的正数以二进制原码表示,对用户定义的数据类型和子类型中的负数以二进制补码表示,逻辑综合器不接受浮点数,浮点数必须先转换为相应数值的整数才能被接受。

下面是几个自定义整数类型的示例:

```
TYPE nat IS INTEGER RANGE 0 TO 255;            --定义数 nat 的取值范围
                                               --为 0 ~ 255
SUBTYPE nats IS nat RANGE 0 TO 9;              --定义数 nats 为 nat 子
                                               --类型,取值范围为 0 ~ 9
TYPE num IS INTEGER RANGE -255 TO 255;         --定义 num 的取值范围为
                                               -- -255 ~ 255
```

(3) 数组类型。

数组类型属复合类型,是同类型元素的集合。数组可以是一维数组或多维数组,VHDL支持多维数组,但综合器只支持一维数组。

数组的元素可以是任何一种数据类型,用于定义数组元素的下标范围,子句决定了数组中元素的个数,以及元素的排序方向,即下标数是由低到高或由高到低。例如,子句“0 TO 7”是由低到高排序的8个元素,“15 DOWNTO 0”是由高到低排序的16个元素。

VHDL允许定义两种不同类型的数组,即限定性数组和非限定性数组,它们的区别是:限定性数组下标的取值范围在数组定义时就被确定了,而非限定性数组下标的取值范围需根据具体数据对象再确定。

① 限定性数组定义语句格式为:

```
TYPE 数组名 IS ARRAY (数组范围)OF 数据类型;
```

其中,数组名是新定义的限定性数组类型的名称,可以是任何标识符,其类型与数组元素相同;数组范围明确指出数组元素的定义数量和排序方式,以整数来表示其数组的下标;数据类型即指数组各元素的数据类型。

下面是限定性数组定义示例:

```
TYPE stb IS ARRAY(7 DOWNTO 0)OF STD_LOGIC;
```

这个数组类型的名称是stb,它有8个元素,它的下标排序是7,6,5,4,3,2,1,0,各元素的排序是stb(7),stb(6),…,stb(1),stb(0)。

② 非限制性数组的定义语句格式为:

```
TYPE 数组名 IS ARRAY(数组下标名 RANGE < >)OF 数据类型;
```

其中,数组名是定义的非限制性数组类型的取名;数组下标名是以整数类型设定的一个数组下标名称;符号“ < > ”是下标范围待定符号,用到该数组类型时,再填入具体的数值范围。数据类型是数组中每一个元素的数据类型。

(4) 记录类型。

记录类型数据是由已经定义过的、数据类型相同或不同的多个对象元素构成的数组。其定义语句格式为:

```
TYPE 记录类型名 IS RECORD
元素名:元素数据类型;
元素名:元素数据类型;
        ......
        ......
END  RECORD;
```

下面是一个记录类型定义示例:

```
TYPE example IS RECORD         --以下定义了一个8元素、4种数据类型的数组
R0,R1:INTEGER;                 --定义R0,R1为整型
F1,F2:REAL;                    --定义F1,F2为实型
```

```
T1,T2:TIME;             --定义 T1,T2 为时间型
L1,L2:STD_LOGIC;        --定义 L1,L2 为标准逻辑位
END RECORD;
```

17.3.4 VHDL 运算操作符

VHDL 的各种表达式由操作数和操作符组成,其中操作数是各种运算的对象,即前面介绍的数据对象。而操作符则是规定各种运算方式的操作符号。

VHDL 与其他的高级语言十分相似,具有丰富的运算操作符以满足不同描述功能的需要。VHDL 提供了 4 类操作符,可以分别进行算术运算、关系运算、逻辑运算和重载操作运算。前 3 类操作符是完成算术和逻辑运算的最基本的操作符的单元,重载操作符则是对基本操作符做重新定义的函数型操作符。前 3 种操作符所要求的操作数的类型如表 17-1 所示,操作符之间的优先级别如表 17-2 所示。

表 17-1　VHDL 操作符列表

类型	操作符	功能	操作符数据类型
算术操作符	+	加	整数
	-	减	整数
	&	并置	一维数组
	+	正	整数
	-	负	整数
	*	乘	整数和实数(包括浮点数)
	/	除	整数和实数(包括浮点数)
	MOD	取模	整数
	REM	取余	整数
	SLL	逻辑左移	BIT 或 BOOLEAN 一维数组
	SRL	逻辑右移	BIT 或 BOOLEAN 一维数组
	SLA	算术左移	BIT 或 BOOLEAN 一维数组
	SRA	算术右移	BIT 或 BOOLEAN 一维数组
	ROL	逻辑循环左移	BIT 或 BOOLEAN 一维数组
	ROR	逻辑循环右移	BIT 或 BOOLEAN 一维数组
	**	乘方	整数
	ABS	取绝对值	整数
关系操作符	=	等于	任何数据类型
	/=	不等于	任何数据类型
	<	小于	枚举与整数型,以及对应的一维数组
	>	大于	枚举与整数型,以及对应的一维数组
	<=	小于或等于	枚举与整数型,以及对应的一维数组
	>=	大于或等于	枚举与整数型,以及对应的一维数组
逻辑操作符	AND	与	BIT,BOOLEAN,STD_LOGIC
	OR	或	BIT,BOOLEAN,STD_LOGIC
	NAND	与非	BIT,BOOLEAN,STD_LOGIC
	NOR	或非	BIT,BOOLEAN,STD_LOGIC
	XOR	异或	BIT,BOOLEAN,STD_LOGIC
	XNOR	异或非	BIT,BOOLEAN,STD_LOGIC
	NOT	非	BIT,BOOLEAN,STD_LOGIC

表 17-2　VHDL 操作符优先级

优先级	操作符
高	NOT,ABS, **
↓	* , / ,MOD,REM
↓	+(正号), -(负号)
↓	+(加号), -(减号),&
↓	SLL,SLA,SRL,SRA,ROL,ROR
↓	= ,/ = , < , > , < = , > =
低	AND,OR,NAND,NOR,XOR,XNOR

1. 算术操作符

表 17-1 中列出的 17 种算术操作符又可以分为求和操作符、符号操作符、求积操作符、移位操作符和混合操作符 5 类。

(1) 求和操作符。求和操作符包括加法操作符、减法操作符和并置操作符。

加法操作符、减法操作符的运算规则与常规的加减法一致,VHDL 规定其操作数的数据类型是整数。当加法器和减法器的位宽大于 4 位时,VHDL 综合器将调用库元件进行综合。一般加减运算符的数据对象为信号或变量时,经综合后所消耗的硬件资源比较多;而其中的一个操作数或两个操作数为常量时,经综合后所消耗的硬件资源比较少。

并置操作符是一种比较特殊的求和操作符,它的两个操作数的数据类型都是一维数组,其作用是将普通操作数或数组组合起来形成新的数组。例如,“VH”&“DL”的结果是“VHDL”,“1”&“0”的结果为“10”,特别适合于字符串的连接。

(2) 符号操作符。符号操作符包括“ + ”(正)、“ - ”(负)两种操作符。

符号操作符“ + ”和“ - ”的操作数只有一个,操作数的数据类型是整数。操作符“ + ”对操作数不做任何改变;操作符“ - ”作用于操作数后,返回值是对原操作数取负。实际使用时,取负操作数需加括号。例如:

```
Z: =X*(-Y);
```

(3) 求积操作符。求积操作符包括“ * ”(乘)、“/”(除)、MOD(取模)和 REM(取余)4 种操作符。

乘、除要求数据对象的数据类型是整数或实数,在一定条件下也可以对物理类型的数据对象进行操作。值得注意的是,乘除运算通常消耗很多的硬件资源,从节省资源的角度来说,应该慎用乘除运算,可以采取移位操作间接实现乘除的目的。

取模和取余操作的本质与除法操作一致,可综合的取模和取余操作要求操作数必须是以 2 为底的数,因此,其操作数的数据类型只能是整数,运算结果也是整数。

(4) 移位操作符。移位操作符包括 SLL(逻辑左移)、SRL(逻辑右移)、SLA(算术左移)、SRA(算术右移)、ROL(逻辑循环左移)和 ROR(逻辑循环右移)6 种。

这 6 种移位操作符的操作数数据类型都是一维数组,而且数组中的元素必须是 BIT 或 BOOLEAN 的数据类型,移位的位数必须是整数。

逻辑左移 SLL 是将位矢量向左移,右边跟进的位补 0;逻辑右移 SRL 与 SLL 相反,是将位矢量向右移,左边跟进的位补 0;算术左移 SLA 和算术右移 SRA 与逻辑移位不同的只是最高位保持原来数值不变;逻辑循环左移 ROL 和逻辑循环右移 ROR 执行的都是自循环移位方式,不同的只是循环移位方向。

移位操作符的语句格式为:

```
标识符　移位操作符　移位位数;
```

注意:目前许多综合器不支持以上格式,除非其“标识符”改为常数的位矢量,如“1001”。

(5)混合操作符。混合操作符包括乘方操作符“ ** ”和取绝对值操作符“ABS”两种。

这两种操作符要求操作对象的数据类型一般为整数类型,乘方运算的左边可以是整数或浮点数,但右边必须为整数,而且只有左边为浮点时,其右边才可以为负数。通常,当乘方操作符作用的操作数底数为2时,综合器才可以综合。

2. 关系操作符

关系操作符的作用是将相同数据类型的数据对象进行数值比较或关系排序判断,并将结果以布尔类型的数据表示出来,即TRUE或FALSE。VHDL提供了6种关系操作符,其中“ = ”和“/ = ”用于数值比较,“ < ”“ > ”“ <= ”和“ >= ”用于关系排序判断。

对于数值比较操作,其数据对象可以是任意数据类型构成的操作数;对于关系排序判断操作,其数据对象的数据类型有一定的限制,支持的数据类型有枚举类型、整数类型,以及由枚举或整数类型数据元素构成的一维数组。不同长度的数组也可以排序。排序判断的规则是逐位比较对应数值的大小,直至得出关系排序判断。

综合而言,数值比较占用的硬件资源较少,而关系排序判断占用的硬件资源较多。

3. 逻辑操作符

VHDL提供了7种逻辑操作符,如表17-1,在VHDL程序中,逻辑操作符可以应用的数据类型包括BIT,BIT_VECTOR、STD_LOGIC,STD_LOGIC_VECTOR、BOOLEAN的子类型及它们的数组类型。

使用逻辑操作符应注意以下几点:

(1)二元逻辑操作符左右两边对象的数据类型必须相同;

(2)对于数组的逻辑运算来说,要求数组的维数必须相同,结果也是相同维数的数组;

(3)7种逻辑操作符中,“NOT”的优先级最高,其他6个逻辑操作符的优先级相同;

(4)高级编程语言中的逻辑操作符有自左向右或是自右向左的优先级顺序,但是,VHDL中的逻辑操作符是没有左右优先级差别的,设计人员经常通过加括号的方法来解决这个优先级差别问题。例如:

```
θ <= X1 AND X2 OR NOT X3 AND X4;
```

上面的程序语句在编译时将会有语法错误,原因是编译工具不知道从何处开始进行逻辑运算。对于这种情况,设计人员可以采用加括号的方法来解决。这时将上面的语句修改成下面的形式:

```
θ <= (X1 AND X2) OR (NOT X3 AND X4);
```

这时再进行编译就不会出现语法错误了。不难看出,通过对表达式进行加括号的方法可以确定表达式的具体执行顺序,从而解决了逻辑操作符没有左右优先级差别的问题。

一般情况下，经综合器综合后，逻辑操作符将直接生成门电路；信号或变量在这些操作符的直接作用下，可构成组合电路。

4. 重载操作符

为了方便各种不同数据类型间的运算，VHDL 允许用户对原有的基本操作符重新定义，赋予新的含义和功能，从而构成一种新的操作符，这就是重载操作符。重载后的操作符允许对新的数据类型进行操作，或者允许不同数据类型的数据之间使用该操作符进行运算。定义这种操作符的函数称为重载函数。

事实上，程序包 STD_ LOGIC_ARITH、STD_LOGIC_UNSIGNED 和 INTEGER_SIGNED 中已经重载了算术运算符和关系运算符。因此，只要引用这些程序包，SINGEND、UNSIGEND、STD_LOGIC 和 INTEGER 之间就可以进行混合运算，INTEGER、STD_LOGIC 和 STD_LOGIC_VECTOR 之间也可以进行混合运算。

第 18 章　VGA 接口驱动实验

18.1　实验目的

学习 VGA 图像显示控制器的设计，认识 FPGA 的 IP 核，练习在 VHDL 描述中元件实例化的方法；熟悉 Quartus Ⅱ集成开发软件的使用，学会工程创建、程序下载等操作。利用 VGA 接口实现 VGA 显示器的蓝屏显示和彩条显示。

18.2　实验原理

标准的 VGA 接口一共有 15 个引脚，如图 18-1 所示，但真正有用的只有其中 5 个引脚，HSYNC 是行同步信号，VSYNC 是场同步信号，同步信号就是为了让 VGA 显示器扫描像素点数据，VGA_R、VGA_G、VGA_B 为三原色信号。实验时可以直接用 I/O 口去连接 5 个信号接口，并且三原色信号接口输入只可能是数字信号(0 或 1)，因此液晶屏上显示的颜色最多有 8 种。一般来说，可以在 FPGA 与 VGA 接口之间加一个 D/A 芯片，这样就可能实现 65536 种或更多色彩的显示。

VGA 的控制时序如下页图 18-2 所示，场同步信号 VSYNC 在每帧数据开始时产生一个固定宽度的低脉冲，行同步信号 HSYNC 在每行开始时产生一个固定宽度的低脉冲，数据在某些固定的行和列交汇处有效。

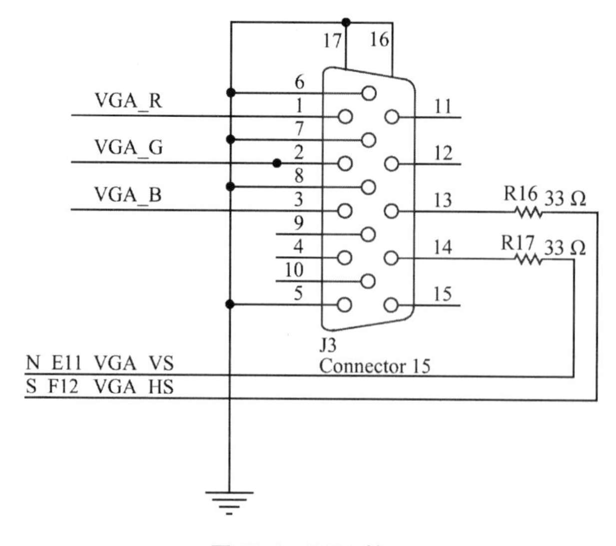

图 18-1　VGA 接口

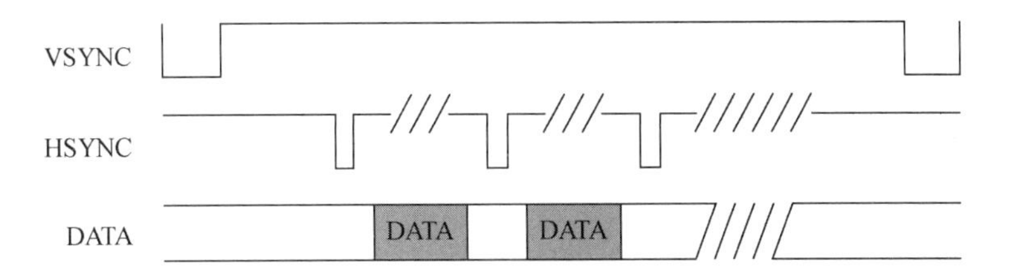

图 18-2 VGA 控制时序

18.3 实验步骤

（1）打开 Quartus Ⅱ集成开发软件，选择 File→Open Project 选项，如图 18-3 所示。

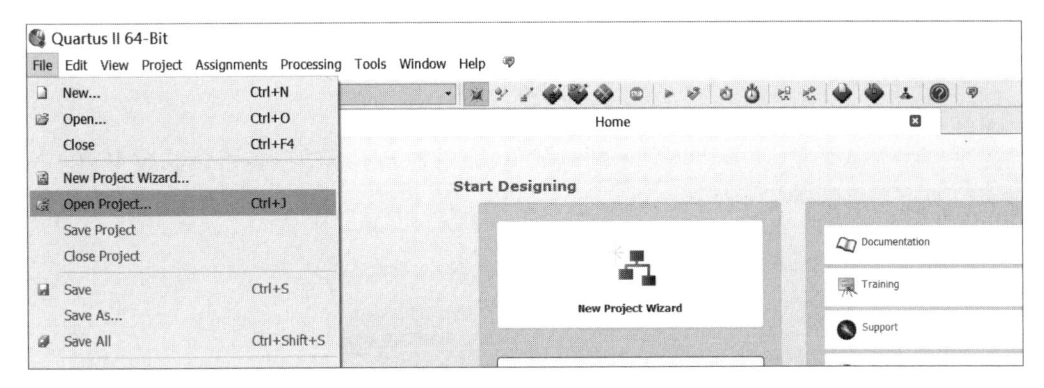

图 18-3 打开项目

（2）打开“Hardware_experiment\VGA8.0\”文件夹中的 vga. qpf 文件，进行编译，如图 18-4 所示。

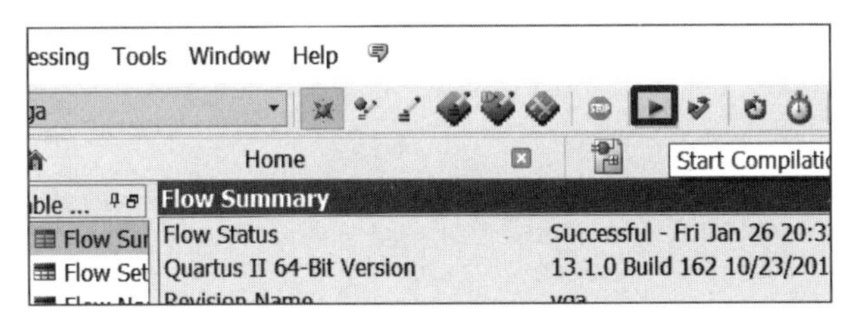

图 18-4 编译

（3）编译成功后，通过 USB 接口将计算机端与实验板连接起来，把显示器连接到实验板的 VGA 接口上，打开显示器。

（4）打开 sof 文件，单击 Programmer 按钮，如图 18-5 所示。

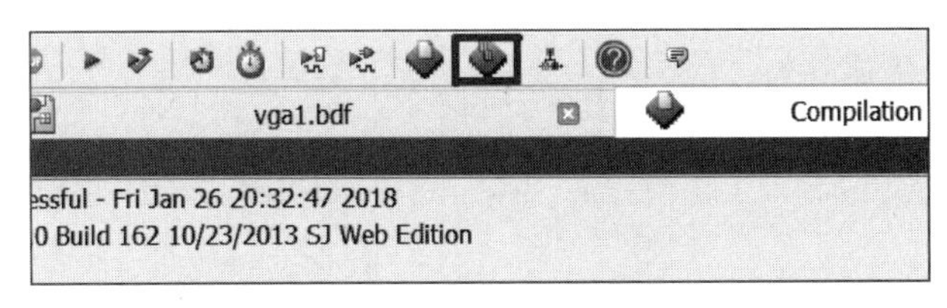

图 18-5 打开 sof 文件

(5) 下载“Hardware_experiment \VGA8.0\”文件夹中的 vga. sof 文件,单击 Start 按钮,如图 18-6 所示。

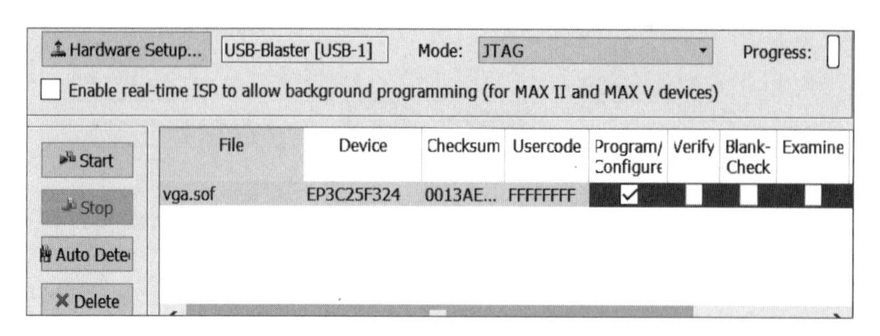

图 18-6　下载 sof 文件

18.4　实验结果

VGA 接口
驱动实验效果

显示器将显示彩条,实验程序显示的是黄色,如果要显示其他颜色可以修改参数。按下按键可以改变显示器的显示颜色。

第19章　PS/2接口验证实验

19.1　实验目的

学习PS/2协议的工作原理,掌握PS/2键盘扫描码与ASCII码的转换;学习用FPGA设计简单通信协议的方法,进一步巩固开发软件的使用,理解硬件描述语言的设计思路。

19.2　实验原理

PS/2协议是一种双向同步串行通信协议。通信两端通过时钟信号CLOCK同步,并通过数据端口DATA交换数据。任何一方如果想要抑制另外一方的通信,只需把CLOCK拉为低电平即可。如果是计算机和PS/2键盘间的通信,则计算机必须作为主机,可以抑制PS/2键盘发送数据,反之则不行。

PS/2标准规定每批数据传输包含起始位"0"(Start Bit)、扫描码(Scan Code)、奇偶位校验(奇校验Odd Parity)及终止位"1"(Stop Bit),共计11位。当主机端(Host)或从机端(Slave)没有传送或接收数据时,数据传输端口及频率均将升为高电位。

一般PS/2设备间传输数据的最大时钟频率是33 kHz,推荐值为15 kHz,即CLOCK(时钟引脚)高、低电平的持续时间都为40 ps。PS/2设备的控制时序非常重要,应该严格遵循。一般来说,从时钟脉冲的上升沿到数据变化的时间至少要有5 μs;数据变化到时钟脉冲下降沿的时间至少为5 μs,且不大于25 μs。主机可在第11个时钟脉冲停止位之前把时钟线拉低,使设备放弃发送当前字节。在停止位发送后,设备在发送下一个包前应至少等待50 μs,给主机以处理的时间。主机在处理接收到的字节时,一般会抑制发送。主机释放抑制后,设备应该在发送任何数据前至少等待50 μs。

时钟信号由PS/2设备产生,主机发送数据的操作:下拉时钟线至少为100 μs,以抑制通信。主机应在时钟线为低电平时改变数据线(通过下拉数据线来发起起始位,发送数据),然后释放时钟。设备应该在不超过10 μs的间隔内检查线上状态。当设备检测到起始状态时,将开始产生时钟信号,并且以时钟脉冲记下输入的8个数据位和1个停止位。数据在时钟脉冲的上升沿被锁存,这与PS/2设备到主机的通信过程正好相反。在停止位发送后,设备若要应答接收到的字节,会把数据线拉低并产生最后一个时钟脉冲。如果主机在第11个时钟脉冲后不释放数据线,设备将继续产生时钟脉冲直到数据线被释放,然后设备将产生一个错误。主机也可在第11个时钟脉冲的应答位前中止一次传送(下拉时钟线至少为100 μs)。

19.3 实验步骤

（1）打开“Hardware_experiment\ps28.0\”文件夹中的 ps2. qpf 文件，进行编译。

（2）编译成功后，通过 USB 接口将计算机端与实验板连接起来，把具有 PS/2 接口的键盘与实验板中的 PS/2 接口进行连接。

（3）下载“Hardware_experiment \ps28.0\”文件夹中的 ps2. sof 程序。

（4）打开 Nios Ⅱ IDE 软件，并打开相应的工程，选择 Run…或 Run As 选项，按照图 19-1 中所示方法运行程序。

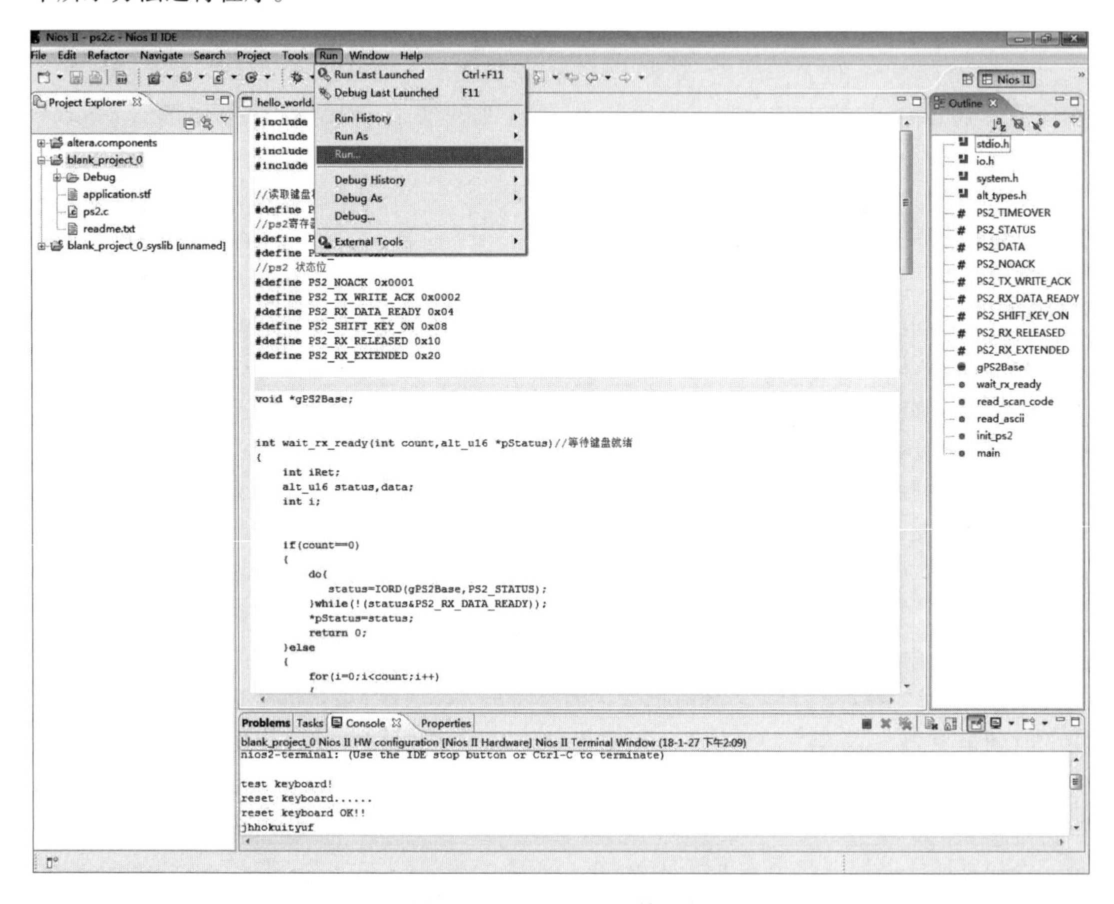

图 19-1　Nios Ⅱ IDE 的运行

19.4 实验结果

输入字母或数字，调试窗口中会显示出输入的字母或数字，如图 19-2 所示。

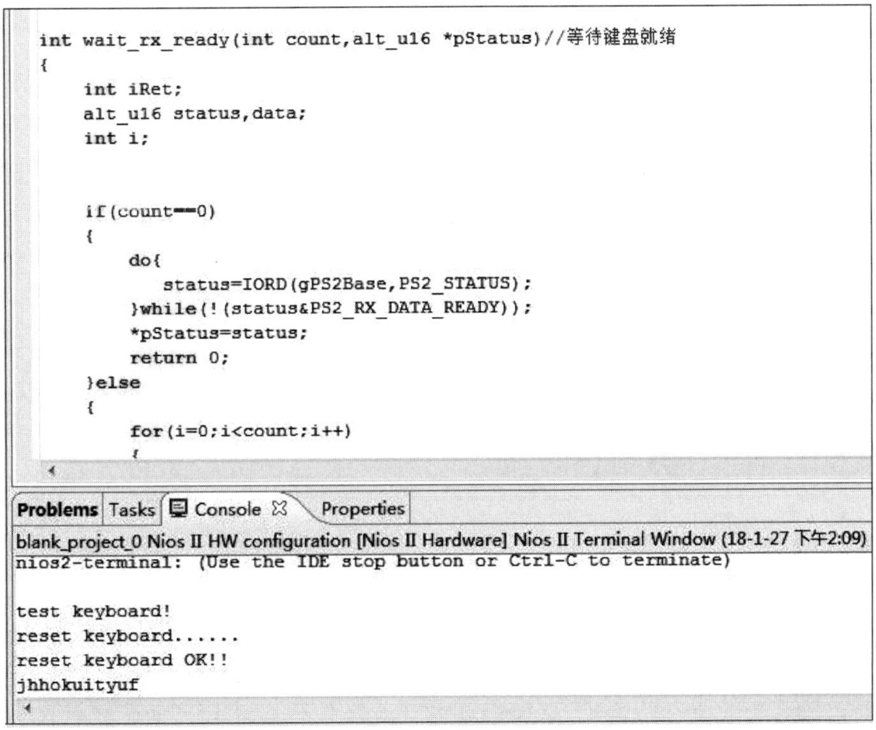

```
int wait_rx_ready(int count,alt_u16 *pStatus)//等待键盘就绪
{
    int iRet;
    alt_u16 status,data;
    int i;


    if(count==0)
    {
        do{
            status=IORD(gPS2Base,PS2_STATUS);
        }while(!(status&PS2_RX_DATA_READY));
        *pStatus=status;
        return 0;
    }else
    {
        for(i=0;i<count;i++)
        {
```

```
Problems  Tasks  Console  Properties
blank_project_0 Nios II HW configuration [Nios II Hardware] Nios II Terminal Window (18-1-27 下午2:09)
nios2-terminal: (Use the IDE stop button or Ctrl-C to terminate)

test keyboard!
reset keyboard......
reset keyboard OK!!
jhhokuityuf
```

图 19-2　运行结果

第20章　USB通信实验

20.1　实验目的

了解USB功能设备芯片的工作原理,学习USB通信协议,掌握FPGA中相关硬件电路的设计,实现计算机和FPGA的USB通信。

20.2　实验原理

USB功能设备芯片负责实现功能设备和USB主机间的物理数据传输,它是构成USB功能设备的必需部件。它的主要功能是解释USB协议、进行数据传输和编码等,按其所支持的传输速率,可以分为低速设备芯片、全速设备芯片和高速设备芯片。通常这些USB芯片都含有多个驱动外围电路的I/O口,以实现USB设备的特殊功能。一般来说,USB功能设备芯片的组成结构如下。

(1) CPU:负责执行存储在芯片程序存储里的代码,以控制整个USB芯片的活动。CPU可以是通用的微控制器,如8051单片机;也可以是专用的CPU,如RISC。

(2) 程序存储器:负责保存CPU执行的程序代码。类型通常为ROM、EPROM、EEPROM、Flash EPROM、RAM中的一种,存储容量一般在几千字节左右。

(3) 数据存储器:负责保存芯片固件执行时产生的临时数据。其类型通常为RAM,存储容量一般在1 KB以下。

(4) 寄存器:用于存储有特殊功能的、临时性的数据。按其功能可以分为状态寄存器、数据寄存器和控制寄存器。访问速度通常比数据存储器快,但数量较多,一般为几十个。

(5) USB接口:负责发送和接收USB总线上的数据,完成位填充、NRZI(反向非归零)编解码等工作,也可以称为SIE(串行接口引擎)。

(6) USB缓冲器:负责存储在USB总线上发送和接收的USB数据,可分为发送缓冲器和接收缓冲器。它们可以是数据存储器的一部分,也可以是单独的一块存储器,如FIFO等。

(7) 外部I/O:每个USB功能设备芯片都含有驱动其外围电路的I/O口,如数据总线、地址总线、12C接口、SPI接口等。

(8) 其他部件:有些USB功能设备芯片中还有如定时器、看门狗、UART等特殊功能模块。

20.3　实验步骤

(1) 在计算机上安装文件夹"Hardware_experiment \相关软件"中的CYPRESS的开发包

“EZ-USB_devtools_version_261700. exe”。实验要利用 EZ-USB Control Panel 来进行数据传送。

（2）下载“Hardware_experiment \USB8. 0”中的“usb_test. sof”程序，FPGA 将自动给 USB 芯片 CY7C68013A 的通道 3 的 FIFO 中写入 512 个数。

（3）用 USB 连接线将计算机和实验板上的 USB 接口连接，如果系统提示安装驱动，选择自动安装。将程序下载到 FPGA 中，打开 EZ-USB Control Panel，如图 20-1 所示。如果软件显示“No Cypress USB devices detected. ”，说明硬件没有连接正确，请仔细检查 USB 连线的连接，可以重新插接 USB 接口。

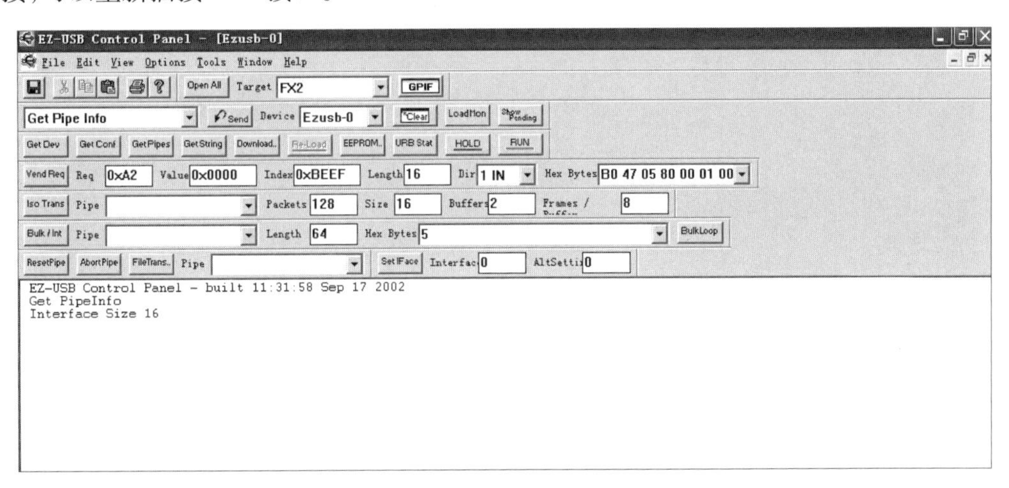

图 20-1　EZ-USB Control Panel 软件显示 1

在 Device 下拉列表框中显示 Ezusb-0 表示连接正常。

单击 Download 按钮，浏览下载“Hardware_experiment \USB8. 0\Firmware”文件夹中的 USB 固件文件“USB_IN8. hex”，如图 20-2 所示。

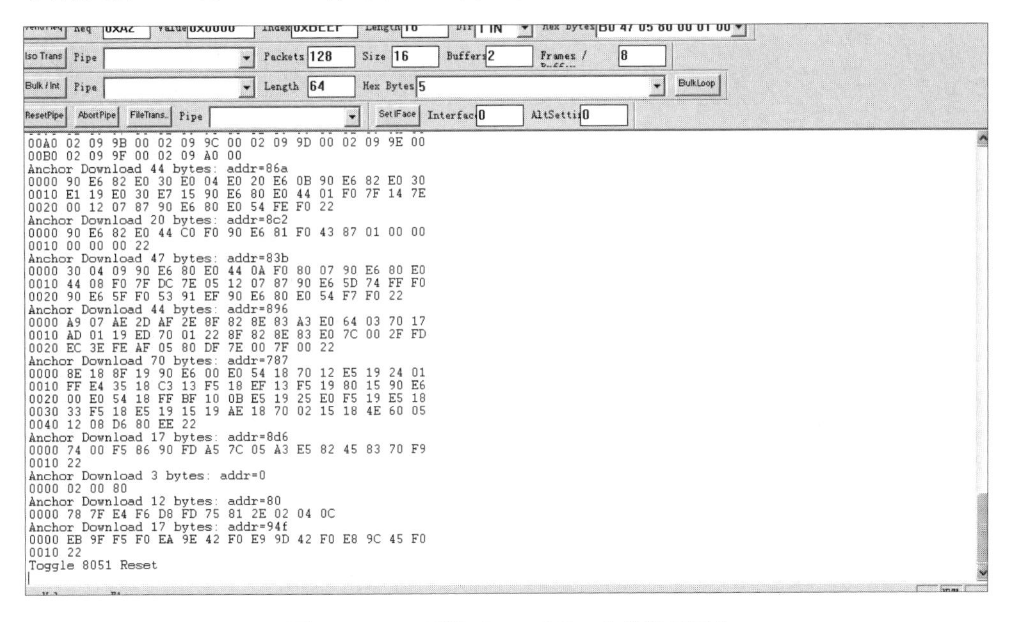

图 20-2　EZ-USB Control Panel 软件显示 2

选择 Get Pipe Info 命令，单击 Send 按钮发送命令。将 Length 改为 512，单击 Bulk/Int 按钮，即可获得 FPGA 传送过来的数据，如图 20-3 所示。

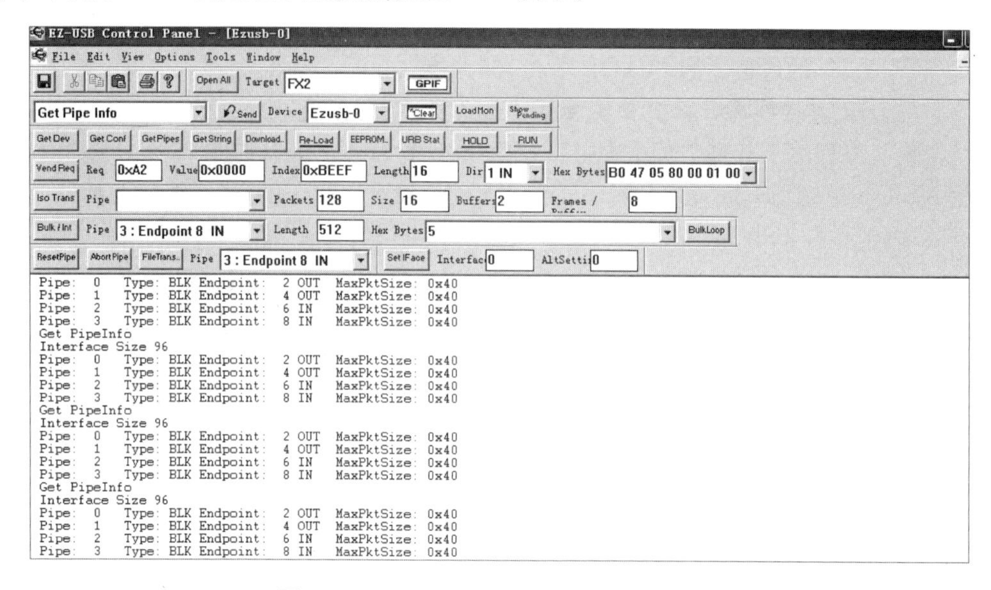

图 20-3　EZ-USB Control Panel 软件显示 3

20.4　实验结果

按照上述步骤操作完成后，软件中显示的实验结果如图 20-4 所示。

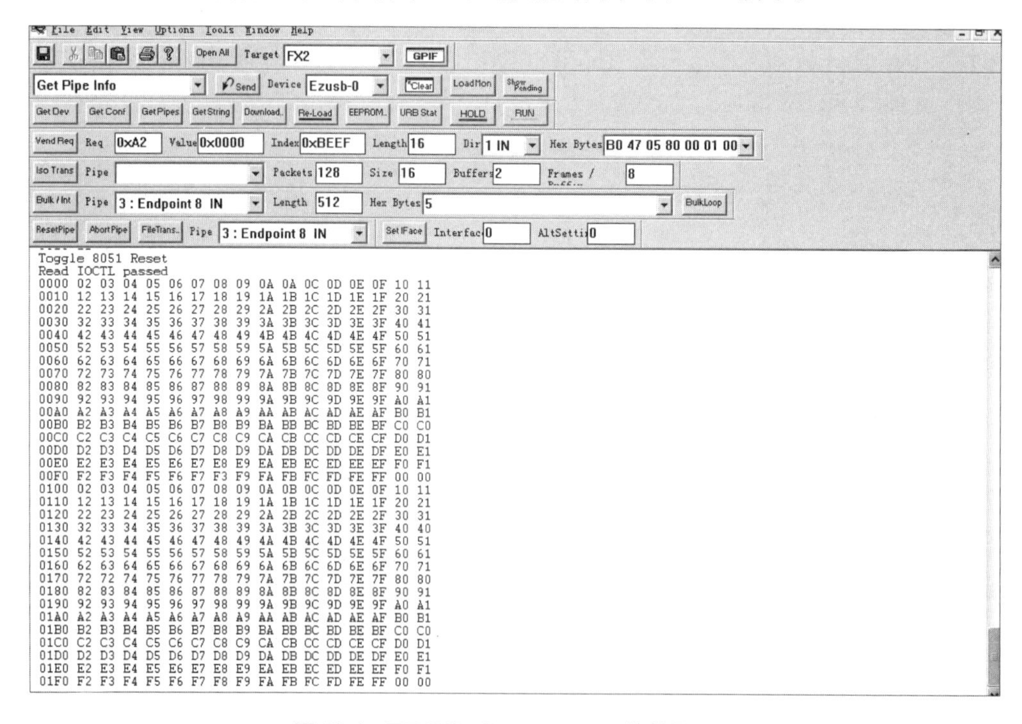

图 20-4　EZ-USB Control Panel 软件显示 4

第21章　TLV320芯片实验

21.1　实验目的

掌握TLV320芯片的应用。

21.2　实验原理

TLV320芯片（以下简称AIC23）是TI推出的一款高性能的立体声音频Codec芯片，内置耳机输出放大器，支持MIC和LINE IN两种输入方式（二选一），且对输入和输出都具有可编程增益调节。AIC23的模数转换（ADCs）和数模转换（DACs）部件高度集成在芯片内部，采用了先进的Sigma-delta过采样技术，可以在8 KB到96 KB的频率范围内提供16 bit、20 bit、24 bit和32 bit的采样，ADC和DAC的输出信噪比分别可以达到90 dB和100 dB。与此同时，AIC23还具有很低的能耗，回放模式下功率仅为23 mW，省电模式下更是小于15 μW。由于具有上述优点，使得AIC23是一款非常理想的音频模拟I/O器件，可以很好地应用在随身听（如CD、MP3等）、录音机等数字音频领域。

21.3　实验步骤

（1）解压Hardware_experiment\TLV320.rar工程文件，建议将工程文件解压到E:\EP3C25\TLV320下。

（2）打开Quartus Ⅱ集成开发软件并下载程序SOUND_VGA.sof。

（3）本次实验用到的是3.5 mm公对公音频线，如图21-1所示。

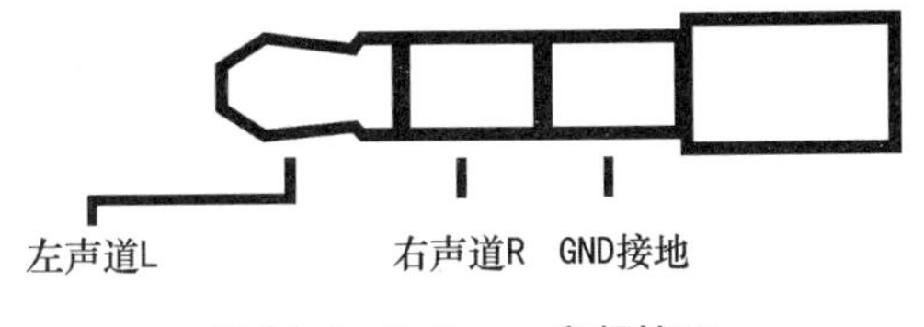

图21-1　3.5 mm音频接口

（4）将公对公音频线与示波器连接起来。

21.4　实验结果

通过实验板上的音频接口（绿色）输入正弦波，用示波器能观察到音频接口（粉色）的输出与输入信号为等同频率的正弦波,如图 21-2 所示。

TLV320
芯片实验效果

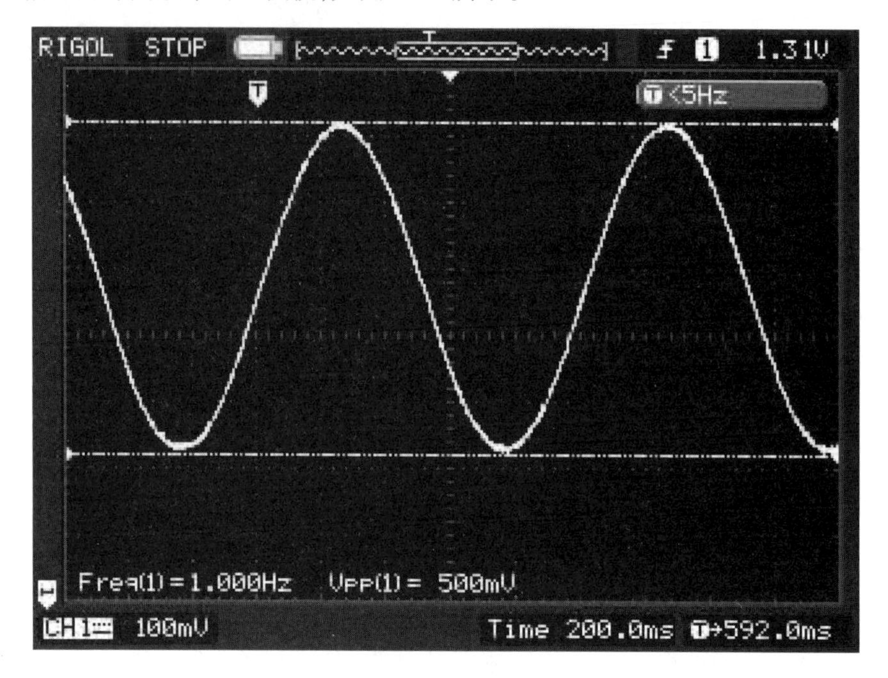

图 21-2 正弦波

第 22 章　Nios Ⅱ软核的设计

22.1　实验目的

了解 Nios Ⅱ软核的设计方法，熟悉应用 SOPC Builder 创建 Nios Ⅱ软核的操作步骤。通过实验学习如何在 SOPC Builder 中添加系统设计的 IP 核。

22.2　实验步骤

1. 创建工程文件

先要创建或打开一个 Quartus Ⅱ工程，因为 SOPC Builder 的打开必须基于一个工程。选择一个硬盘并创建一个用于存放 Quartus Ⅱ工程的文件夹，采用英文字符命名。

2. 使用 SOPC Builder

SOPC Builder 允许用户创建一个 Nios Ⅱ系统模块，或者创建多组 SOPC 模块。一个完整的 Nios Ⅱ系统模块包含 Nios Ⅱ处理器和与之相关的系统外设。

SOPC Builder 会提示用户设置参数，并提示使用哪些可选的端口和外设。Nios Ⅱ系统模块一旦生成，就可以在 Quartus Ⅱ中作为一个器件被调用。

具体步骤如下：

（1）在 Quartus Ⅱ中选择 Tools→SOPC Builder 选项，打开 SOPC Builder 启动对话框，如图 22-1 所示。

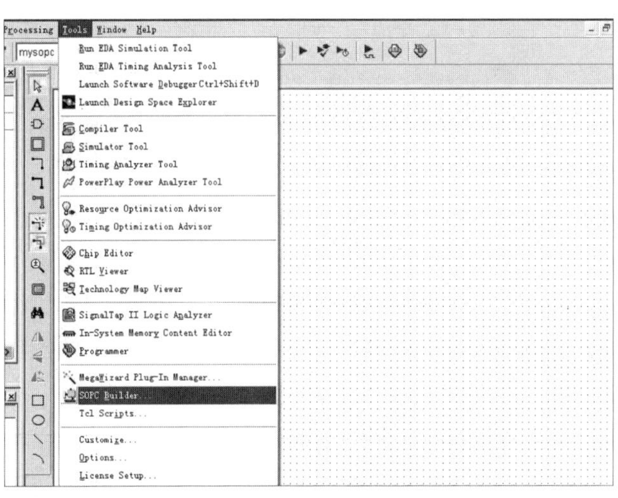

图 22-1　打开 SOPC Builder 启动对话框

(2) 在 SOPC Builder 启动对话框中输入系统名称,并选择生成的语言种类(SOPC Builder 为 Nios Ⅱ系统模块的所有 IP 模块生成纯文本的 Verilog HDL 或 VHDL 文件),如图 22-2 所示。注意:SOPC 系统的名称不能和 Quartus Ⅱ工程顶层实体的名称相同。

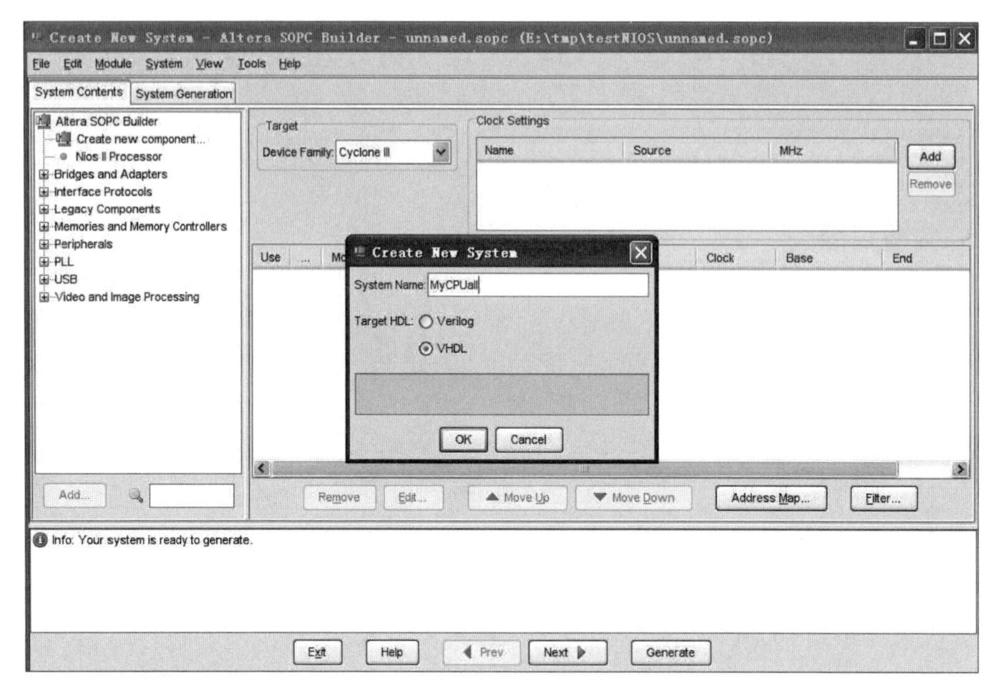

图 22-2 系统命名和语言选择

(3) 单击 OK 按钮,进入 SOPC Builder 系统中。

(4) 在 Device Family 下拉列表框中选择 Cyclone Ⅲ 选项,在 Clock Settings 中输入"50.0",如图 22-3 所示。

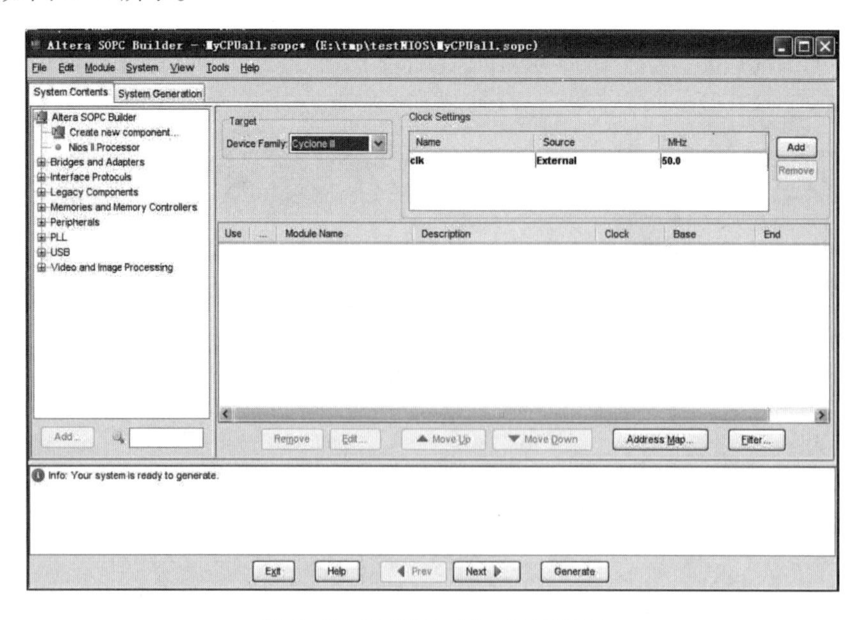

图 22-3 SOPC Builder 系统界面

3. 进行 Nios Ⅱ软核的添加工作

在左侧组件选择栏中选择 Nios Ⅱ Processor 选项，单击下方的 Add 按钮（或双击），在 Nios Ⅱ CPU 设置框内对 CPU 进行设置。Nios Ⅱ的标准配置选项有以下 3 种：

① Nios Ⅱ/e：经济型，消耗资源最少，性能也最低。

② Nios Ⅱ/s：标准型，性价比最好。

③ Nios Ⅱ/f：快速型，性能最强，消耗资源也最多。

另外，用户可以根据需要选用其他 CPU 软核，其他软核可以通过自定义组件的方法引入。

本实验选用标准型 CPU，具体步骤如下：

（1）选中 Nios Ⅱ/s 单选按钮，单击 Next 按钮，如图 22-4 所示。

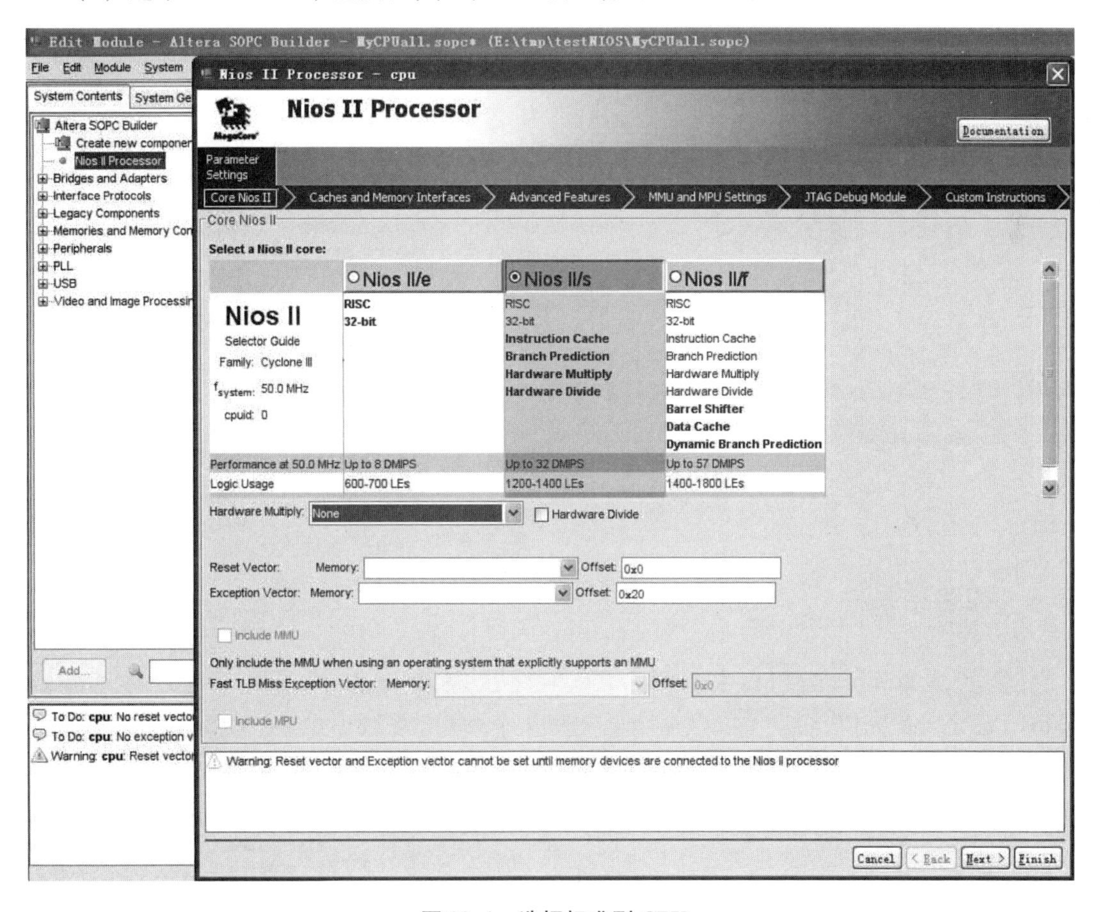

图 22-4 选择标准型 CPU

（2）在 Instruction Cache 下拉列表框中选择 8 Kbytes 选项，如图 22-5 所示。单击 Next 按钮，Advanced Features 和 MMU and MPU Setting 中的设置全部采用默认值。

（3）JTAG Debug Module 中选中 Level 1 单选按钮，如图 22-6 所示，单击 Next 按钮。

（4）Custom Instructions 为自定义指令，本实验不作要求，单击 Finish 按钮。

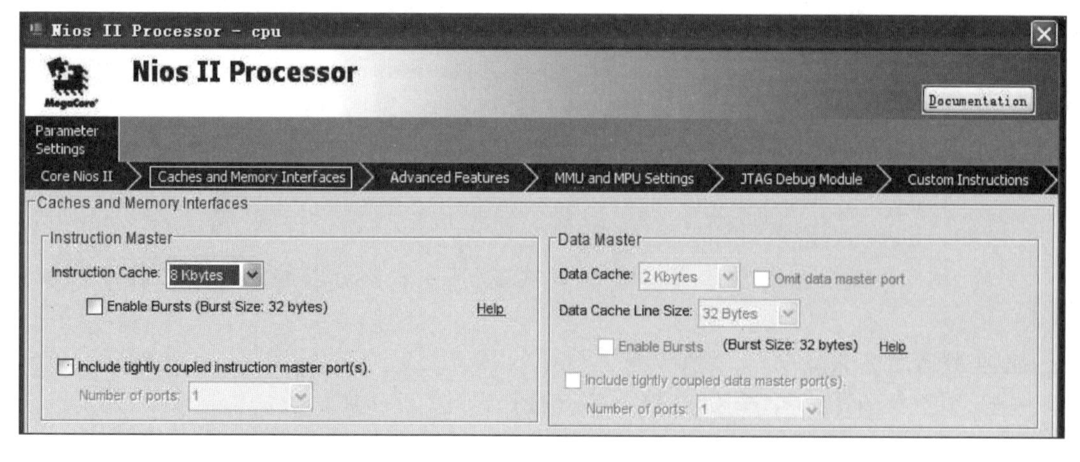

图 22-5　Instruction Cache 的选择

No Debugger	Level 1	Level 2	Level 3	Level 4
	JTAG Target Connection	JTAG Target Connection	JTAG Target Connection	JTAG Target Connection
	Download Software	Download Software	Download Software	Download Software
	Software Breakpoints	Software Breakpoints	Software Breakpoints	Software Breakpoints
		2 Hardware Breakpoints	2 Hardware Breakpoints	4 Hardware Breakpoints
		2 Data Triggers	2 Data Triggers	4 Data Triggers
			Instruction Trace	Instruction Trace
				Data Trace
			On-Chip Trace	On-Chip Trace
				Off-Chip Trace
No LEs	300-400 LEs	800-900 LEs	2400-2700 LEs	3100-3700 LEs
No M4Ks	Two M4Ks	Two M4Ks	Four M4Ks	Four M4Ks

图 22-6　JTAG Debug Module 选择

22.3　实验结果

创建完成的 Nios Ⅱ CPU 在右侧的状态栏中出现,如图 22-7 所示,并且 IRQ 及 Base address 已经分配完成,用户可以在完全创建完整个 SOPC 系统后由 SOPC Builder 进行统一重新分配,也可以根据自己需要分配。

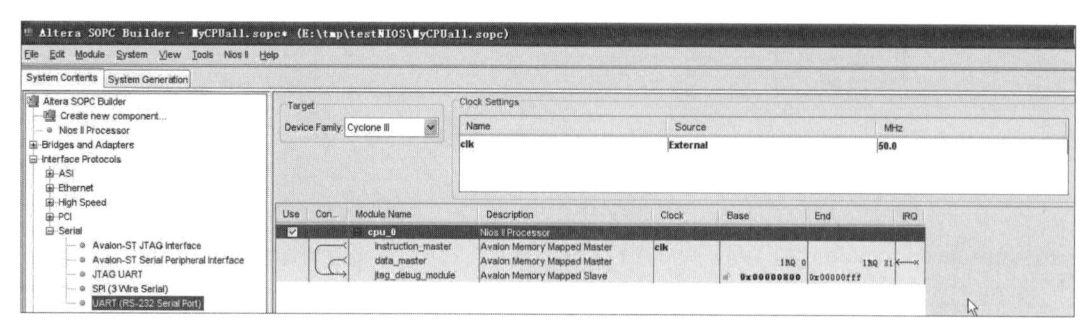

图 22-7　创建完成的 Nios Ⅱ CPU

第 23 章　外设模块的设计

23.1　实验目的

在已经建立好的 Nios Ⅱ软核的基础上添加 SOPC 各个片内外设模块,本实验涉及的外设模块有 UART,Timer,button_pio,led_pio,Sram,Sdram,Flash 等。

23.2　实验原理

Nios Ⅱ CPU 是采用 5 级流水线技术、单指令流的 32 位 RISC 处理器,并且拥有用户自定义指令功能,具有非常大的灵活性,使用者既可以使用软件所提供的 IP,也可以自己添加。

Nios Ⅱ系统可以在设计阶段根据实际的需求来增减外设的数量和种类。通过Altera提供的开发工具 SOPC Builder,在 FPGA 器件上创建软硬件开发的基础平台,即利用 SOPC Builder 创建 Nios 软核 CPU 和参数化的接口总线 Avalon。在此基础上,就可以很快地将硬件系统与常规软件集成在可编程芯片中。软件提供了用户常用的外设模块及 Avalon 总线,可以根据实际需要非常方便地进行外设的增减。另外,SOPC Builder 中还提供了标准的接口方式,以便用户将自己的外围电路做成 Nios Ⅱ软核可以添加的外设模块。

23.3　实验步骤

1. 添加 UART 模块

UART 是 Universal Asynchronous Receiver/Transmitter 的缩写,指通用异步收发器,即常用的串口,SOPC 系统可以通过串口与上位机或其他设备通信。

(1) 在组件选择栏中选择 Interface Protocols→Serial→UART(RS-232 Serial Port)选项,单击 Add 按钮,进入如图 23-1 所示的配置界面。

(2) 选择波特率为 115200,单击 Finish 按钮。

2. 添加 Timer 模块

在组件选择栏选择 Peripherals→Microcontroller→Interval Timer 选项,在打开的对话框中按照图 23-2 所示配置 Timer 模块,单击 Finish 按钮。

3. 添加 pio_button 模块

PIO 是通用 I/O 口。pio_button 定义为按键接口。

(1) 在组件选择栏中选择 Peripherals→Microcontroller→PIO(Parallel I/O)选项添加 pio_button 模块。PIO 共有 4 种输入/输出模式。

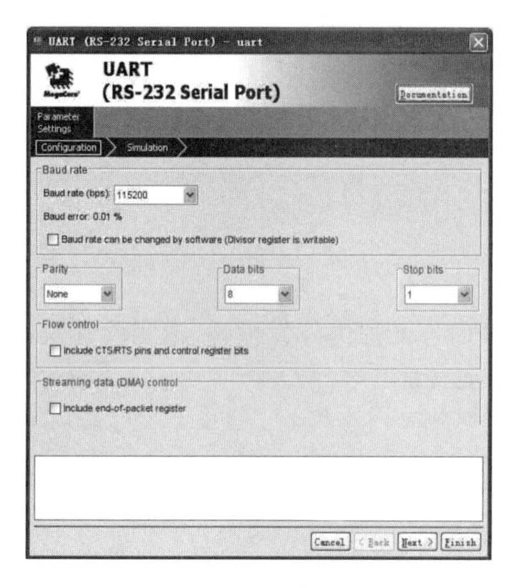

图 23-1 UART 的配置界面

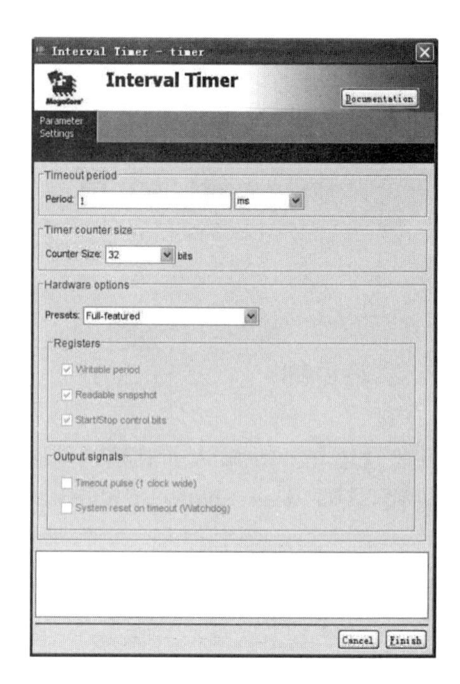

图 23-2 Timer 模块的配置

① 输入(Input ports only)。

② 输出(Output ports only)。

③ 三态(Bidirectional(tristate) ports),就是双向口。

④ 输入输出(Both input and output ports),输入口和输出口不是同一个引脚。

(2) 修改"Width"为 8。选中 Input ports only 单选按钮,如图 23-3 所示。

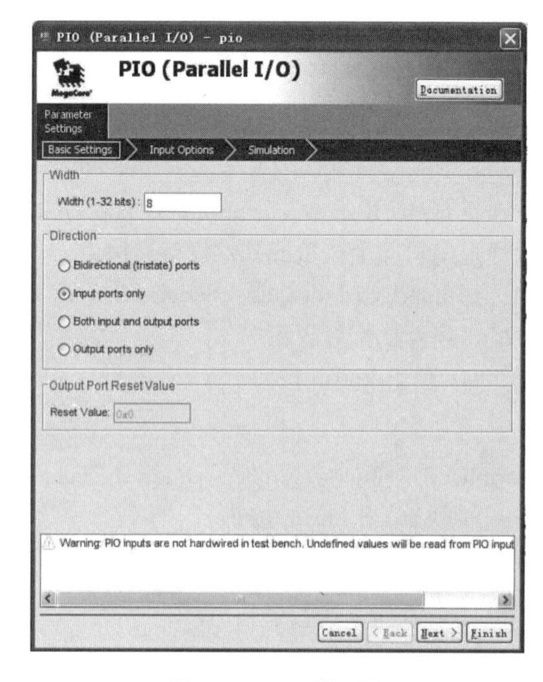

图 23-3 PIO 的配置

（3）单击 Next 按钮，进行输入选项设置，选择 Generate IRQ 为边沿（Edge）模式，如图23-4所示，单击 Finish 按钮。此时模块的名称为 pio_0，在名称上右击，将其修改为 pio_button。

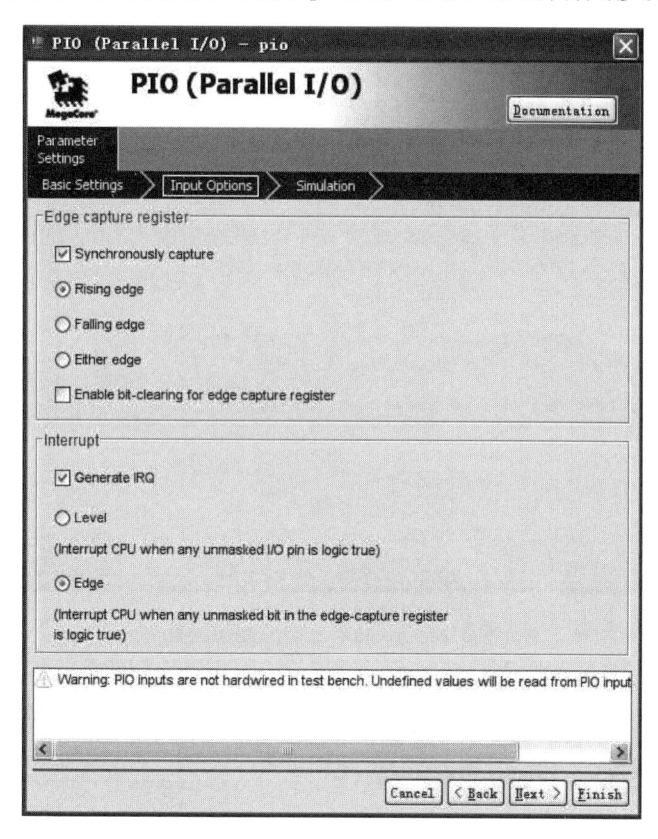

图 23-4　PIO 输入选项设置

4. 添加 led_pio

与 pio_button 类似，在组件选择栏中选择 Peripherals→Microcontroller→PIO（Parallel I/O）选项，单击 Add 按钮，选择"Width"为 8 位，选中 Output ports only 单选按钮。单击 Finish 按钮，在模块名称上右击，将其修改为 led_pio。

5. 添加 JTAG UART

在组件选择栏中选择 Interface Protocols→Serial→JTAG UART 选项，设置全部采用默认值，单击 Add 按钮。

6. 添加 Avalon 三态总线桥

Avalon 总线是一种相对简单的总线结构，主要用于连接片内处理器与外设，它描述了主从构件间的端口连接关系，以及构件间通信的时序关系。

在组件选择栏中选择 Bridges and Adapters→Memory Mapped→Avalon-MM Tristate Bridge 选项，单击 Add 按钮，单击 Finish 按钮，如图 23-5 所示。

7. 添加 Flash

Flash 用于存放程序和数据，且具有掉电保存功能。

在组件选择栏中选择 Memories and Memory Controllers→Flash Memory（CFI）选项，添加

Flash,其设置如图 23-6 所示。

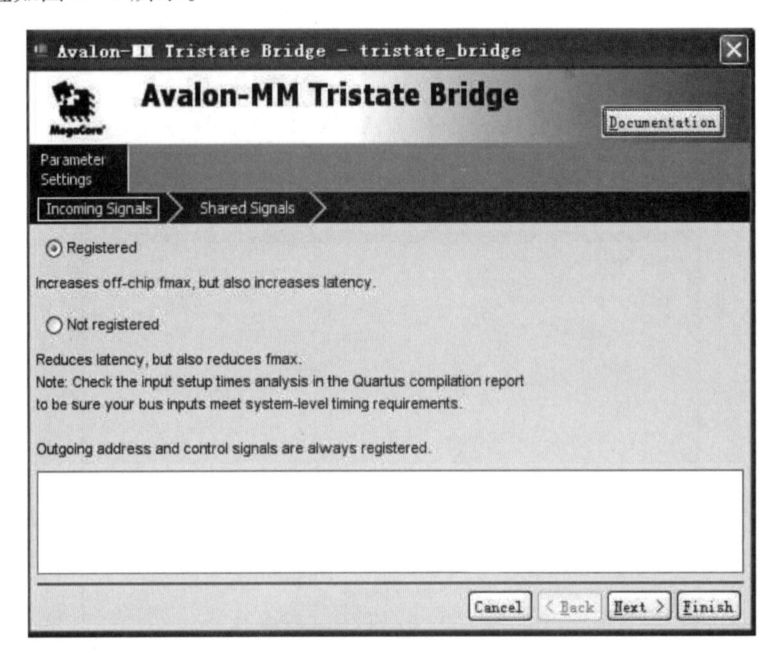

图 23-5　Avalon 三态总线桥配置

图 23-6　Flash Memory 配置

按照图 23-7 所示进行 Flash 时序设置,然后单击 Finish 按钮。

8. 添加 SDRAM

在组件选择栏中选择 Memories and Memory Controllers→SDRAM→SDRAM Controller 选项添加 SDRAM,其设置如图 23-8 所示。

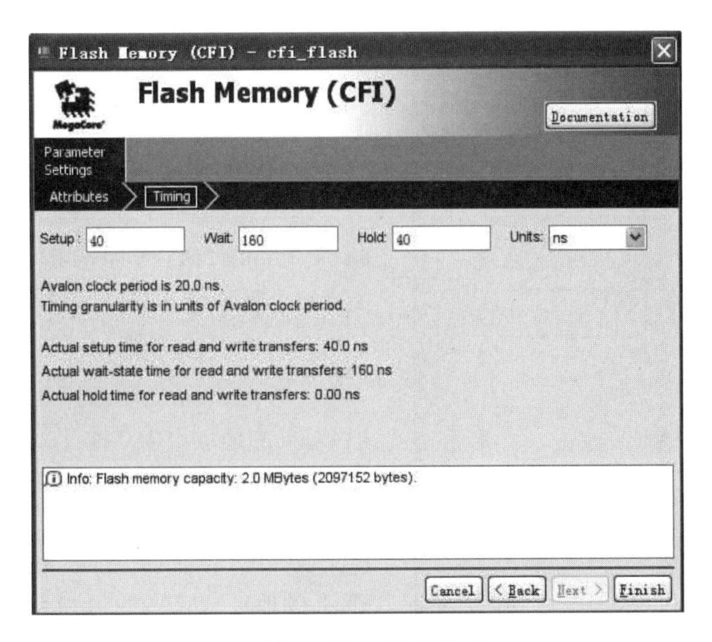

图 23-7　Flash 时序设置

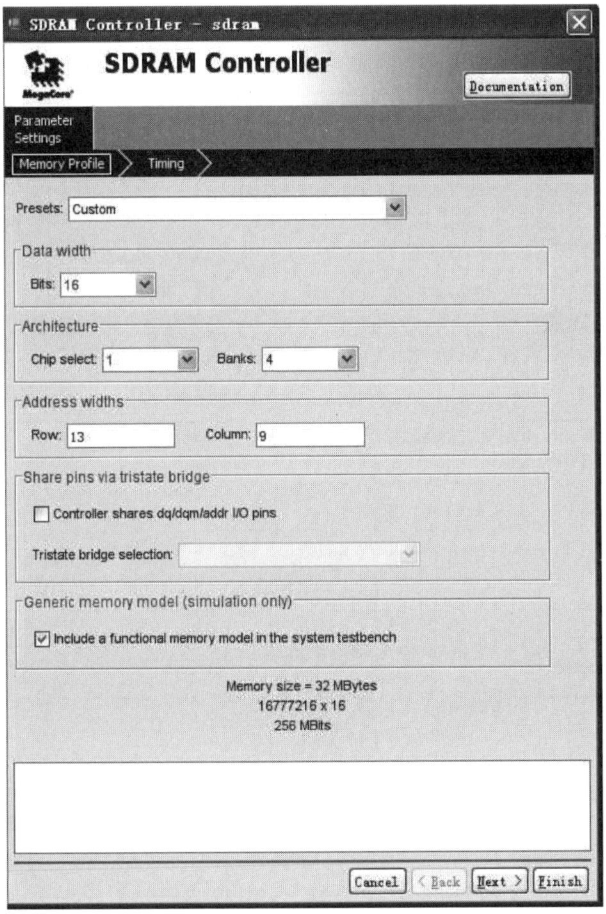

图 23-8　SDRAM 配置

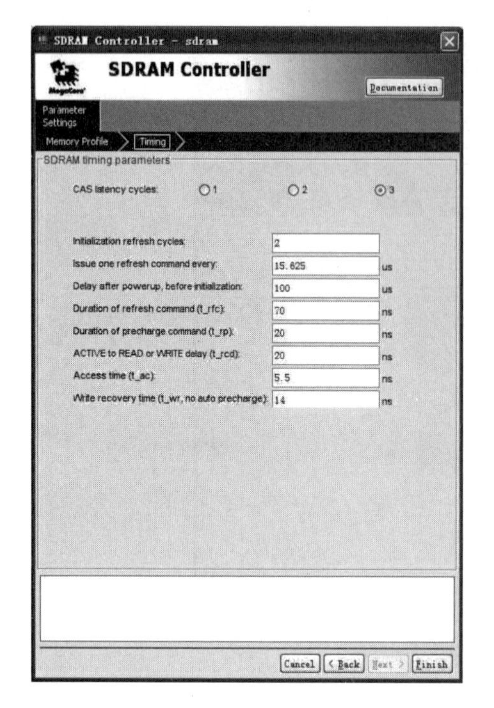

图 23-9　SDRAM 时序设置

单击 Next 按钮，按图 23-9 所示设置时序参数，时序参数可以根据所应用的器件来改变，最后单击 Finish 按钮。

9. 添加 System ID

在组件选择栏中选择 Peripherals→Debug and Performances→System ID Periperal 选项，单击 Finish 按钮。

10. 锁定 Flash 地址

一般把 Flash 设为程序和数据存储器，因此把 Flash 的地址设为 0 地址，之后再由系统重新分配地址。在 Flash 的基地址栏中修改地址为 0x00000000，右击 cfi_flash 下方的 S1，在弹出快捷菜单中选择 Lock Base Address 选项，锁定 Flash 的地址，如图 23-10 所示。

11. 调整外设及寄存器的地址和 IRQ

选择 System→Auto-Assign Base Addresses 选项，完成系统对所有器件的地址统一分配。选择 System→Auto-Assign IRQs 选项，完成系统对所有器件的 IRQ 的统一分配。

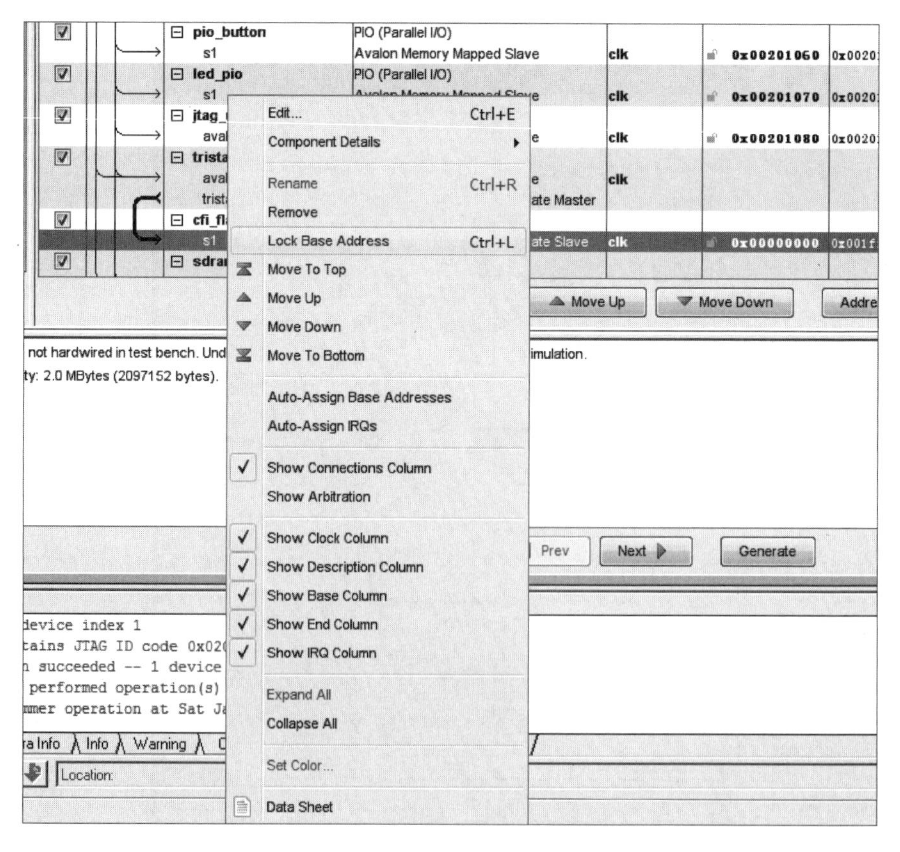

图 23-10　锁定 Flash 的地址

现在全部外设已经被添加到 SOPC 系统中,如图 23-11 所示。

Use	Connec...	Module Name	Description	Clock	Base	End	IRQ
☑		cpu_0	Nios II Processor				
		instruction_master	Avalon Memory Mapped Master	clk			
		data_master	Avalon Memory Mapped Master		IRQ 0	IRQ 31	
		jtag_debug_module	Avalon Memory Mapped Slave		0x04000800	0x04000fff	
☑		uart	UART (RS-232 Serial Port)				
		s1	Avalon Memory Mapped Slave	clk	0x04001000	0x0400101f	0
☑		timer	Interval Timer				
		s1	Avalon Memory Mapped Slave	clk	0x04001020	0x0400103f	1
☑		pio_button	PIO (Parallel I/O)				
		s1	Avalon Memory Mapped Slave	clk	0x04001040	0x0400104f	2
☑		led_pio	PIO (Parallel I/O)				
		s1	Avalon Memory Mapped Slave	clk	0x04001050	0x0400105f	
☑		jtag_uart	JTAG UART				
		avalon_jtag_slave	Avalon Memory Mapped Slave	clk	0x04001060	0x04001067	3
☑		tristate_bridge	Avalon-MM Tristate Bridge				
		avalon_slave	Avalon Memory Mapped Slave	clk			
		tristate_master	Avalon Memory Mapped Tristate Master				
☑		cfi_flash	Flash Memory (CFI)				
		s1	Avalon Memory Mapped Tristate Slave	clk	0x00000000	0x001fffff	
☑		sdram	SDRAM Controller				
		s1	Avalon Memory Mapped Slave	clk	0x02000000	0x03ffffff	
☑		sysid	System ID Peripheral				
		control_slave	Avalon Memory Mapped Slave	clk	0x04001068	0x0400106f	

图 23-11　添加完外设的 SOPC 系统

单击图 23-11 中的 cpu_0,设置 CPU 的 Reset Vector 和 Exception Vector,如图 23-12 所示。

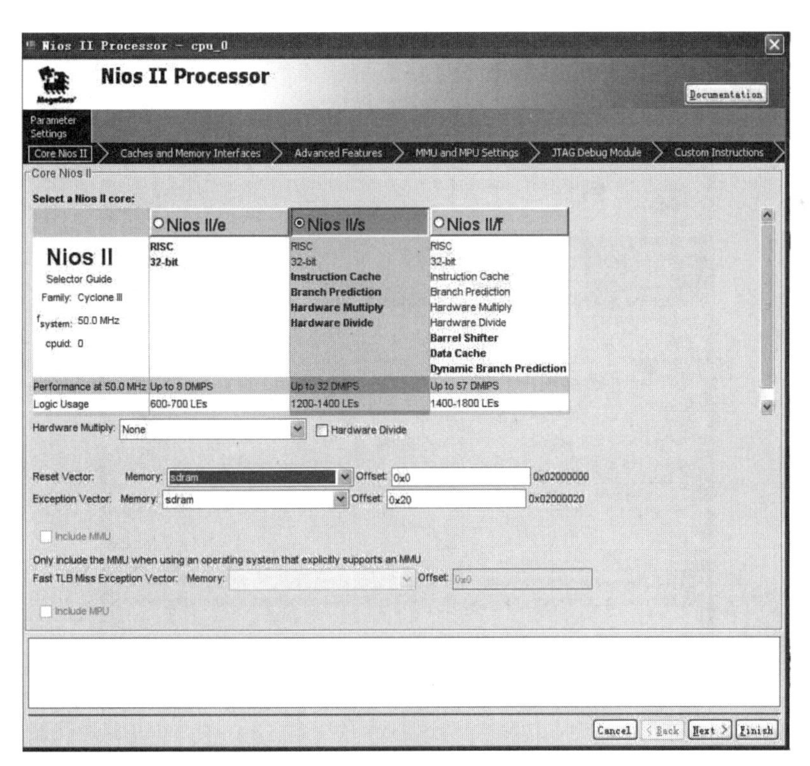

图 23-12　复位和中断向量设置

将 cfi_flash 与 tristate_master 相连,单击使其变成黑色小圈,表示已连接,如图 23-13 所示。

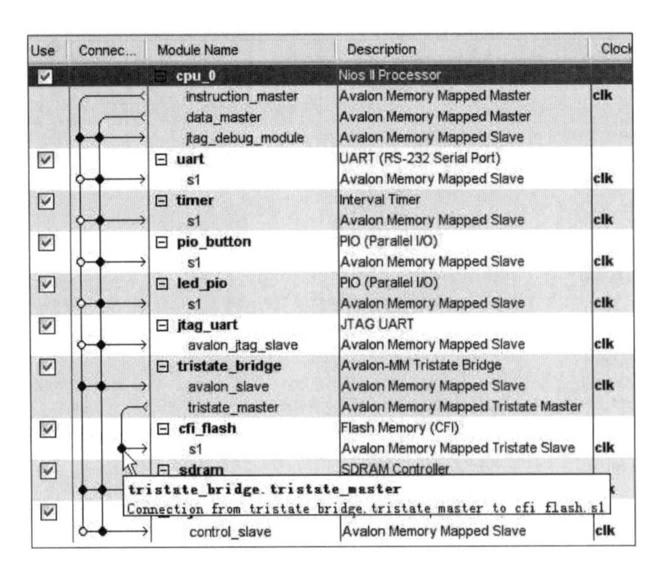

图 23-13　cfi_flash 与 tristate_master 相连

12. SOPC Builder 8.0 中添加 PLL 模块

对于 Nios Ⅱ/Cyclone Ⅲ,可以把 PLL 集成到 CPU 内部,下面为 PLL 集成到 CPU 内部的过程。

(1) 在组件选择栏中选择 PLL→PLL(Phase-Locked Loop)选项,单击 Add 按钮添加 PLL,如图 23-14 所示。

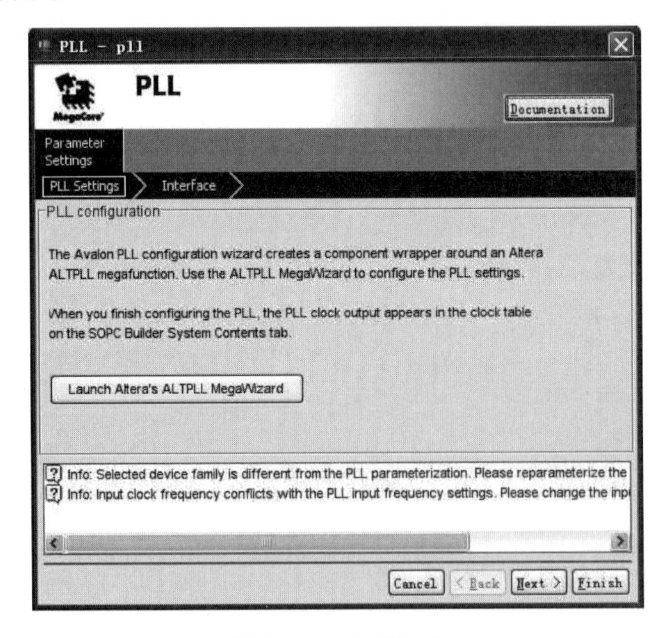

图 23-14　PLL 的添加

(2) 选择 Launch Altera's ALTPLL MegaWizard 选项,进入图 23-15 所示的配置界面。

(3) 选择器件的速度为 7 或 Any,输出的频率为 50 MHz,其他设置不变。单击 Next 按钮,采用默认设置,直到 Clk c0 的设置页,如图 23-16 所示。

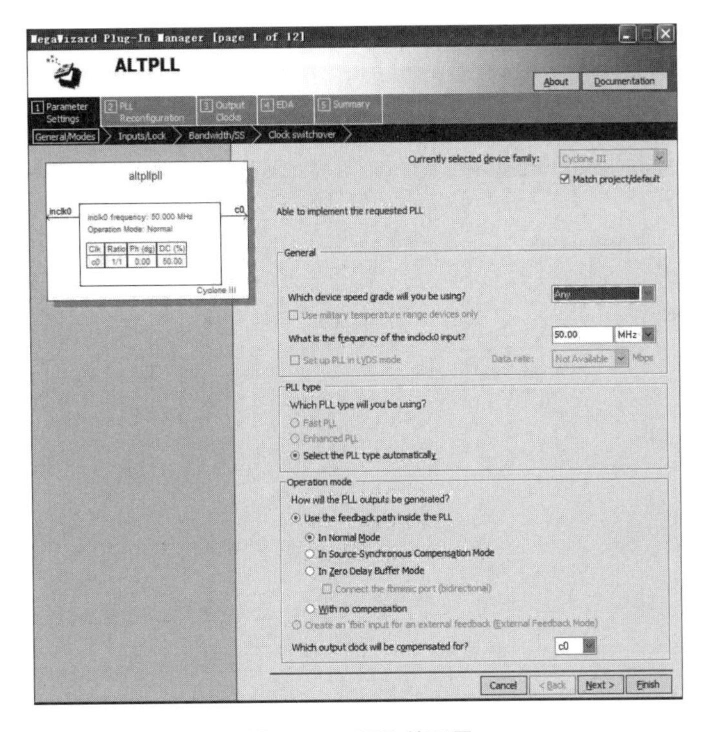

图 23-15　PLL 的配置

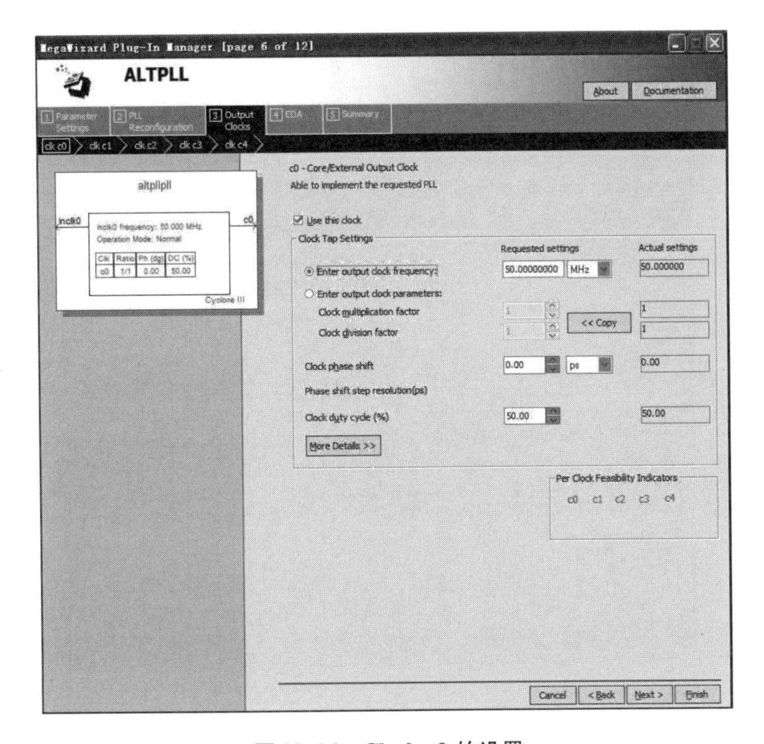

图 23-16　Clock c0 的设置

(4) 进入 Clock c0 的设定。设置 Enter output clock frequency 为 50 MHz；单击 Next 按钮，进入 Clock c1 的设定，选中 Use this clock 复选框，改变输出频率为 50 MHz，调整 Clock

phase shift 为 -60deg，如图 23-17 所示。

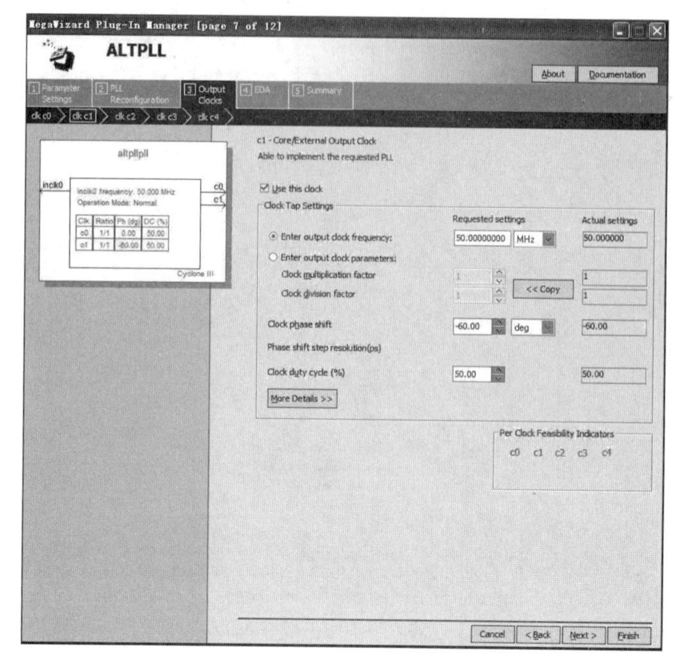

图 23-17　Clock c1 的设置

(5) 单击 Next 按钮，不使用 c2、c3 和 c4，仅仅使用 c1 和 c0，单击 Next 按钮，采用默认设置。单击 Finish 按钮，完成 PLL 设计，如图 23-18 所示。

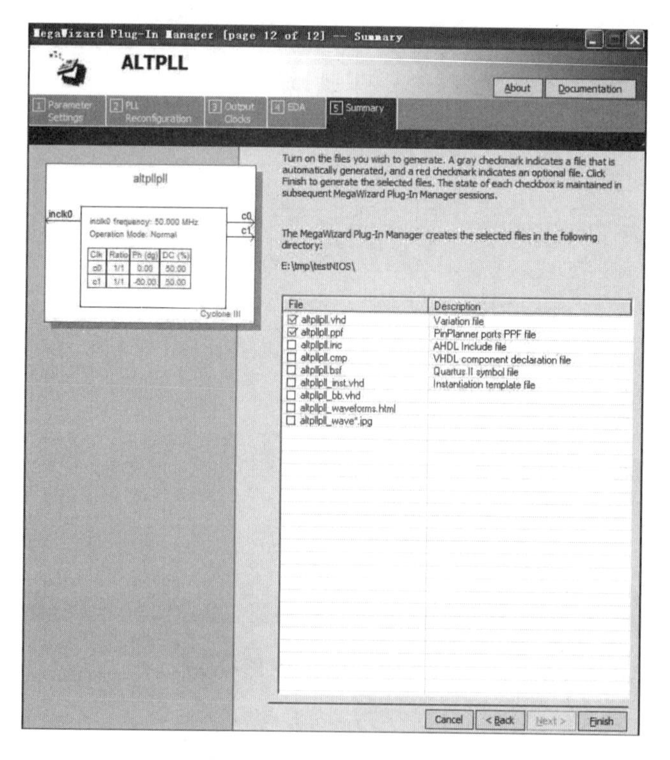

图 23-18　PLL 设计完成

13. 生成系统

选择 System→Auto-Assign→Base→Addresses 选项，完成系统对所有器件地址的统一分配。选择 System→Auto→Assign→IRQs 选项，完成系统对所有器件 IRQ 的统一分配。

单击 SOPC Builder 界面下方的 Generate 按钮，如图 23-19 所示。

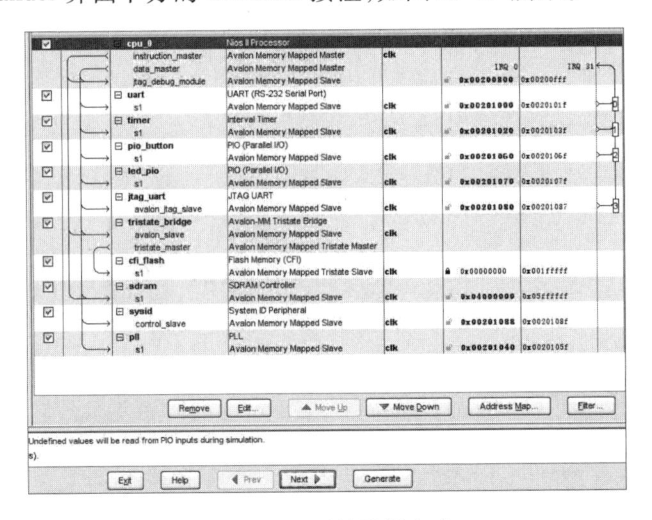

图 23-19　系统配置完成

当系统提示“SUCCESS：SYSTEM GENERATION COMPLETED”，表明系统已完全生成，如图 23-20 所示。

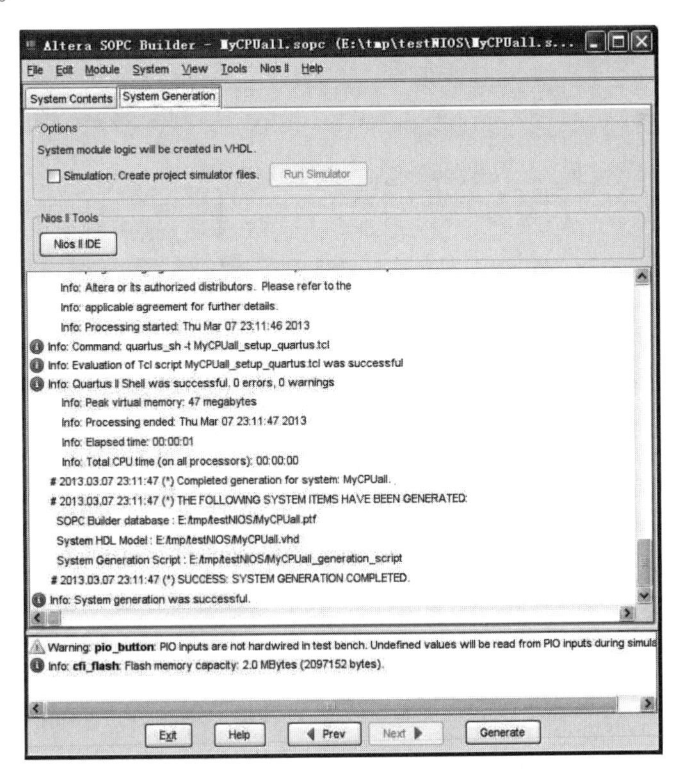

图 23-20　成功生成系统

第 24 章　SOPC 应用系统的生成

24.1　实验目的

了解如何将设计好的器件添加到工程文件中并生成 SOPC 系统,学习如何为所有的I/O添加响应的引脚。

24.2　实验步骤

1. 添加 CPU

在 Quartus Ⅱ中双击面板调出原理图器件库,在 Project 文件夹中选择创建好的 Nios Ⅱ系统并添加到工程中,创建完成后如图 24-1 所示。

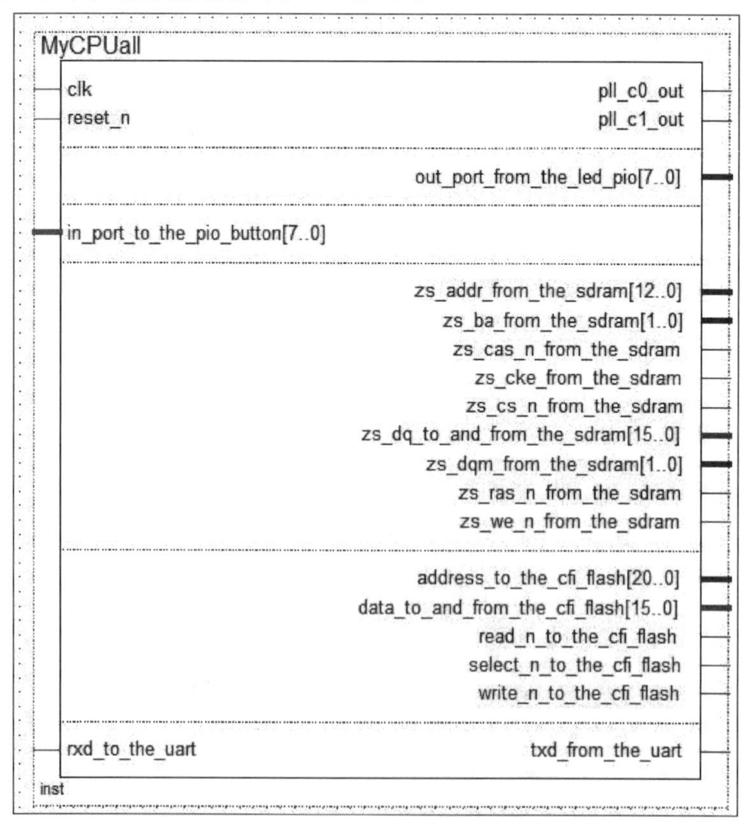

图 24-1　创建完成的 Nios Ⅱ系统

2. 分配引脚

编译工程,然后为所有的I/O添加引脚,再次编译,分配完引脚的系统如图24-2所示。

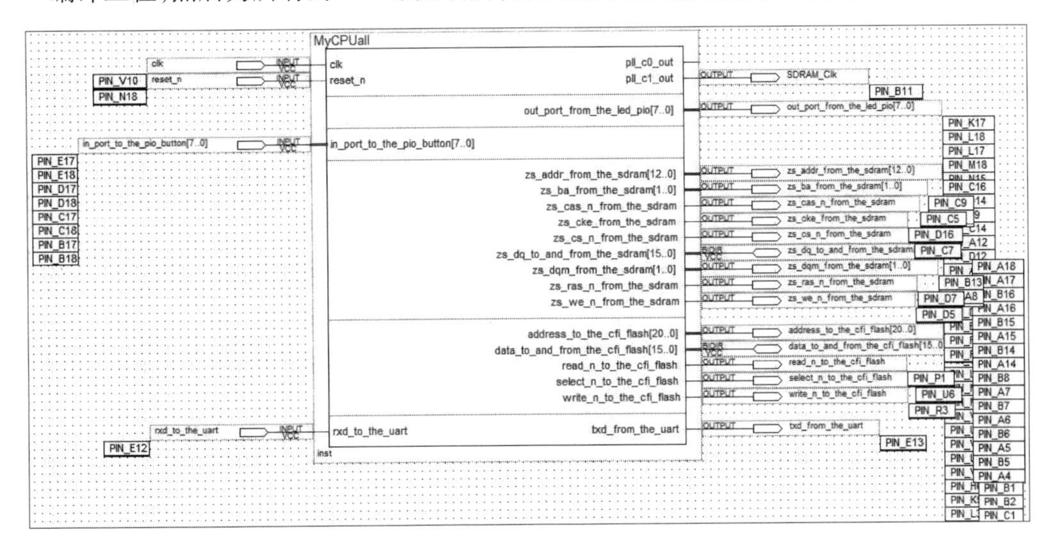

图24-2　分配完引脚的系统

引脚分配。选择任务栏中的Assignments→Pin Planner,可查看引脚分配。

现在可以将编译好的SOF文件通过JTAG接口下载到FPGA中。

24.3　实验结果

生成一个Nios Ⅱ系统。

第 25 章　Nios Ⅱ软核验证及 Nios Ⅱ IDE 软件的介绍

25.1　实验目的

当 SOPC 系统被下载到 FPGA 中后，就可以在系统中运行编写的应用程序了，通过本实验掌握 Nios Ⅱ IDE 软件的使用，并验证 Nios Ⅱ软核的存在。

25.2　实验步骤

（1）打开 Nios Ⅱ IDE 软件。

（2）首先在打开的 Nios Ⅱ IDE 软件中用系统提供的工程模板创建一个工程。

选择 File→New→Nios Ⅱ C/C ++ Application 选项，如图 25-1 所示。

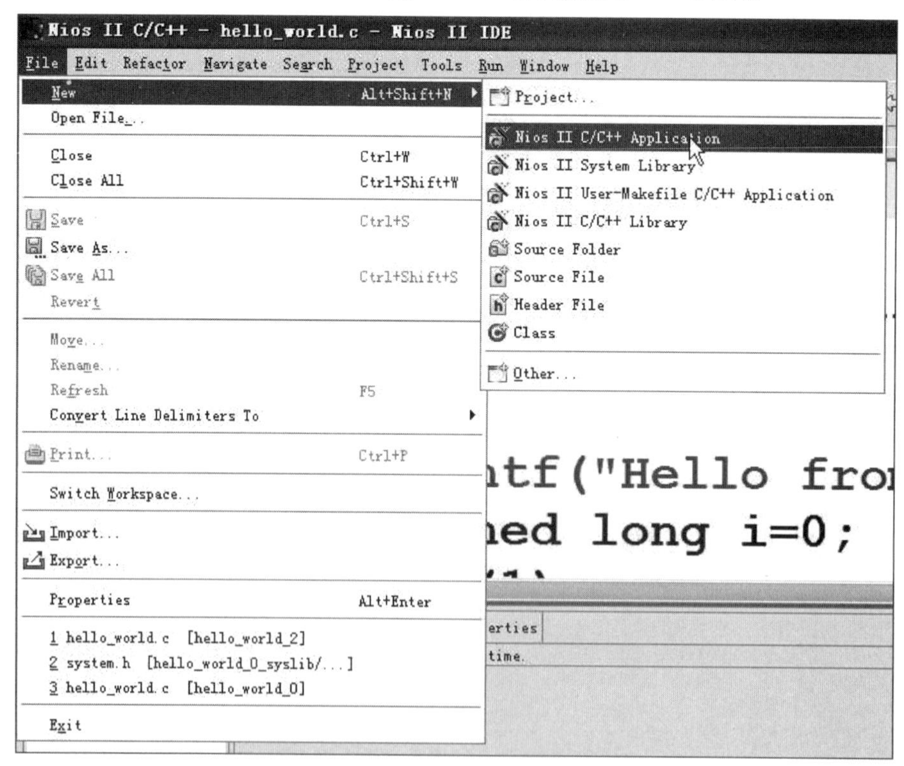

图 25-1　新建 Nios Ⅱ应用工程

参照图 25-2 所示进行 Nios Ⅱ应用工程的设置，其中 SOPC Builder System PTF File 选择所使用的 CPU 的. ptf 文件，单击 Next 按钮。

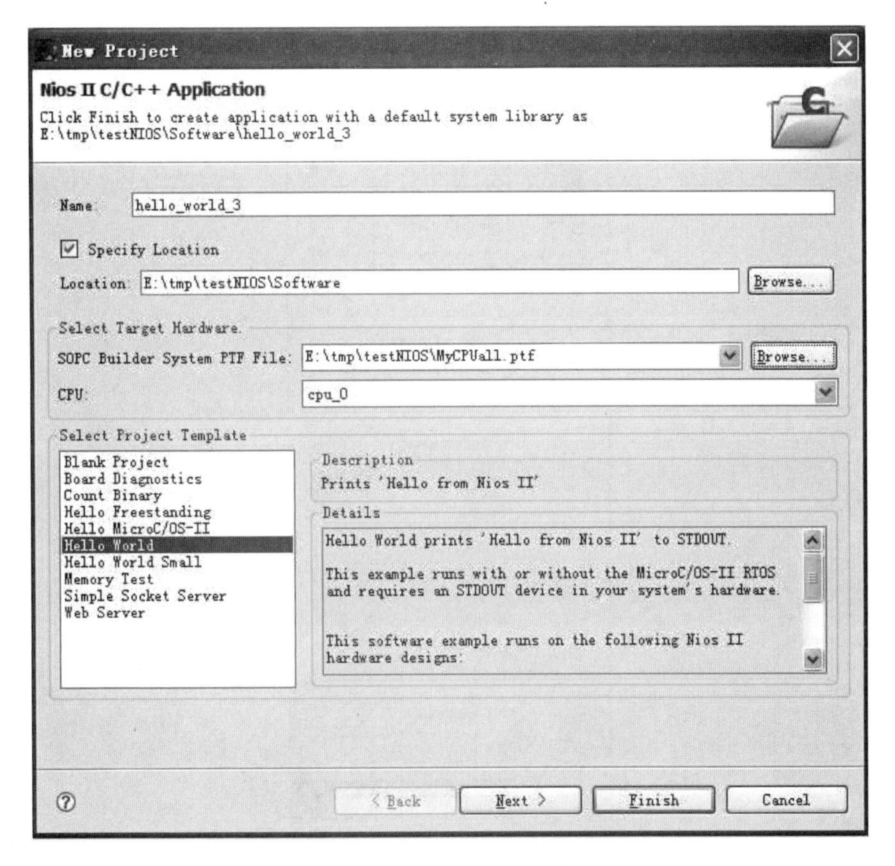

图 25-2　Nios Ⅱ应用工程的设置

Nios Ⅱ IDE 为用户提供了很多程序模板，用户可以在这些模板的基础上进行程序的开发。在这里可以改变工程的名称，以及选择工程所基于的 SOPC 系统的路径。

(3) 选中 Create a new system library named 单选按钮，为系统创建一个新的系统库，如图 25-3 所示，单击 Finish 按钮。

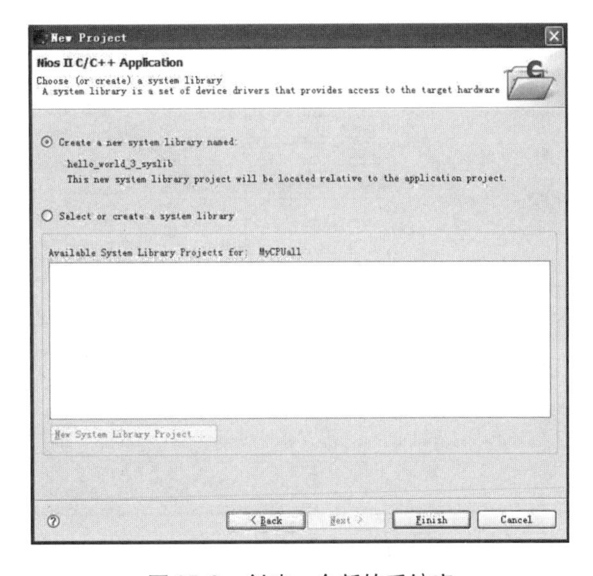

图 25-3　创建一个新的系统库

右击要运行的工程,在弹出的快捷菜单中选择 System Library Properties,设置系统库属性,如图 25-4 所示。

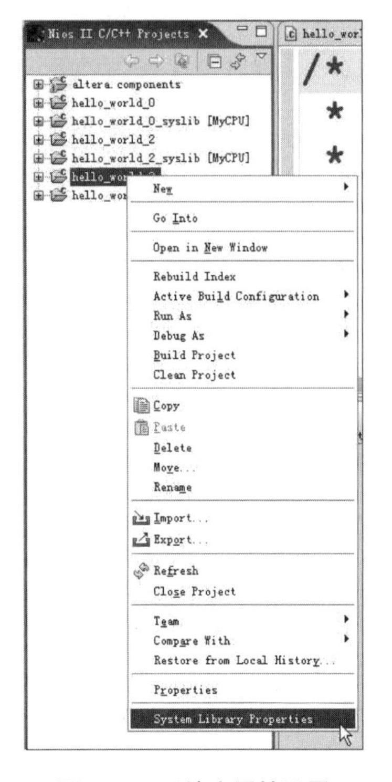

图 25-4　系统库属性设置

在弹出的对话框中按照图 25-5 所示的内容进行设置。

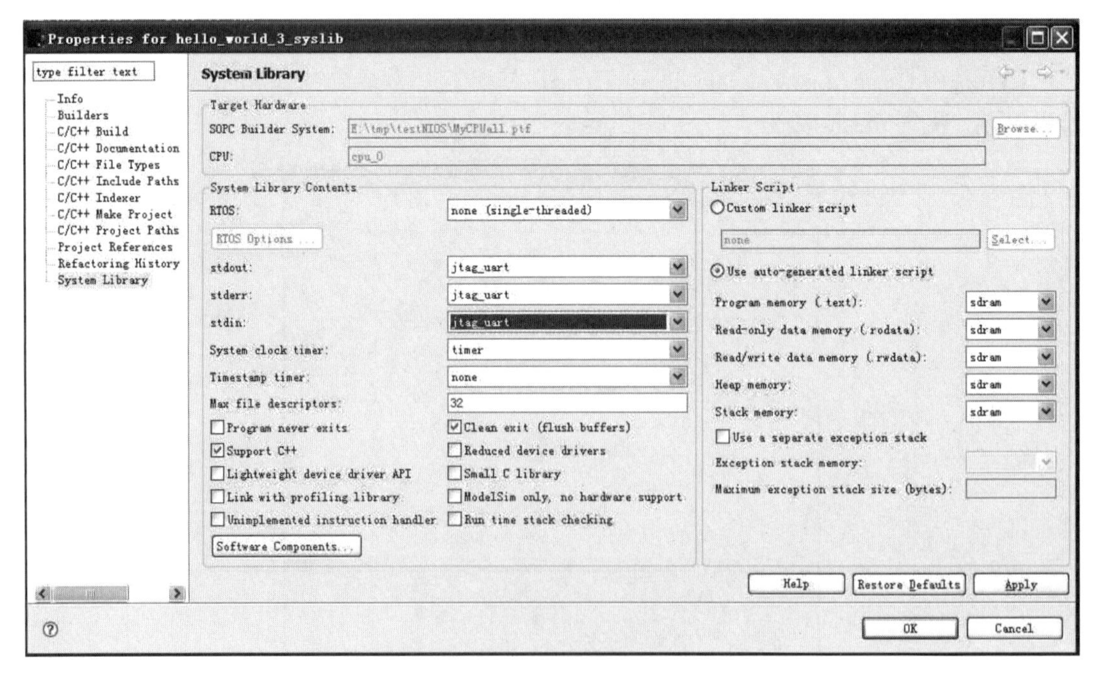

图 25-5　系统库属性配置界面

(4) 右击要运行的工程,在弹出的快捷菜单中选择 Run As→Nios Ⅱ Hardware 选项(或在 Run 菜单中选择),如图 25-6 所示。这里可以先用 Build Project 编译工程文件,然后再 Run As 运行程序。

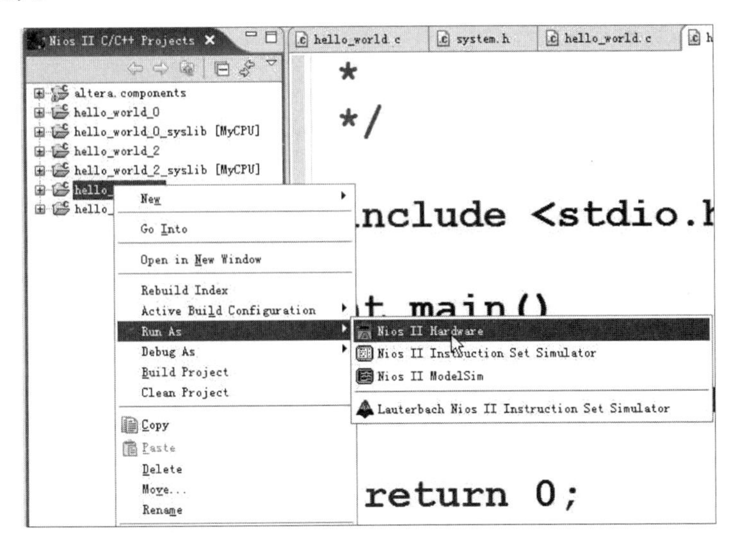

图 25-6 运行工程

(5) 系统自动进行编译、下载和运行。编译会占用几分钟的时间,请耐心等待。最后在控制台中显示“Hello from Nios Ⅱ !”,如图 25-7 所示。

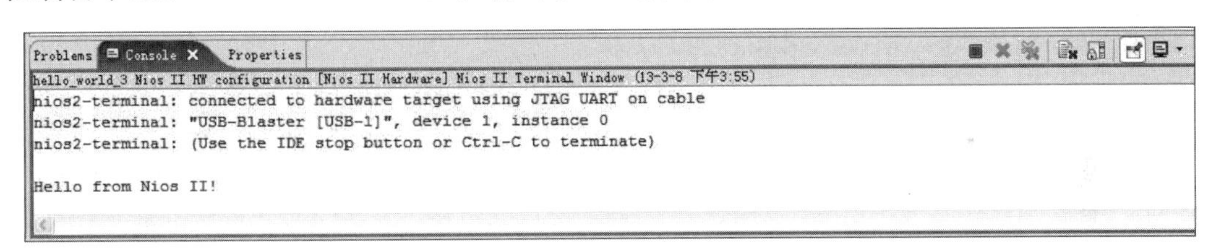

图 25-7 程序运行结果

可以在程序中增加简单的控制语句,增加对软核系统的领悟。如果要编写复杂的程序,特别是涉及外设或存储器件的编程,请参考 Nios Ⅱ处理器相关参考手册。

右击要运行的工程,在弹出的快捷菜单中选择 Build Project 选项,可以编译工程,选择 Debug As Hardware 选项进入程序调试界面,如图 25-8 所示。

在 Run 菜单中可以设置复位、停止、断点、单步等调试运行方式,如图 25-9 所示。

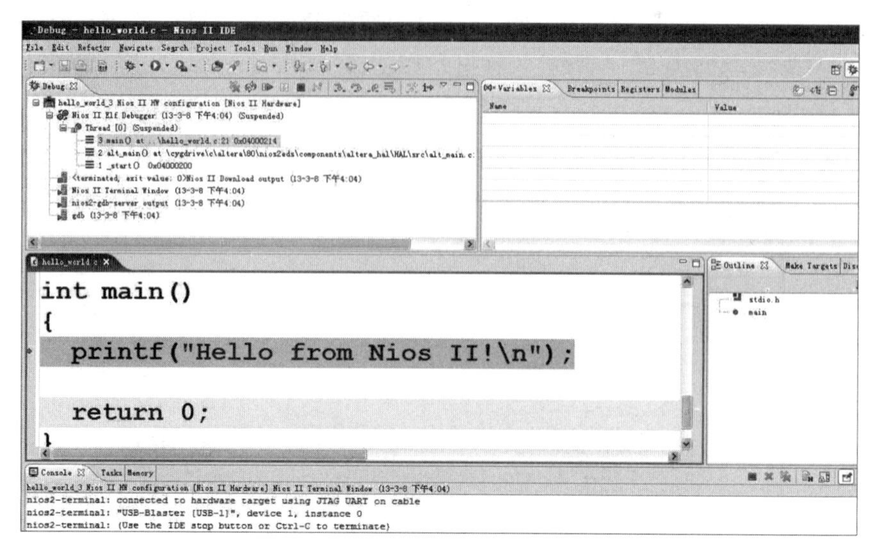

图 25-8　程序调试界面

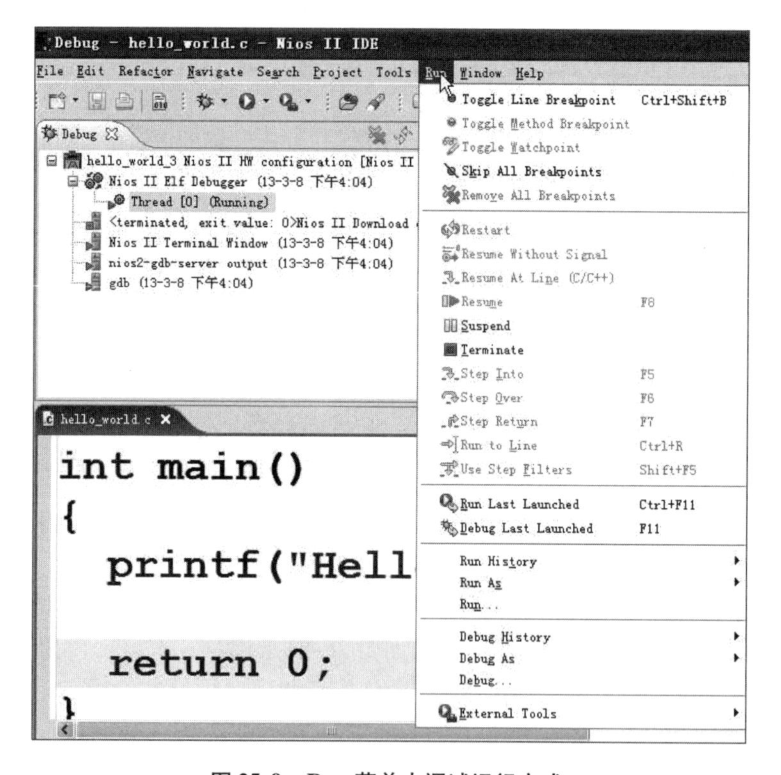

图 25-9　Run 菜单中调试运行方式

第 26 章　SOPC 系统的 PIO 验证

26.1　实验目的

本实验通过程序控制实验箱上的 LED 灯来实现一个按键与闪烁灯的实验,用户可以适当改变程序来改变灯的闪烁时间间隔,通过软件控制的闪烁灯对比用 VHDL 语言编写的硬件控制程序,体会软核的使用灵活、节省资源等特点。

26.2　实验原理

PIO 核,即 Parallel I/O,并行 I/O。FPGA 与片外的 LED 是通过普通的 I/O 口连接的,所以在 FPGA 片内的 Nios Ⅱ CPU 需要通过 PIO 核控制 LED。PIO 核具有 Avalon 总线接口的并行输入/输出核,它提供了 Avalon 存储器映射从端口和通用 I/O 端口之间的存储器映射接口。I/O 口既可以连接片上用户逻辑,也可以连接到 FPGA 与外设连接的 I/O 引脚。PIO 核用于提供对用户逻辑或外部设备简单的 I/O 访问,在这种情况下"位控制"的方法是有效的。

每个 PIO 核可以提供最多 32 个 I/O 端口。像微处理器这样的智能主机通过读/写寄存器映射的 Avalon-MM 接口控制 PIO 端口。在主机控制下,PIO 核捕获输入端口的数据,并驱动数据到输出端口。当 PIO 端口直接与 I/O 引脚相连时,主机通过写 PIO 核中的控制寄存器对 I/O 引脚进行三态控制。在集成到 SOPC Builder 创建的系统时,PIO 核有两种用户可见功能部件:一种是一个存储器映射的寄存器空间有 4 个寄存器;另一种是 1 ~ 32 个 I/O 端口。

I/O 端口既可以与 FPGA 内部逻辑相连接,也可以驱动连接到片外设备的 I/O 引脚。寄存器通过 Avalon-MM 接口提供到 I/O 端口的接口。

26.3　实验步骤

解压 SOPC_experiment 文件夹中的样例工程 FlashandSDRAM.rar 时,建议将工程解压到 E:\tmp\testNIOS 下。

(1) 打开 Quartus Ⅱ应用工程,该工程中分配的引脚对应板上右下角的按键 S1 ~ S8 和板上右下角的 LED 灯 1 ~ 8。

(2) 在 Quartus Ⅱ 中下载程序 testNIOS Ⅱ.sof,如图 26-1 所示。

(3) 在 Nios Ⅱ IDE 中建立 Hello World 应用工程,如图 26-2 所示。

(4) 将 hello_world.c 中的代码变更,如图 26-3 所示。

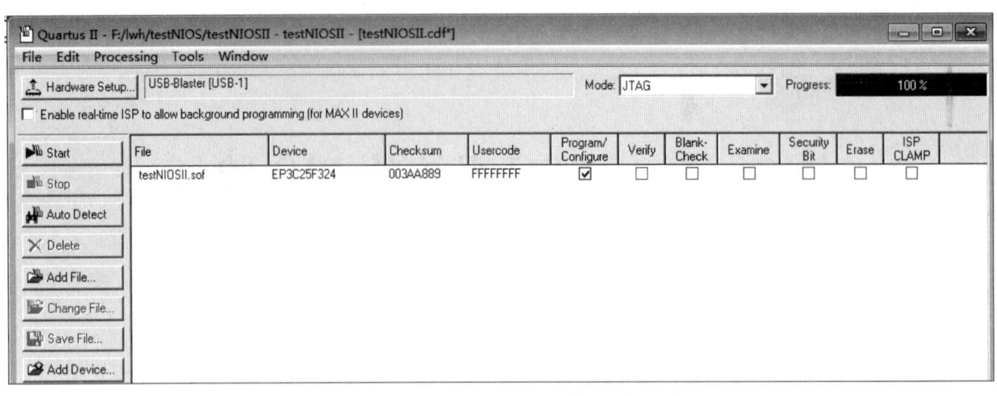

图 26-1　Quartus Ⅱ中下载 sof 文件

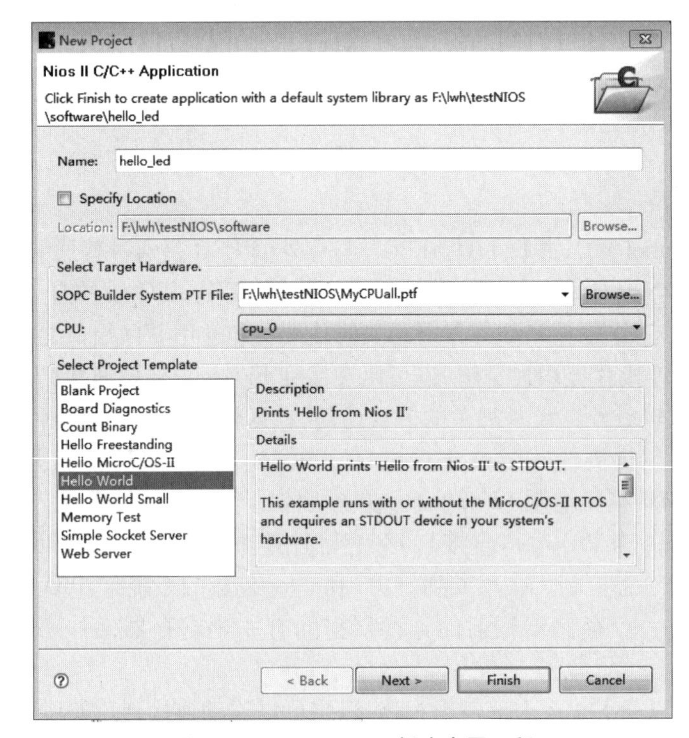

图 26-2　Nios Ⅱ IDE 新建应用工程

```
hello_world.c    system.h
#include <stdio.h>
#include <system.h>
#include <io.h>

int main()
{
  unsigned int i=0;
  unsigned char data=0;
  IOWR(LED_PIO_BASE,0,0xff);
  while(1)
  {
    data=IORD(PIO_BUTTON_BASE,0);
    IOWR(LED_PIO_BASE,0,~data);
    for(i=0;i<60000;i++);
    IOWR(LED_PIO_BASE,0,0xff);
    for(i=0;i<60000;i++);
  }
  return 0;
}
```

图 26-3　hello_world. c 中的代码变更

(5) 选择 Nios Ⅱ应用工程 hello_led 并右击,在弹出的快捷菜单中选择 Build Project 选项,编译应用工程,选择 Run As→Nios Ⅱ Hardware 选项,运行程序,如图 26-4 所示。

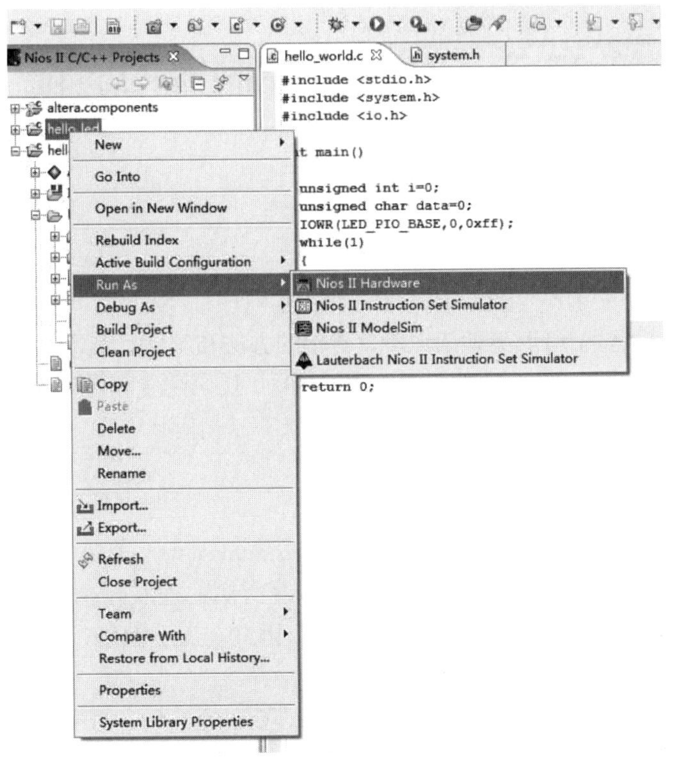

图 26-4 运行 hello_led 程序

26.4 实验结果

SOPC 系统的 PIO 验证实验效果

程序运行后,8 个 LED 灯会不停闪烁,按下相应的按键后,与之对应的 LED 灯就会熄灭。

第 27 章　UART 控制器的验证

27.1　实验目的

通过对 UART 设备的访问,感性认识串口传输的方法和作用。熟悉通过 IOWR( )、IORD( )函数进行的寄存器读写操作,明确如何通过 Nios Ⅱ C 代码配置和使用 UART 串口。

27.2　实验原理

UART,全称为 Universal Asynchronous Receiver/Transmitter,即通用异步收发传输器,一般称为串口。由于在两个设备间使用串口进行传输所用的连线较少,而且相关的工业标准 RS232、RS485、RS422 提供了标准的接口电平规范,因此在工业控制领域被广泛采用,在嵌入式系统中的应用也日益广泛。

SOPC Builder 中提供了一个 UART 的 IP Core,它定义了 6 个寄存器来实现对 UART 的控制,包括接收数据寄存器(rxdata)、发送数据寄存器(txdata)、状态寄存器(status)、控制寄存器(control)、除数寄存器(divisor)、数据包结束符寄存器(endopacket)。在状态寄存器中,有 rrdy 和 trdy 两个标志位。其中,trdy 表示发送寄存器准备完毕中断使能,在发送完毕后 trdy 置 1;rrdy 表示接收准备好中断使能,在接收数据时由 1 变成 0,接收完毕后重新置回 1。

UART 寄存器描述如表 27-1 所示。

表 27-1　UART 寄存器描述

偏移量	寄存器名称	R/W	描述/寄存器位												
			15…13	12	11	10	9	8	7	6	5	4	3	2	1	0
0	接收数据(rxdata)	RO								接收数据						
1	发送数据(txdata)	WO								发送数据						
2	状态(status)	R/W		eop	cts	dcts		e	rrdy	trdy	tmt	toe	roe	brk	fe	pe
3	控制(control)	R/W		ieop	rts	idcts	trbk	ie	irrdy	itrdy	itmt	itoe	iroe	ibrk	ife	ipe
4	除数(divisor)	R/W	波特率除数													
5	数据包结束符(endopacket)	R/W								数据包结束符值						

寄存器的读写可以通过 io. h 中定义的 IOWR( )和 IORD( )函数进行。其中 IOWR( )表示寄存器写操作,同理,IORD( )表示寄存器读操作。通过寄存器相应位的读取、判断,可以确定当前串口工作状态,获得串口接收到的数据;而对特定寄存器的相应位进行写操作,可以经由串口发送指定的数据、配置串口工作方式。

另外，对于 Nios Ⅱ处理器的用户，Altera 提供了 HAL(Hardware Abstraction Layer)系统库驱动，它可以让用户把 UART 当作字符设备，通过 ANSI. C 的标准库函数来访问，如可以应用 printf()、getchar()等函数(具体细节请参考软件设计手册)。

27.3　实验步骤

本实验使用样例工程 FlashandSDRAM. rar。

解压 SOPC_experiment 文件夹中的样例工程 FlashandSDRAM. rar 时，建议将工程解压到 E：\tmp\testNIOS 下。

(1) 打开 Quartus Ⅱ集成开发软件并下载程序 testNIOS Ⅱ. sof。

(2) 打开 Nios Ⅱ IDE 软件，建立空白模板应用工程，并命名为 uart_test。

(3) 程序代码如图 27-1 所示。

```
#include <stdio.h>
#include <system.h>
#include <io.h>
#include <altera_avalon_uart_regs.h>
int main()
{ unsigned char data;
  while(1)
  { while((IORD_ALTERA_AVALON_UART_STATUS(UART_BASE)&
 ALTERA_AVALON_UART_STATUS_RRDY_MSK)!=ALTERA_AVALON_UART_STATUS_RRDY_MSK);//检测是否有数据输入
    data=IORD_ALTERA_AVALON_UART_RXDATA(UART_BASE);
    IOWR_ALTERA_AVALON_UART_TXDATA(UART_BASE, data);
    while((IORD_ALTERA_AVALON_UART_STATUS(UART_BASE)&
 ALTERA_AVALON_UART_STATUS_TRDY_MSK)!=ALTERA_AVALON_UART_STATUS_TRDY_MSK);//检测是否发送完毕
  }  return 0;
}
```

图 27-1　UART 控制器的验证实验 Nios Ⅱ代码

(4) 编译并运行程序。

(5) 用 USB 线将计算机和实验箱上的 USB 口相连接，同时打开串口调试程序，选择对应的 COM 口，修改波特率为 115200。(注意需要安装 USB 转串口驱动)

(6) 在串口调试助手中任意输入一个十六进制数，串口的设置如图 27-2 所示，单击"发送"按钮，上方的接收区会显示 UART 的反馈(即所发送的数据)。

27.4　实验结果

打开串口调试助手软件：串门专家，选择对应的串口，将波特率设置为 115200，串口接收结果如图 27-3 所示。

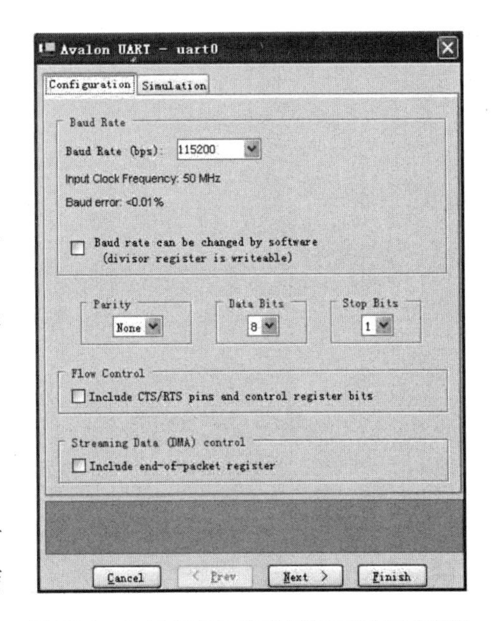

图 27-2　UART 控制器的验证实验串口设置

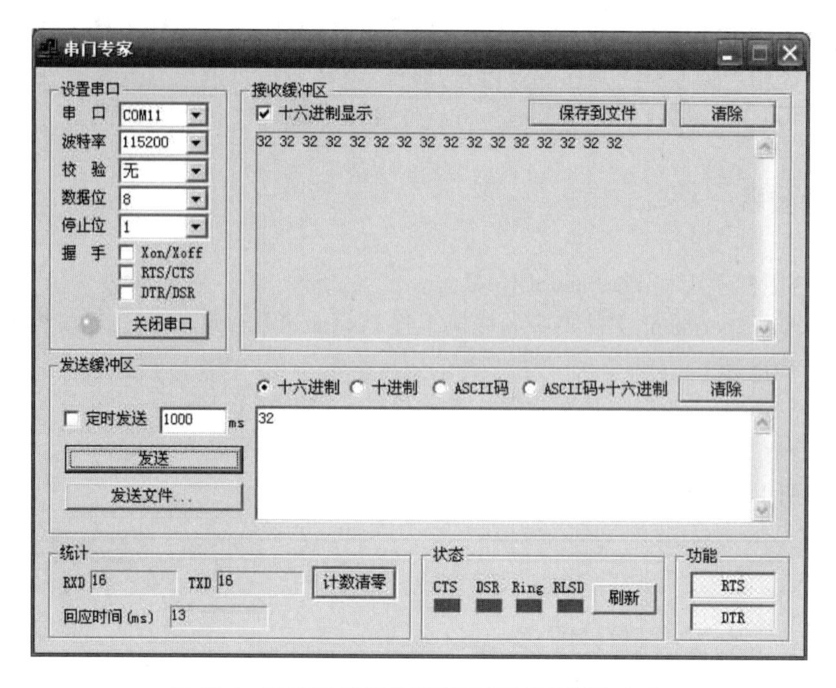

图 27-3　UART 控制器的验证实验串口接收结果

第 28 章　PIO 中断验证实验

28.1　实验目的

通过本实验，掌握使能和注册中断的方法，明确 ISR 函数的作用和意义，熟悉程序中所用的中断函数的用法；了解如何通过 I/O 口来进行中断的触发设置。

28.2　实验原理

中断设置是通过一系列的函数来控制的。首先，在主程序中通过函数 IOWR_ALTERA_AVALON_PIO_IRQ_MASK(BASE,0xff)来使能中断，然后通过 alt_irq_register(alt_u32 id,void * context,void (* isr)(void * ,alt_u32))进行中断服务程序注册。其中，id 为中断向量号，context 为用来和中断服务程序进行通信的变量，isr 为中断服务程序名称。在中断服务程序中还要重新使能中断 PIO。

中断设置通过一系列配置寄存器的函数来实现，也是采用 io. h 中定义的 IOWR( )和 IORD( )函数进行配置。当有按键按下时，I/O 口对应的边沿捕获寄存器的值将会发生改变，从而触发中断条件，运行相应的中断服务函数。

PIO 内核寄存器描述如表 28-1 所示。

表 28-1　PIO 内核寄存器描述

偏移量	寄存器名称		R/W	$(n-1)$	…	2	1	0
0	数据寄存器	读访问	R	读入输入引脚上的逻辑电平值				
		写访问	W	向 PIO 输出口写入新值				
1	方向寄存器		R/W	控制每个 I/O 口的输入输出方向 0：输入;1：输出				
2	中断屏蔽寄存器		R/W	使能或禁止每个输入端口的 IRQ 1：中断使能;0：禁止中断				
3	边沿捕获寄存器		R/W	当边沿事件发生时对应位置 1				

28.3　实验步骤

本实验使用样例工程 FlashandSDRAM. rar。

解压 SOPC_experiment 文件夹中的样例工程 FlashandSDRAM. rar 时，建议将工程解压到 E：\tmp\testNIOS 下。

(1) 打开 Quartus Ⅱ集成开发软件并下载程序 testNIOS Ⅱ. sof。

(2) 打开 Nios Ⅱ IDE 软件,建立空白模板应用工程,并命名为 pio_interrupt。

(3) 程序代码如图 28-1 所示。

```
#include <stdio.h>
#include <system.h>
#include <io.h>
#include "altera_avalon_pio_regs.h"
#include "sys/alt_irq.h"
void ISR_key(void * context,alt_u32 id);
int main()
{ printf("ok\n");
  IOWR_ALTERA_AVALON_PIO_IRQ_MASK(PIO_BUTTON_BASE, 0xff); // 使能中断
  IOWR_ALTERA_AVALON_PIO_EDGE_CAP(PIO_BUTTON_BASE, 1); // 清中断边沿捕获寄存器
  while(alt_irq_register(PIO_BUTTON_IRQ,NULL,ISR_key)!=0);
  while(1)
  {
  }
  return 0;
}
void ISR_key(void * context,alt_u32 id)          //中断服务函数
{
    printf("int\n");
    IOWR_ALTERA_AVALON_PIO_EDGE_CAP(PIO_BUTTON_BASE, 0);
}
```

图 28-1 PIO 中断验证实验 Nios Ⅱ代码

(4) 编译并运行程序。

(5) 当控制台打印出 ok 字符时,按下按键产生中断。

28.4 实验结果

按下按键产生中断后,控制台会打印出 int 字符,结果如图 28-2 所示。

```
pio_interrupt Nios II HW configuration [Nios II Hardware] Nios II Terminal Window (18-1-27 下午4:3
nios2-terminal: connected to hardware target using JTAG UART on cable
nios2-terminal: "USB-Blaster [USB-1]", device 1, instance 0
nios2-terminal: (Use the IDE stop button or Ctrl-C to terminate)

ok
int
int
int
int
```

图 28-2 PIO 中断验证实验运行结果

第 29 章　定时器验证实验

29.1　实验目的

了解 SOPC 系统中定时器的添加和配置方法，明确定时器使能和清零的操作方法及要领。

29.2　实验原理

Nios Ⅱ 的定时器是一个挂载在 Avalon 总线上的 32 位减数计数器，在软件开发中主要通过相关函数的调用来进行控制。可以利用定时器为与时间相关的设备提供服务，如系统时钟、报警、精确时间测量、获得时间信息等。Nios Ⅱ 的底层驱动包含两种定时器驱动：一种是系统时钟驱动，此时定时器用作系统时钟；一种是时间标记（timesramp），用于高精度时间测量（必须在 SOPC Builder 中的定时器控制器中选中 writeable snapshot）。一个定时器在同一时间只能选择二者之一。

在 SOPC Builder 中添加定时器（Timer），通过软件编程配置几个相关的寄存器来控制定时器的工作。

定时器主要包含 6 个寄存器，分别是状态寄存器（status）、控制寄存器（control）、周期寄存器（periodl 和 periodh）、快照寄存器（snapl 和 snaph），配置如表 29-1 所示。

表 29-1　定时器寄存器配置

偏移	名称	R/W	说明/位描述					
			15	…	3	2	1	0
0	status	RW					run	to
1	control	RW			stop	start	cont	ito
2	periodl	RW	定时器周期低 16 位					
3	periodh	RW	定时器周期高 16 位					
4	snapl	RW	定时器内部计数器低 16 位快照					
5	snaph	RW	定时器内部计数器高 16 位快照					

本实验通过调用函数 IOWR_ALTERA_AVALON_TIMER_CONTROL（）启动定时器。

调用函数：

```
IOWR_ALTERA_AVALON_TIMER_SNAPH()
IOWR_ALTERA_AVALON_TIMER_SNAPL()
```

得到当前定时器值,等待一段时间后再次调用得到下次定时器值,将两次调用的结果相减就得到程序运行的精确时间。

详细定时器资料请参照相关 Avalon 外设手册。

29.3 实验步骤

本实验使用样例工程 FlashandSDRAM. rar。

解压 SOPC_experiment 文件夹中的样例工程 FlashandSDRAM. rar 时,建议将工程解压到 E:\tmp\testNIOS 下。

(1) 打开 Quartus Ⅱ集成开发软件并下载程序 testNIOS Ⅱ. sof。

(2) 打开 Nios Ⅱ IDE 软件,建立空白模板应用工程,并命名为 timer_stamp。

(3) 程序代码如图 29-1 所示。

```
#include <stdio.h>
#include <system.h>
#include "altera_avalon_timer_regs.h"
int main()
{ unsigned long t0=0,t1=0,i;
  IOWR_ALTERA_AVALON_TIMER_STATUS(TIMER_BASE, 0); //清空状态寄存器
  IOWR_ALTERA_AVALON_TIMER_PERIODH(TIMER_BASE,50000000>>16);//将初始值高16位写入高寄存器
  IOWR_ALTERA_AVALON_TIMER_PERIODL(TIMER_BASE,50000000&0XFFFF);//将初始值低16位写入低寄存器
  IOWR_ALTERA_AVALON_TIMER_CONTROL(TIMER_BASE,
                              ALTERA_AVALON_TIMER_CONTROL_START_MSK |   // START = 1
                              ALTERA_AVALON_TIMER_CONTROL_CONT_MSK );  // CONT  = 1
  while(1)
  { IOWR_ALTERA_AVALON_TIMER_SNAPH(TIMER_BASE,0);//起始时间
    t0=IORD_ALTERA_AVALON_TIMER_SNAPH(TIMER_BASE);
    t0=t0*65536;
    IOWR_ALTERA_AVALON_TIMER_SNAPL(TIMER_BASE,0);
    t0+=IORD_ALTERA_AVALON_TIMER_SNAPL(TIMER_BASE);
    for(i=0;i<500;i++);
    IOWR_ALTERA_AVALON_TIMER_SNAPH(TIMER_BASE,0);//结束时间
    t1=IORD_ALTERA_AVALON_TIMER_SNAPH(TIMER_BASE);
    t1=t1*65536;
    IOWR_ALTERA_AVALON_TIMER_SNAPL(TIMER_BASE,0);
    t1+=IORD_ALTERA_AVALON_TIMER_SNAPL(TIMER_BASE);
    printf("t0:%ld\n",t0);      printf("t1:%ld\n",t1);
    printf("t1-t0=%ld\n",(t1-t0));
  }      return 0;
}
```

图 29-1 定时器验证实验 Nios Ⅱ代码

(4) 编译并运行程序。

29.4 实验结果

运行程序后,控制台显示结果如图 29-2 所示。

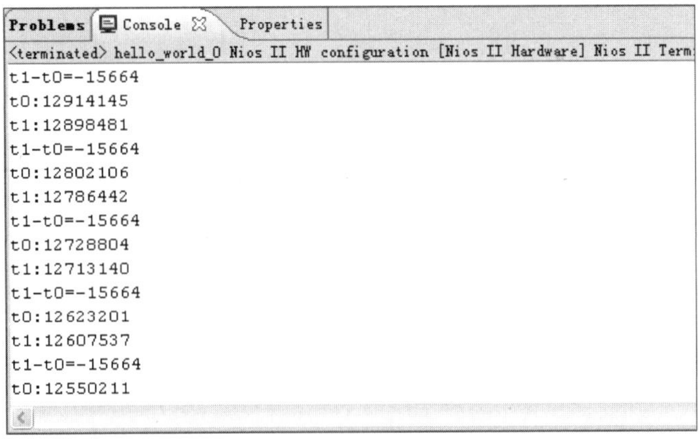

```
Problems  Console  Properties
<terminated> hello_world_0 Nios II HW configuration [Nios II Hardware] Nios II Term:
t1-t0=-15664
t0:12914145
t1:12898481
t1-t0=-15664
t0:12802106
t1:12786442
t1-t0=-15664
t0:12728804
t1:12713140
t1-t0=-15664
t0:12623201
t1:12607537
t1-t0=-15664
t0:12550211
```

图 29-2　定时器验证实验控制台显示结果

可以看到，每次运行程序，实验现象中第一行和第二行的数值都会有差别，但是第三行 t1 - t0 的差值应该为固定值。

第30章　定时器中断实验

30.1　实验目的

了解 SOPC Builder 中定时器(Timer)IP 核的添加和使用,熟悉 Nios Ⅱ 中关于 Timer 寄存器级的配置流程及 C 语言代码。

30.2　实验原理

在 SOPC Builder 中添加定时器(Timer),通过软件编程配置几个相关的寄存器来控制定时器的工作。

定时器主要包含 6 个寄存器,分别是状态寄存器(status)、控制寄存器(control)、周期寄存器(periodl 和 periodh)、快照寄存器(snapl 和 snaph),寄存器配置如第 29 章表 29-1 所示。

控制定时器工作需要执行以下几个步骤:

(1) 设置定时器的定时周期。主要是分别向寄存器 periodl 和 periodh 中写入 32 位周期值的低 16 位和高 16 位数值。

(2) 配置定时器控制寄存器。向 start 位或 stop 位写 1 来开启或停止定时器的工作,向 ito 定时中断使能位写 1 或 0 来使能和禁止定时器中断,向 cont 位写 1 或 0 来设置定时器连续工作或单次工作模式。

(3) 读写定时器快照寄存器。快照寄存器中的值是定时器内部的当前计数值,对其进行写操作可以重置计数器当前计数值。

当在 SOPC Builder 中设计了一个硬件定时器后,就可以使用定时器中断了。在程序中首先使用 alt_irq_register(TIMER_0_IRQ ,(void *)&edge_capture,handle_timer_interrupts)来注册中断服务程序,使用 IOWR_ALTERA_AVALON_TIMER_CONTROL(TIMER_0_BASE,7)来使能定时器的中断。当程序开始运行后,每隔一段时间就触发一次中断,中断服务程序使 CUGB-SOPC CPU 板上右下角的 4 个 LED(L0—L3)每隔一段时间闪亮一次。间隔的时间在 SOPC Builder 中定义,如要改变时间间隔或设置定时器初值,可以使用函数:

```
IOWR_ALTERA_AVALON_TIMER_PERIODL(TIMER_0_BASE,TimerValueLow);
IOWR_ALTERA_AVALON_TIMER_PERIODH(TIMER_0_BASE,TimerValueHigh);
```

其中,TimerValueLow 和 TimerValueHigh 是初值的低 16 位和高 16 位。定时器工作时将这两个寄存器的值调入 32 位计数器,然后根据 CPU 的时钟,逐步递减计数器的值,直到减到 0 为止,然后触发中断,并且再次从寄存器中将预置值调入 32 位计数器中。

30.3　实验步骤

本实验使用样例工程 FlashandSDRAM. rar。

解压 SOPC_experiment 文件夹中的样例工程 FlashandSDRAM. rar 时,建议将工程解压到 E: \tmp\testNIOS 下。

（1）打开 Quartus Ⅱ集成开发软件并下载程序 testNIOS Ⅱ. sof。

（2）打开 Nios Ⅱ IDE 软件,建立空白模板应用工程,并命名为 timer_interrupt。

（3）程序代码如图 30-1 所示。

```
hello_world.c
#include <stdio.h>
#include <system.h>
#include "altera_avalon_timer_regs.h"
void alt_timer_interrupts(void *context,alt_u32 id);//中断响应函数
unsigned char i=0;
int main()
{ IOWR(LED_PIO_BASE,0,0xff);
  alt_irq_register(TIMER_IRQ,0,alt_timer_interrupts);//注册中断函数
  IOWR_ALTERA_AVALON_TIMER_STATUS(TIMER_BASE, 0); //清空状态寄存器
  IOWR_ALTERA_AVALON_TIMER_PERIODH(TIMER_BASE,50000000>>16);//将初始值高16位写入高寄存器
  IOWR_ALTERA_AVALON_TIMER_PERIODL(TIMER_BASE,50000000&0XFFFF);//将初始值低16位写入低寄存器
  IOWR_ALTERA_AVALON_TIMER_CONTROL(TIMER_BASE,
                                   ALTERA_AVALON_TIMER_CONTROL_START_MSK |  // START = 1
                                   ALTERA_AVALON_TIMER_CONTROL_CONT_MSK  | // CONT  = 1
                                   ALTERA_AVALON_TIMER_CONTROL_ITO_MSK );
  while(1)
  {
  }
  return 0;
}
void alt_timer_interrupts(void *context,alt_u32 id)//中断响应函数
{
    IOWR(LED_PIO_BASE,0,i);
    i=~i;
    printf("timer\n");
    IOWR_ALTERA_AVALON_TIMER_STATUS(TIMER_BASE, 0); //清空状态寄存器,中断每发生一次都要清除
}
```

图 30-1　定时器中断实验 Nios Ⅱ代码

（4）编译并运行程序。

30.4　实验结果

定时器中断实验效果

编译运行程序后,LED 灯每隔 1 秒闪亮一次。

第31章　SOPC的uC/OS-Ⅱ操作系统应用实验

31.1　实验目的

熟悉uC/OS-Ⅱ的系统配置，了解uC/OS-Ⅱ实时操作系统应用程序的编写方法，以uC/OS-Ⅱ作为嵌入式操作系统进行多任务管理，并通过控制台显示进行验证。

31.2　实验原理

Altera公司的软件已经将uC/OS-Ⅱ操作系统针对Nios Ⅱ处理器做了移植，因此用户可以直接应用。Nios Ⅱ IDE中已经做好了uC/OS-Ⅱ的应用模板，利用其进行uC/OS-Ⅱ的应用练习。

uC/OS是一种免费公开源代码、结构小巧、具有可剥夺实时内核的实时操作系统。uC/OS和uC/OS-Ⅱ是专门为计算机的嵌入式应用设计的，绝大部分的代码是用C语言编写的。CPU硬件相关部分是用汇编语言编写的，总量约200行的汇编语言部分被压缩到最低限度，为的是便于移植到任何的CPU上。用户只要有标准的ANSI的C交叉编译器，有汇编器、连接器等软件工具，就可将uC/OS-Ⅱ嵌入开发的产品中。uC/OS-Ⅱ具有执行效率高、占用空间小、实时性优良和可扩展性强等特点，最小内核可编译至2 KB。uC/OS-Ⅱ已经移植到了几乎所有知名的CPU上。uC/OS-Ⅱ的目标是实现一个基于优先级调度的抢占式的实时内核，并在这个内核之上提供最基本的系统服务。

uC/OS-Ⅱ采用基于固定优先级的抢占式调度方式，是一个实时、多任务的操作系统。系统中的每个任务都具有一个任务控制块(OS_TCB)来记录任务执行的环境，包括任务的优先级、任务的堆栈指针、任务的相关事件控制块指针等。内核将系统中处于就绪态的任务在就绪表(ready list)中进行标注，通过就绪表中的两个变量：OSRdyGrp和OSRdyTbl[]，可快速查找系统中就绪的任务。在uC/OS-Ⅱ中每个任务都有唯一的优先级，因此任务的优先级也是任务的唯一编号(ID)，可以作为任务的唯一标识。内核可用控制块优先级表OSTCBPrioTbl[]由任务的优先级查到任务控制块的地址。uC/OS-Ⅱ主要就是利用任务控制块OS_TCB、就绪表和控制块优先级表OSTCBPrioTbl[]来进行任务调度的。任务调度程序OSSched()首先由就绪表找到当前系统中处于就绪态优先级最高的任务，然后根据其优先级由控制块优先级表OSTCBPrioTbl[]取得相应任务控制块的地址，由OS_TASK_SW()程序进行运行环境的切换。将当前运行环境切换成该任务的运行环境，则该任务由就绪态转为运行态。当这个任务运行完毕或因其他原因挂起时，任务调度程序OSSched()再次到就绪表中寻找当前系统中处于就绪态中优先级最高的任务，转而执行该任务，实现任务调度。若在任务运行时发生中断，则转向执行中断程序，执行完毕后不是简单地返回中断调用处，而是

由 OSIntExit( )程序进行任务调度,执行当前系统中优先级最高的就绪态任务。当系统中所有任务都执行完毕时,任务调度程序 OSSched( )就不断执行优先级最低的空闲任务 OSTaskIdle( ),等待用户程序的运行。

本实验仅讲解 uC/OS-Ⅱ系统的应用。在 uC/OS-Ⅱ操作系统中,多个任务按照应用程序的优先权高低而运行。最基本的应用程序框架为:

```
OS_STK    task_stk[TASK_STACKSIZE]      //定义任务堆栈指针
#define   TASK_PRIORITY      1          //定义任务优先级
void task1(void *pdata)                 //定义任务
{
  while(1)                              //任务一般定义为无限循环形式
  {
    ............
  }
}
int main(void)
{
  OSTaskCreateExt();                    //任务的创建
  OSStart();                            //任务调度函数
}
```

此处用到的主要应用函数如下:

OSTaskCreate 函数:作用是创建任务。共有 4 个参数:任务的入口地址、任务的参数、任务堆栈的首地址、任务的优先级。

OSTaskSuspend 函数:任务的挂起。参数为一个,任务的优先级。

OSTaskResume 函数:恢复挂起的任务为就绪状态。参数也为任务的优先级。

OSTimeDly 函数:挂起当前任务,切换任务,一段时间后恢复挂起任务为就绪状态。

31.3　实验步骤

本实验使用样例工程 FlashandSDRAM. rar,解压 SOPC_experiment 文件夹中的样例工程 FlashandSDRAM. rar 时,建议将工程解压到 E:\tmp\testNIOS 下。

(1) 打开 Quartus Ⅱ集成开发软件并下载程序 testNIOS Ⅱ. sof。

(2) 打开 Nios Ⅱ IDE 软件,选择 New→Nios Ⅱ C/C ++ Application 选项,打开工程创建向导,在系统模板中选择 Hello MicroC/OS-Ⅱ选项。

(3) 单击 Browse 按钮,选择硬件系统,如图 31-1 所示。

(4) 单击 Finish 按钮。

(5) 如图 31-2 所示,选中 hello_ucosii_0 并右击,选择 System Library Properties 选项,选择打开库编辑界面,进行系统库属性设置,如图 31-3 所示。

(6) 选择 Run As→HardWare 选项,可以看到在控制台中显示的两个任务按照优先权不停地交替执行。

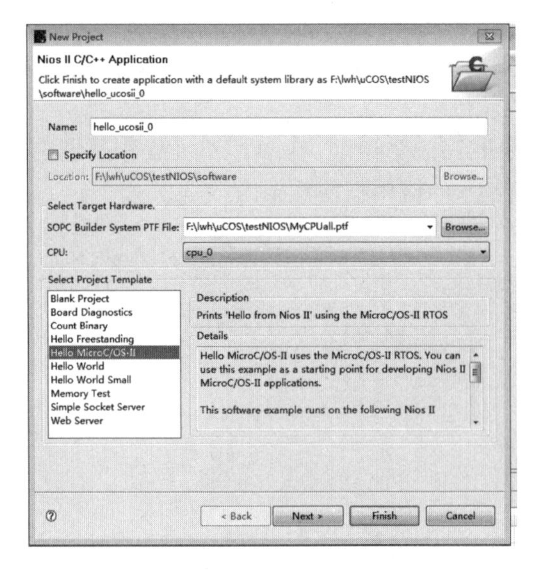

图 31-1　新建 uC/OS-II 应用程序

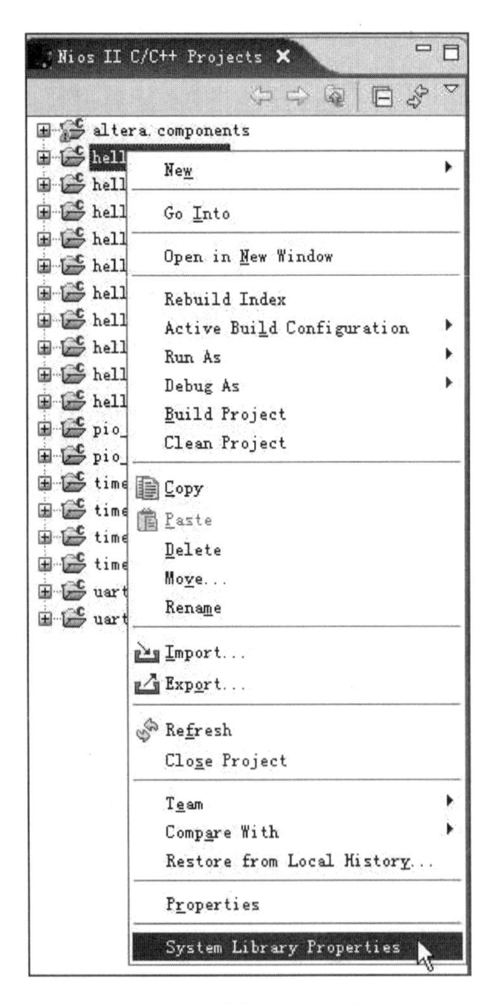

图 31-2　选择系统库属性

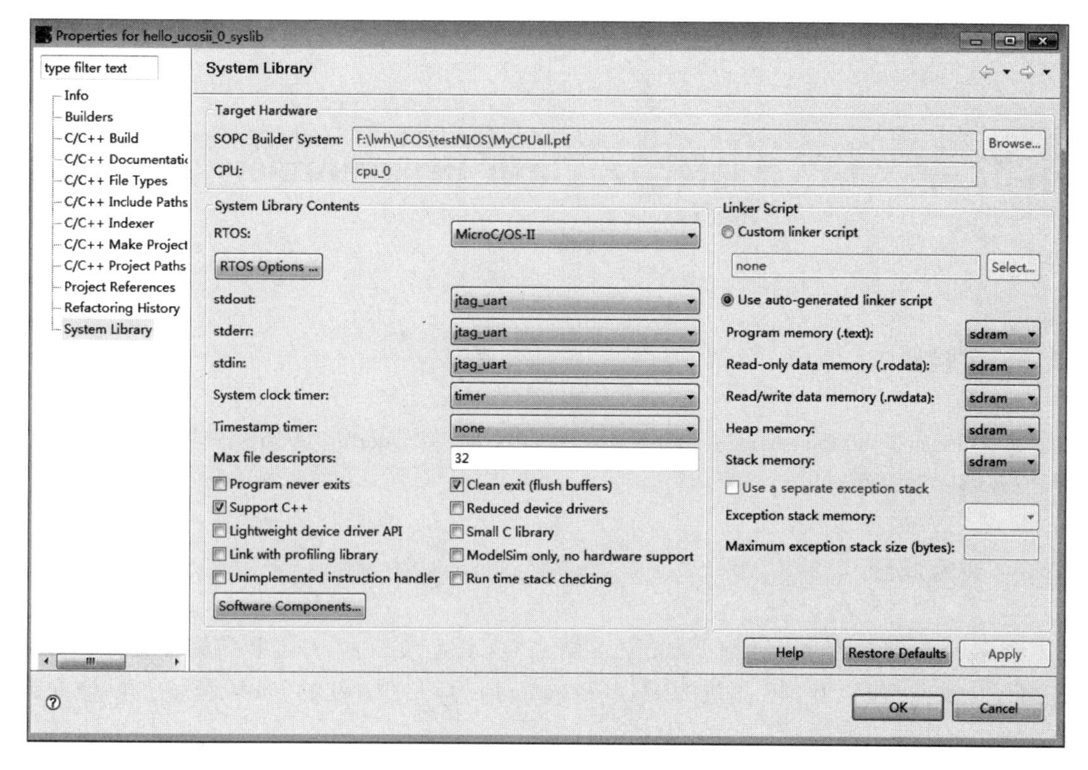

图 31-3　系统库属性设置

31.4　实验结果

运行程序后，在控制台显示如图 31-4 所示的打印信息。证明两个任务在依次交替运行。

```
Problems  Console  Properties
<terminated> hello_ucosii_0 Nios II HW configuration [Nios II Hardware] Nios II Terminal Window (18-1-27 下午3:35)
nios2-terminal: "USB-Blaster [USB-1]", device 1, instance 0
nios2-terminal: (Use the IDE stop button or Ctrl-C to terminate)

Hello from task1
Hello from task2
Hello from task1
Hello from task2
```

图 31-4　SOPC 的 uC/OS-II 操作系统应用实验运行结果

第32章　EPCS固化及Flash Programmer使用实验

32.1　实验目的

掌握Flash Programmer编程器的使用方法和原理，将Quartus及Nios内核固化到EPCS中，实现程序上电的自启动。

32.2　实验原理

许多Nios Ⅱ软核的设计用Flash来存储FPGA设置文件或Nios Ⅱ的编程数据。对于CFI Flash来说，Nios Ⅱ IDE提供的Flash Programmer是一种方便的Flash编程途径，它允许用户直接把程序或数据写入Flash中。

由EPCS16配置芯片存储.jic配置文件，Flash存储用户应用程序。当复位地址指向Flash，且CUGB-SOPC CPU板上电后，先从EPCS16配置芯片配置FPGA，然后从Flash的复位地址把应用程序下载到RAM中执行。每按一次CUGB-SOPC CPU板上Reset复位键，程序即重新把应用程序下载到RAM中执行。

除了CFI Flash外，Nios Ⅱ IDE Flash Programmer还可以编程任何连接到FPGA上的Altera公司的EPCS串行设置器件。

在Quartus Ⅱ 8.0与Nios Ⅱ IDE下，要进行Flash Programmer编程，必须首先在SOPC Builder定制目标板。（当只有一个CFI Flash时，不必定制目标板，在添加Flash器件时，为CIF Flash设置标签即可）

32.3　实验步骤

本实验使用样例工程FlashandSDRAM.rar，解压SOPC_experiment文件夹中的样例工程FlashandSDRAM.rar时，建议将工程解压到E：\tmp\testNIOS下。

（1）如图32-1所示，双击cpu_0，cpu_0的Reset Vector设置为cfi_flash，Exception Vector设置为sdram，设置完后单击Finish按钮。

单击Generate按钮生成系统，并在Quartus Ⅱ工程中更新系统，重新完全编译Quartus Ⅱ工程。

（2）将testNIOS Ⅱ.sof文件转换为testNIOS Ⅱ.jic文件，在Quartus Ⅱ开发环境下选择File→Convert Programming Files选项，弹出如图32-2所示的对话框。

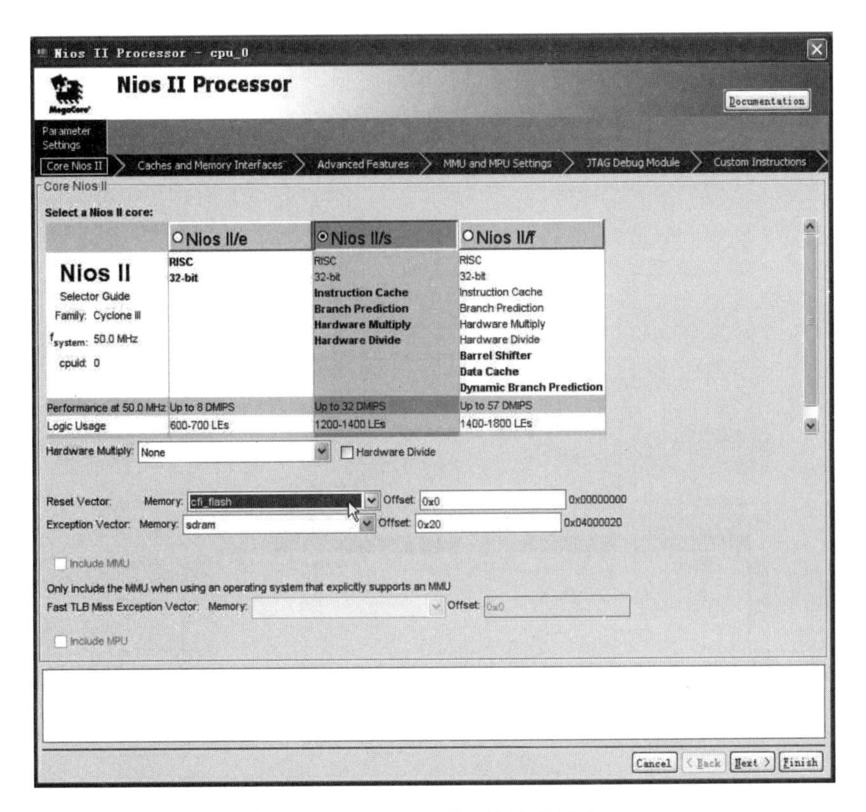

图 32-1　Nios Ⅱ处理器参数配置

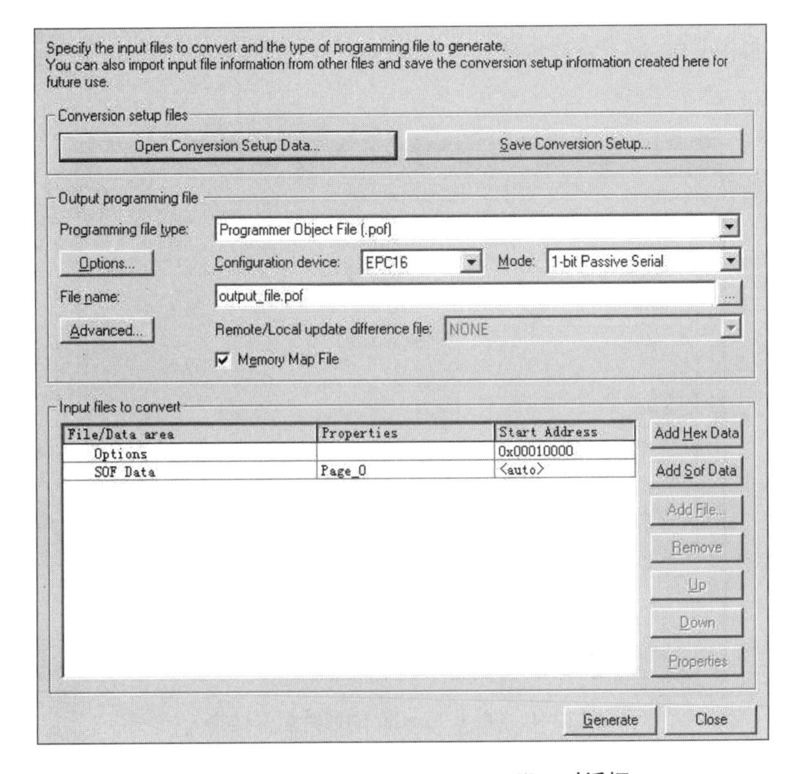

图 32-2　Convert Programming Files 对话框

在 Programming file type 下拉列表框中选择 JTAG Indirect Configuration File(.jic)选项，在 Configuration device 下拉列表框中选择 EPCS16 选项，则 File name 默认为 output_file.jic，选中 Flash Loader 文件，并单击 Add Device 按钮，如图 32-3 所示。

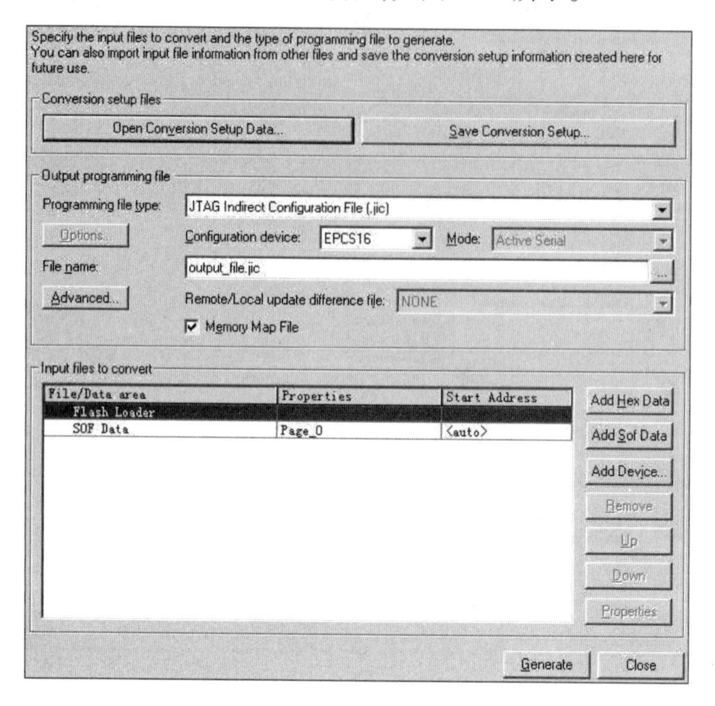

图 32-3 .jic 文件转换设置步骤 1

在弹出的 Select Devices 对话框中选中 Cyclone Ⅲ下的 EP3C25 复选框，如图 32-4 所示，单击 OK 按钮。

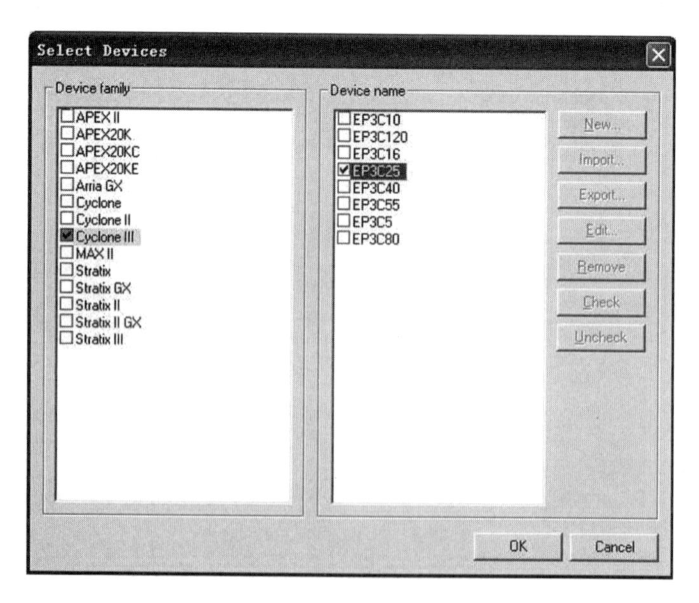

图 32-4 Flash Loader 的芯片型号选择

在图 32-5 所示的窗口中选中 SOF Data 文件后，单击 Add File 按钮。

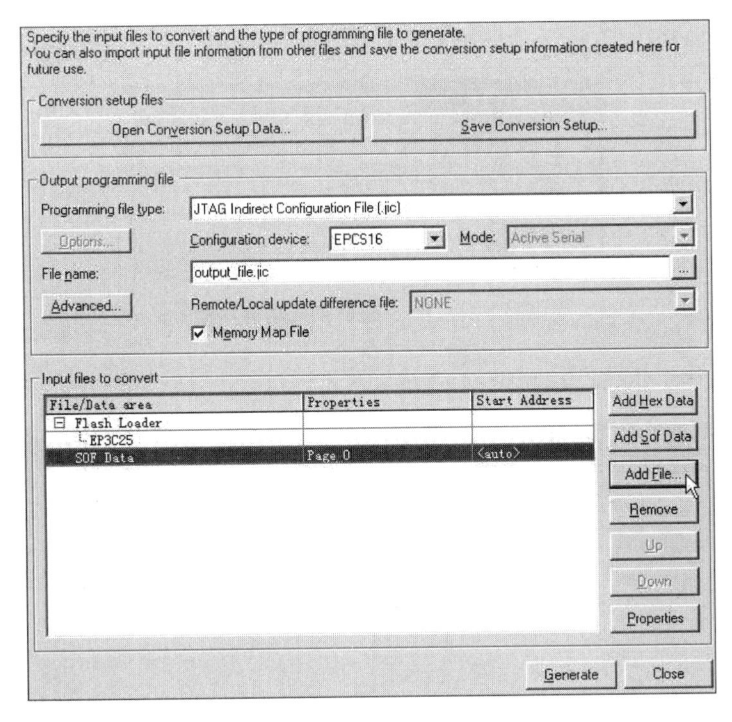

图 32-5　.jic 文件转换设置步骤 2

在图 32-6 所示的对话框中选中 testNIOS Ⅱ. sof 文件，设置好转换参数后单击 Generate 按钮。

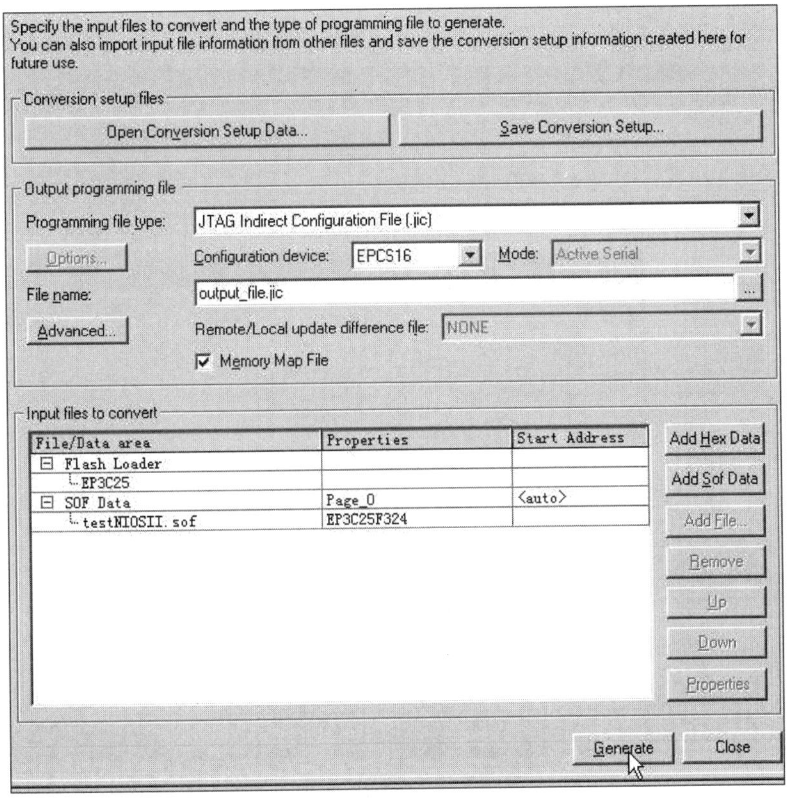

Specify the input files to convert and the type of programming file to generate.
You can also import input file information from other files and save the conversion setup information created here for future use.

Conversion setup files: Open Conversion Setup Data...　Save Conversion Setup...

Output programming file

Programming file type: JTAG Indirect Configuration File (.jic)

Options...　Configuration device: EPCS16　Mode: Active Serial

File name: output_file.jic

Advanced...　Remote/Local update difference file: NONE

Memory Map File

Input files to convert

File/Data area	Properties	Start Address
Flash Loader		
EP3C25		
SOF Data	Page_0	<auto>
testNIOSII. sof	EP3C25F324	

Add Hex Data　Add Sof Data　Add File...　Remove　Up　Down　Properties

Generate　Close

图 32-6　.jic 文件转换设置步骤 3

转换好参数后弹出如图 32-7 所示的对话框,单击“确定”按钮。

图 32-7 .jic 文件转换成功提示框

(3) 将 testNIOS Ⅱ.jic 文件固化到 EPCS16 中。进入 Programmer 界面,如图 32-8 所示。

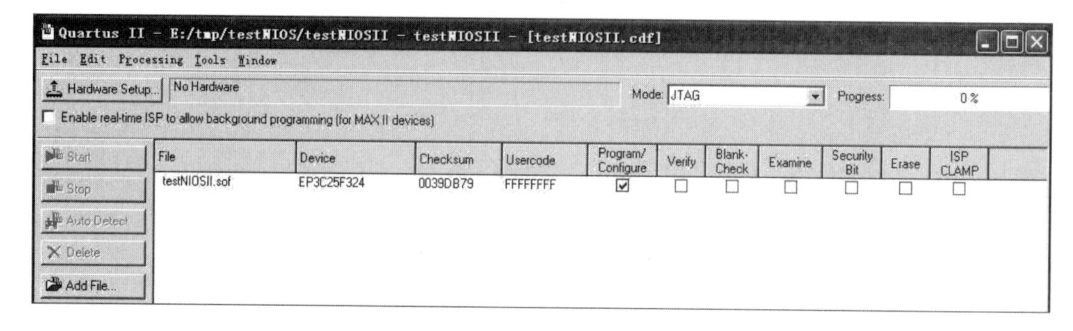

图 32-8 .jic 文件固化步骤 1

删除 testNIOS Ⅱ.sof 文件,并单击 Add File 按钮,将 output_file.jic 文件加入编程窗口,如图 32-9 所示。

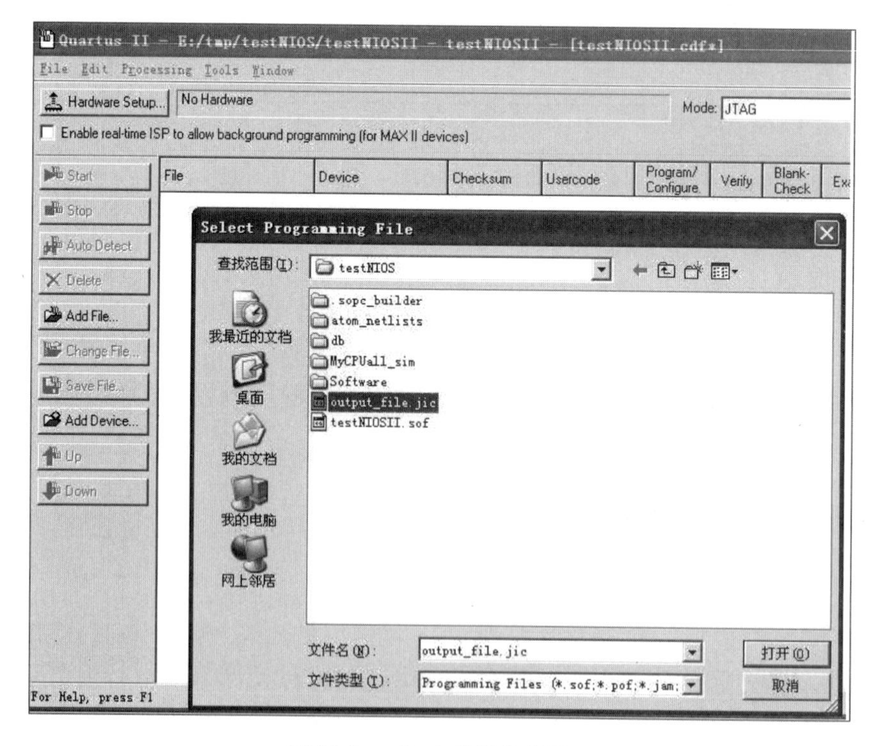

图 32-9 .jic 文件固化步骤 2

在 Hardware Setup 中选择 USB-Blaster(USB-1),如图 32-10 所示。

图 32-10　.jic 文件固化步骤 3

单击 Start 按钮,开始将 testNIOS Ⅱ.jic 文件固化到 EPCS16 中,如图 32-11 所示。

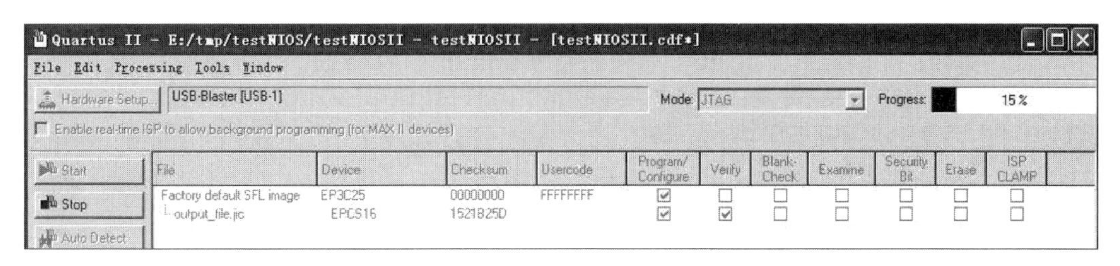

图 32-11　.jic 文件固化步骤 4

下载完后需断电后再上电,实现 EPCS16 自动对 FPGA 的程序配置的过程。

(4) 打开 Nios Ⅱ IDE 软件,建立空白模板应用工程,并命名为 uart_test。

(5) 程序代码如图 32-12 所示,编译并运行程序。

```
#include <stdio.h>
#include <system.h>
#include <io.h>
#include <altera_avalon_uart_regs.h>
int main()
{ unsigned char data;
  while(1)
  { while((IORD_ALTERA_AVALON_UART_STATUS(UART_BASE)&
 ALTERA_AVALON_UART_STATUS_RRDY_MSK)!=ALTERA_AVALON_UART_STATUS_RRDY_MSK);//检测是否有数据输入
    data=IORD_ALTERA_AVALON_UART_RXDATA(UART_BASE);
    IOWR_ALTERA_AVALON_UART_TXDATA(UART_BASE, data);
    while((IORD_ALTERA_AVALON_UART_STATUS(UART_BASE)&
 ALTERA_AVALON_UART_STATUS_TRDY_MSK)!=ALTERA_AVALON_UART_STATUS_TRDY_MSK);//检测是否发送完毕
  } return 0;
}
```

图 32-12　EPCS 固化及 Flash Programmer 使用实验 Nios Ⅱ代码

(6) 用 USB 线将计算机和实验箱上的 USB 口相连接,同时打开串口调试程序,选择对应的 COM 口,修改波特率为 115200。(注意:需要安装 USB 转串口驱动!)

(7) 在串口调试助手中任意输入一个十六进制数,单击"发送"按钮,上方的接收区会显示 UART 的反馈,即所发送的数据。

在串口调试助手中的显示结果如图 32-13 所示。

(8) 在步骤(7)执行正确后。在 Nios Ⅱ IDE 主菜单上选择 Tools→Flash Programmer 选项,打开 Flash Programmer 工具,如图 32-14 所示。

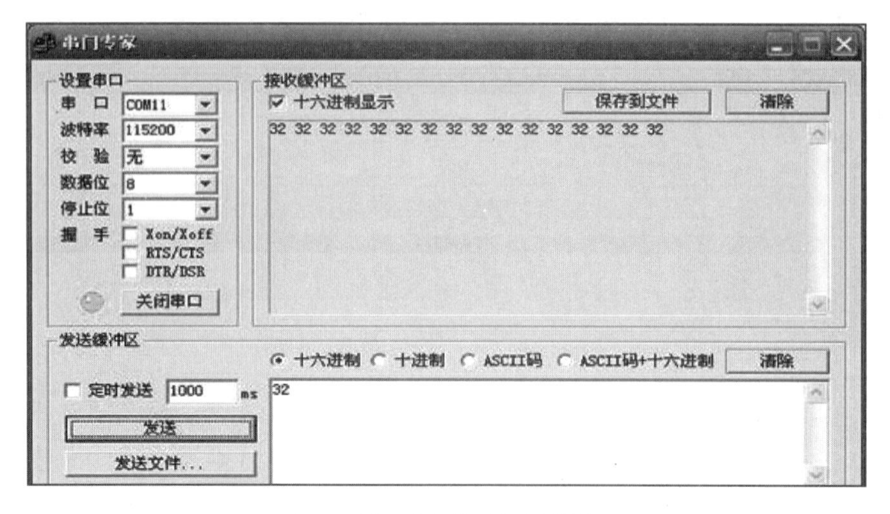

图 32-13　串口助手显示结果

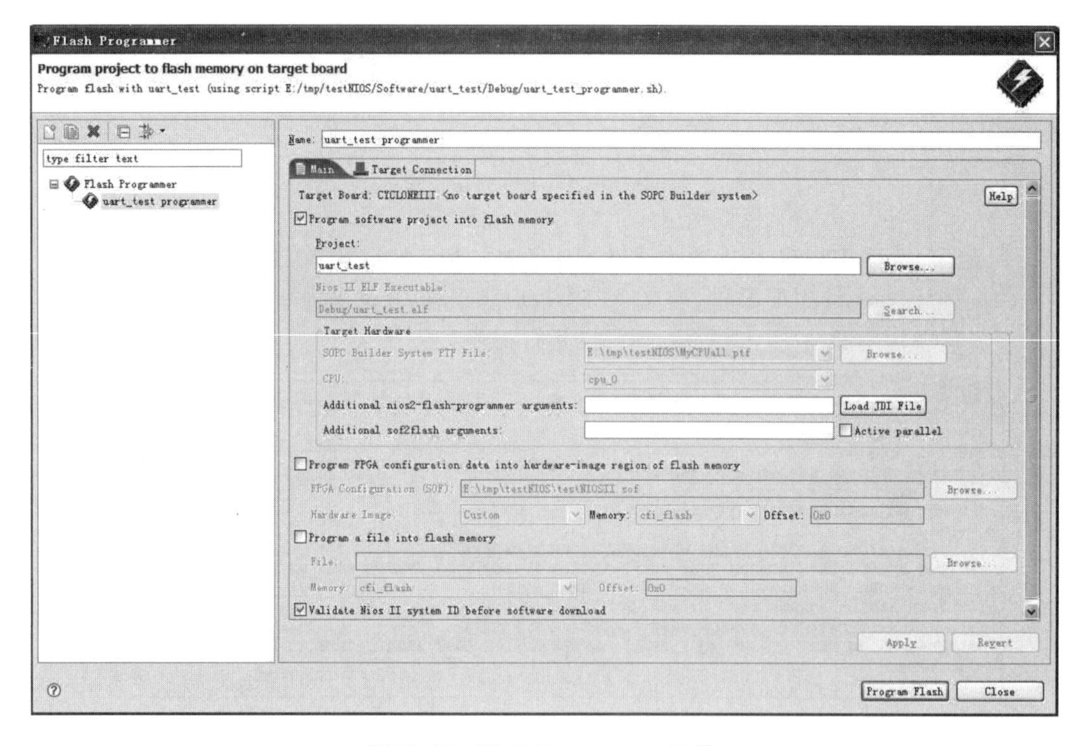

图 32-14　Flash Programmer 工具

(9) 单击 New 按钮建立新的文件。(下载电缆必须插在 JTAG 口上,并打开电源开关)

(10) 选中 Program software project into flash memory 复选框,选择想要写入 Flash 的 Nios Ⅱ应用工程 uart_test。

(11) 选择 Target Connection 选项卡,如图 32-15 所示。

(12) 单击 Apply 按钮,单击 Program Flash 按钮,写入程序,程序下载成功后如图 32-16 所示。

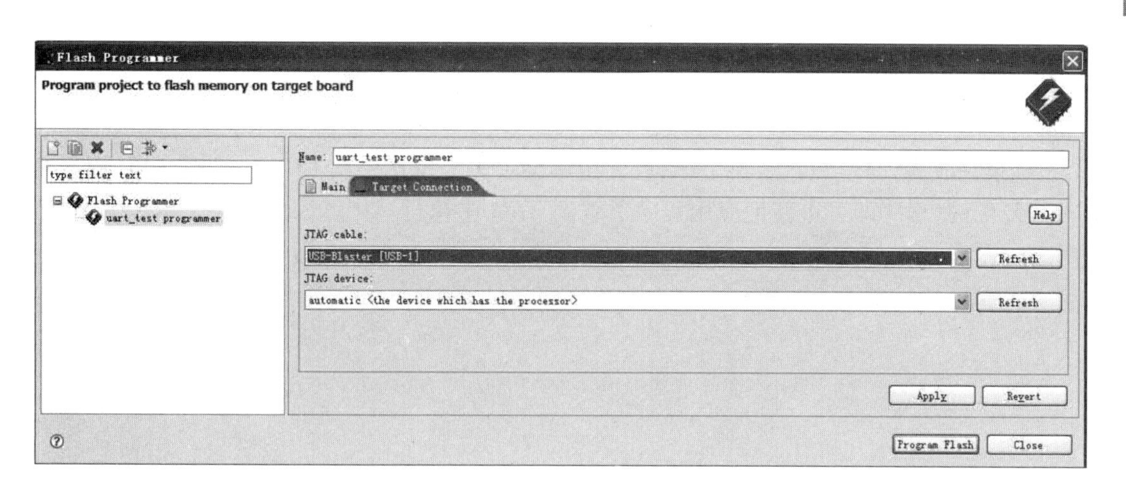

图 32-15　选择 Target Connection 选项卡界面

```
Problems  Console X  Properties  Debug
<terminated> uart_test programmer [Flash Programmer] uart_test_programmer.sh (13-3-10 上午11:32)
#!/bin/sh
#
# This file was automatically generated by the Nios II IDE Flash Programmer.
#
# It will be overwritten when the flash programmer options change.
#

cd E:/tmp/testNIOS/Software/uart_test/Debug

# Creating .flash file for the project
"$SOPC_KIT_NIOS2/bin/elf2flash" --base=0x00000000 --end=0x1fffff --reset=0x0 --i
nput="uart_test.elf" --output="cfi_flash.flash" --boot="C:/altera/80/ip/nios2_ip
/altera_nios2/boot_loader_cfi.srec"

# Programming flash with the project
"$SOPC_KIT_NIOS2/bin/nios2-flash-programmer" --base=0x00000000 --cable='USB-Blas
ter [USB-1]' --sidp=0x00201088 --id=1157261381 --timestamp=1362883694  "cfi_flas
h.flash"
Using cable "USB-Blaster [USB-1]", device 1, instance 0x00
Resetting and pausing target processor: OK
Reading System ID at address 0x00201088: verified

              : Checksumming existing contents

Checksums took 0.0s
Erase not required

00000000 ( 0%): Programming

00004000 (52%): Programming

00006000 (79%): Programming

Programmed 31KB in 0.5s (62.0KB/s)
Device contents checksummed OK
Leaving target processor paused
```

图 32-16　程序下载成功后的控制台所显示的信息

32.4 实验结果

烧录完成后,即使断电后再上电,程序也不会丢失。每按一次 CUGB-SOPC CPU 板上的 Reset 复位键,程序即可重新把应用程序下载到 RAM 中执行。

第33章　以太网接口实验

33.1　实验目的

掌握DM9000网络接口芯片的应用,实现与计算机间通过网线的数据传输,并通过控制台显示和计算机端Wireshark抓包工具进行验证。

33.2　实验原理

DM9000网络控制器作为Avalon外设挂接在Avalon三态桥上,同时挂接在Avalon三态桥的外设还有SRAM、Flash及16位外扩总线。DM9000在SOPC Builder中没有定义好的IP核,需要自行创建,如图33-1所示。具体可参考本实验的样例工程net_test.rar。

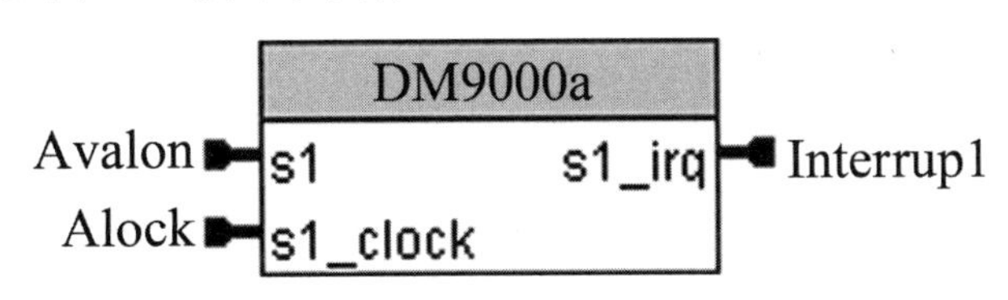

图33-1　DM9000a自定义IP核

33.3　实验步骤

解压SOPC_experiment文件夹中的样例工程net_test.rar时,建议将工程解压到E:\EP3C25\net_test下。

(1) 打开Quartus Ⅱ集成开发软件并下载程序net.sof。

(2) 打开Nios Ⅱ IDE软件,并找到当前工程中Nios程序的路径,打开工程。在打开相应的工作空间后,可能会遇到Project Explorer窗口左侧没有相应工程的情况,可尝试按照以下方法解决。

① File菜单下选择Import选项,如图33-2所示。

② 选中Altera Nios Ⅱ下的Existing Nios Ⅱ IDE project into workspace文件,单击Next按钮,如图33-3所示。

③ 分别将net_test工程下software文件中的blank_project_0和blank_project_0_syslib文件夹导入,即可正常操作,如图33-4所示。

(3) 在Nios Ⅱ IDE工程文件名上右击,选择Run As→Nios Ⅱ Hardware选项。

(4) 用直连网线连接板卡的网口与计算机的网口,把计算机的IP地址改为192.168.1.200。

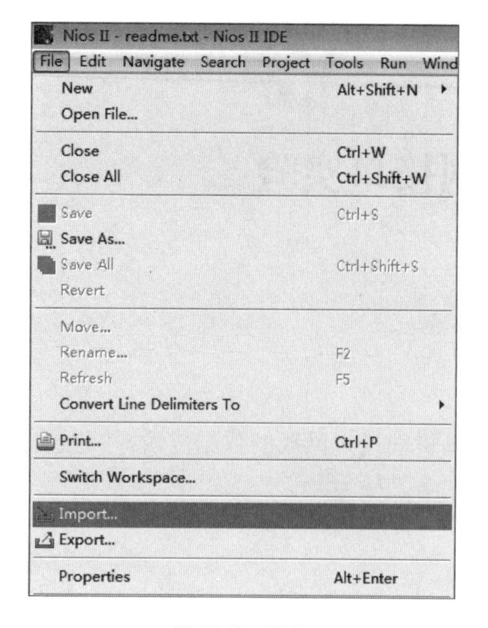

图 33-2 导入

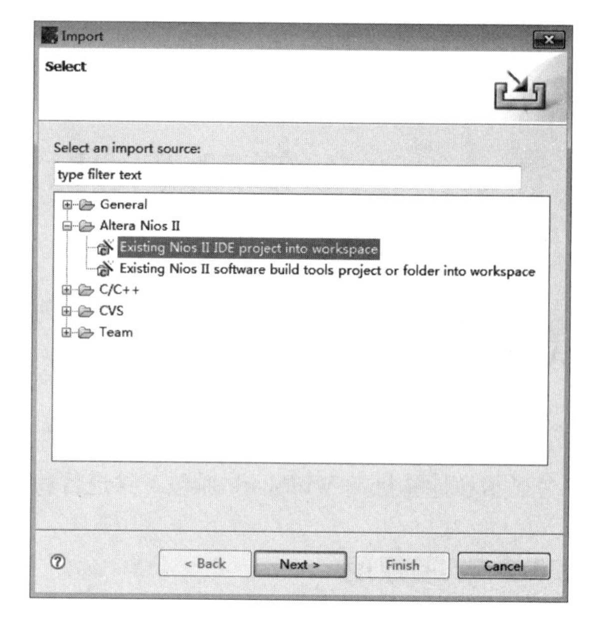

图 33-3 选择导入类型

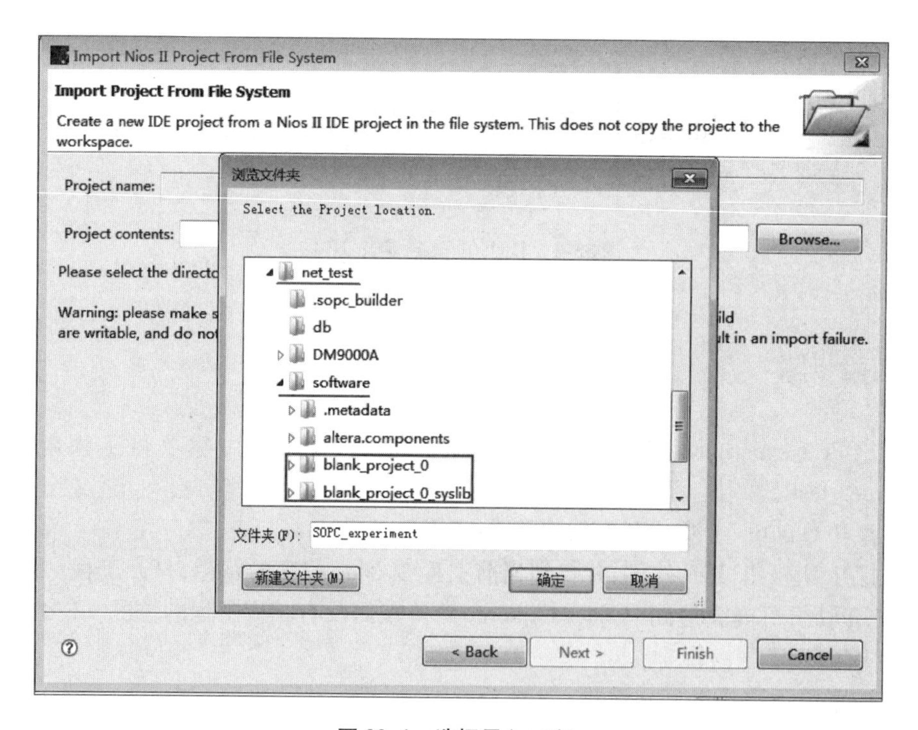

图 33-4 选择导入工程

33.4 实验结果

等待一段时间后，开发板网口上的灯开始闪烁，此时在计算机上打开 Wireshark 抓包工具,可看到计算机在不停地接收数据包,并且在 Nios 调试窗口不停地打印 send,如图 33-5 所示。

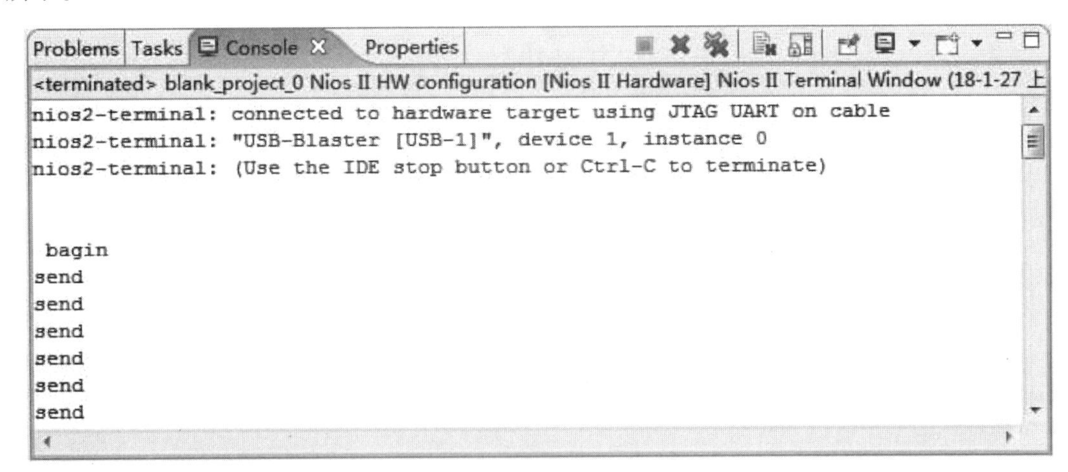

图 33-5　控制台显示情况

Wireshark 抓包工具显示情况如图 33-6 所示。

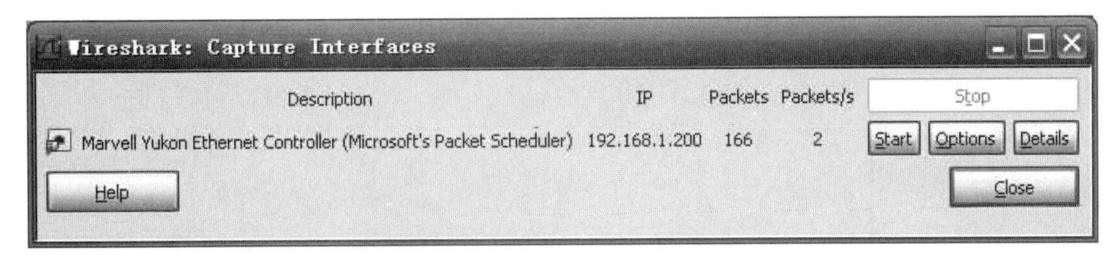

图 33-6　Wireshark 抓包工具显示情况

第 34 章　SPI 实验

34.1　实验目的

掌握 ADXL345 芯片的应用;基于 FPGA 的 Nios Ⅱ 嵌入式系统通过 SPI 总线协议对 ADXL345 进行数据读取操作,通过控制台显示查看数据。

34.2　实验原理

ADXL345 是一款 SPI 接口的 3 轴、数字化的加速度传感器,如图 34-1 所示。它能探测 X、Y、Z 3 个方向轴上的加速度,既可以在倾斜检测应用中测量静态重力加速度,还可以测量运动或冲击导致的动态加速度。

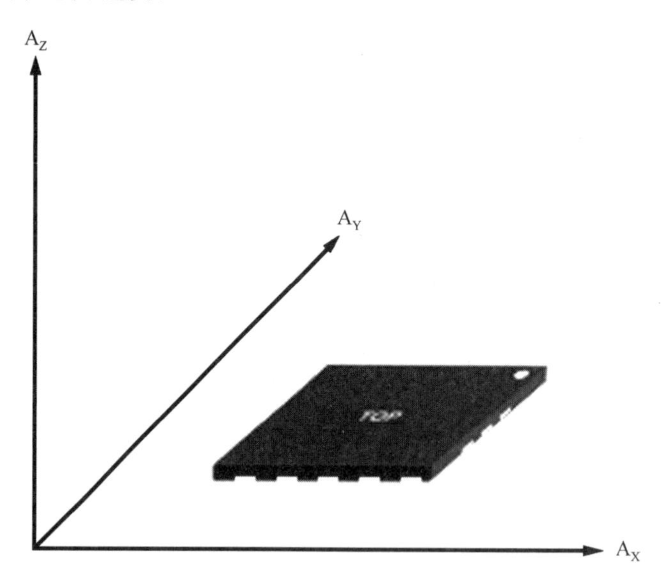

图 34-1　ADXL345 三轴加速度传感器

SPI 是 Serial Peripheral Interface 的缩写,指串行外设接口。它是一种高速、全双工、同步的通信总线。在芯片的引脚上只占用 4 根线,节约了芯片的引脚,同时为 PCB 的布局节省了空间、提供了方便,正是由于这种简单易用的特性,如今越来越多的芯片集成了这种通信协议。

SPI 的通信原理很简单,以主从方式工作,这种模式通常有一个主设备和一个或多个从设备,需要至少 4 根线,事实上 3 根也可以(单向传输)。这些线是所有基于 SPI 的设备共有的,即 SDI(数据输入)、SDO(数据输出)、SCLK(时钟)、CS(片选)。

(1) SDI:主设备数据输入,从设备数据输出。

(2) SDO:主设备数据输出,从设备数据输入。

(3) SCLK:时钟信号,由主设备产生。

(4) CS:从设备使能信号,由主设备控制。

本实验利用 FPGA 通过硬件描述语言对 ADXL345 进行驱动。

34.3 实验步骤

本实验使用样例工程 adxl345.rar。

解压 SOPC_experiment 文件夹中的样例工程时,建议将工程解压到 E:\EP3C25\adxl345 下。

(1) 打开 Quartus Ⅱ集成开发软件并下载程序 adxl.sof。

(2) 打开 Nios Ⅱ IDE 软件,并找到当前工程中 Nios 程序的路径,打开工程。

(3) 在 Nios II IDE 工程文件名上右击,选择 Run As→Nios Ⅱ Hardware 选项。

34.4 实验结果

程序执行后,随机翻转开发板,8 个 LED 灯会有序地点亮或熄灭,Nios 调试串口会打印 3 个方向的重力加速度值。控制台显示结果如图 34-2 所示。

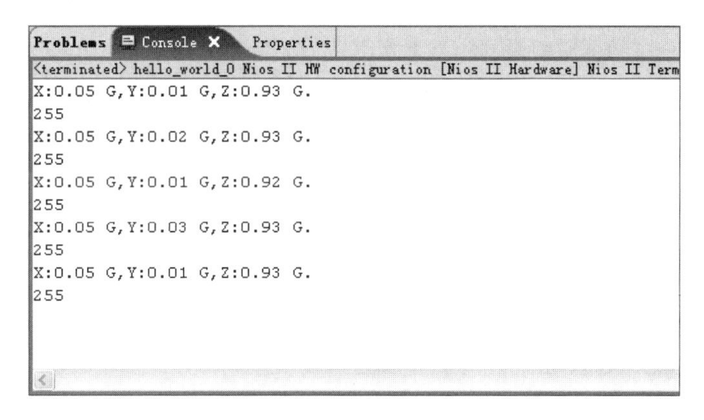

图 34-2 控制台结果显示

第35章　I^2C 实验

35.1　实验目的

掌握 PCF8563 与 24C02 芯片的应用，了解 I^2C 通信的时序原理，基于 I^2C 总线对 24C02 进行读写及对 PCF8563 进行数据读取，并通过控制台窗口进行验证。

35.2　实验原理

（1）PCF8563 是 Philips 公司生产的低功耗 CMOS 实时时钟/日历芯片，芯片最大总线速度为 400 Kbit/s，每次读写数据后，其内嵌的字地址寄存器会自动产生增量。PCF8563 有 16 个 8 位寄存器，其中包括可自动增量的地址寄存器、内置 32.768 kHz 的振荡器（带有一个内部集成电容）、分频器（用于给实时时钟 RTC 提供源时钟）、可编程时钟输出、定时器、报警器、掉电检测器和 400 kHz 的 I^2C 总线接口。

（2）24C02 是一个 2 KB 串行 CMOS E^2PROM，内部含有 256 个 8 位字节，有一个 16 字节页写缓冲器。该器件通过 I^2C 总线接口进行操作，有一个专门的写保护功能。

（2）I^2C 总线是由 Philips 公司开发的一种简单、双向二线制同步串行总线。它只需要 SDA（串行数据线）和 SCL（串行时钟线）两根线，即可在连接于总线上的器件之间传送信息。SDA 和 SCL 都是双向 I/O 线，接口电路为开漏输出，需通过上拉电阻接电源 VCC。I^2C 总线是一个真正的多主机总线，如果两个或多个主机同时初始化数据传输，可以通过冲突检测和仲裁防止数据破坏，每个连接到总线上的器件都有唯一的地址，任何器件既可以作为主机也可以作为从机，但同一时刻只允许有一个主机。数据传输和地址设定由软件设定，非常灵活。总线上的器件增加和删除不影响其他器件正常工作。

35.3　实验步骤

本实验使用样例工程 iic. rar。

解压 SOPC_experiment 文件夹中的样例工程时，建议将工程解压到 E:\EP3C25\iic 下。

（1）打开 Quartus Ⅱ集成开发软件并下载程序 I2C. sof。

（2）打开 Nios Ⅱ IDE 软件，并找到当前工程中 Nios 程序的路径，打开工程。

（3）在 Nios Ⅱ IDE 工程文件名上右击，选择 Run As→Nios Ⅱ Hardware 选项。

35.4　实验结果

程序执行后，Nios 调试窗口会不停地打印当前 PCF8563 中的时间（以秒为单位），并会打印从24C02中读取的数,然后将其加上2再写入芯片中,如图35-1所示。

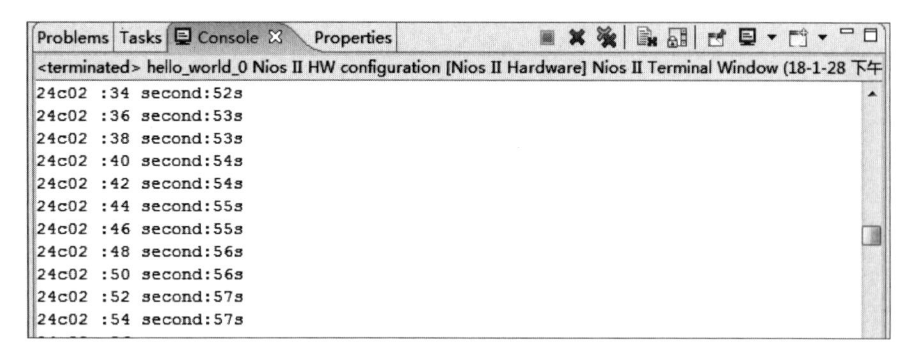

图35-1　程序运行结果

第36章 SD卡实验

36.1 实验目的

掌握FPGA中SD卡的应用,实现基于Nios嵌入式系统的SD卡读取操作。

36.2 实验原理

FPGA芯片中的硬核处理器系统(HPS)提供一个安全数字/多媒体卡(SD/MMC)控制器,用于连接外部SD和MMC闪存卡,安全数字I/O(SDIO)器件和消费电子高级传输体系结构(CE-ATA)硬盘。SD/MMC控制器能够使用户存储器引导映像并从可移动闪存卡引导处理器系统。

36.3 实验步骤

本实验使用样例工程sd_card.rar。

解压SOPC_experiment文件夹中的样例工程时,建议将工程解压到E:\EP3C25\sd_card下。

(1) 打开Quartus Ⅱ集成开发软件并下载程序sdcard.sof。

(2) 打开Nios Ⅱ IDE软件,并找到当前工程中Nios程序的路径,打开工程。

(3) 在Nios Ⅱ IDE工程文件名上右击,选择Run As→Nios Ⅱ Hardware选项。

36.4 实验结果

程序执行后,Nios调试窗口会打印出图36-1所示的数据,表明SD卡读取成功。

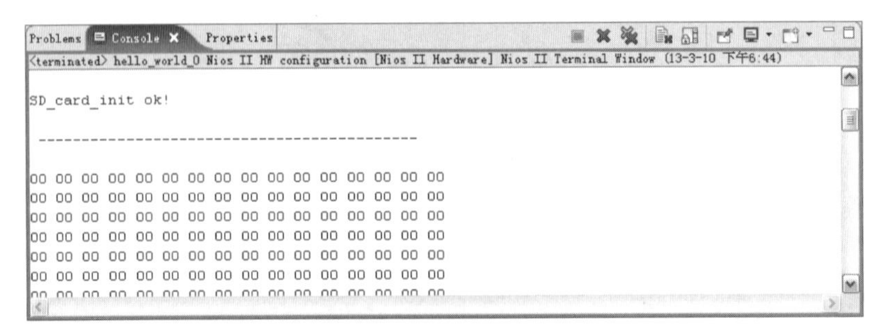

图36-1 程序运行结果

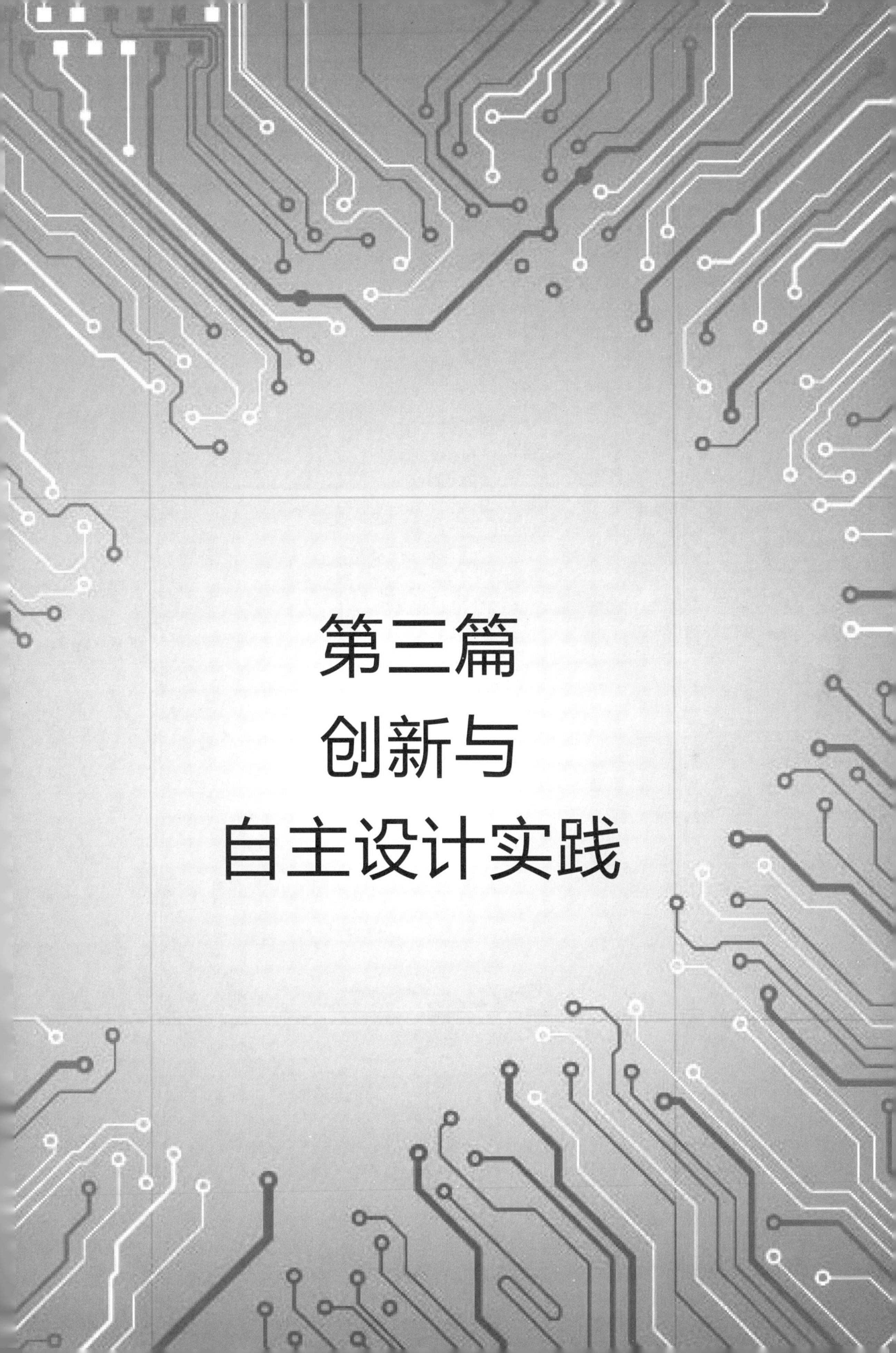

第三篇 创新与自主设计实践

第 37 章　STC89C51 单片机综合编程实验

37.1　实验目的

学习 STC89C51 单片机的基础知识，熟悉 STC89C51 电路板的硬件设计，读懂硬件原理图，并在学习各模块的基础上，进行多模块的综合实践，巩固基础知识，熟悉 Keil μVision4 编程和调试工具，强化编程能力，为 STC89C51 单片机的综合运用打下基础。

37.2　实验要求

（1）编写实验板测试程序，要让尽可能多的模块同时工作：① 3×4 键盘；② 8 个 LED 指示灯；③ 蜂鸣器；④ 七段数码管；⑤ USB 转 UART 串口；⑥ 128×64 点阵 LCD；⑦ 串行 Flash 24C08；⑧ 温度传感器 DS18B20；⑨ 24 位 AD 转换器 CS5550；⑩ DA 转换器 DAC0832。

（2）设计实现直流电流表。

① 电流范围：5～40 mA。② 具有自动换量程功能，显示有效位 3 位。③ 误差不大于 1%。

37.3　实验方案

若想使尽可能多的模块同时工作，需要对程序的架构进行合理的规划，可将 DA 转换器、AD 转换器单独工作，剩下的 LCD 屏、数码管、LED 灯、温度传感器、串口等可同时工作，参考程序设计思路如下。

1. DAC 输出可变频率正弦波

主要用到 DA 转换器 DAC0832、键盘、LCD 屏、蜂鸣器。通过键盘（按下键盘，会发出声音）输入频率后，利用定时器 1 的中断，查找正弦波码表，进行 DA 转换，实现正弦波输出（频率为 60～340 Hz）。其中，键盘的扫描和控制频率可调是编程的难点和重点，部分参考程序为：

```
#include <reg51.h>
#define uchar unsigned char
#define uint unsigned int
uchar i;            //按键次数
uchar start =0;
```

```
bit stop =0;
bit flag_word =0;
int pinglv;
sbit beep = P1^3;
unsigned char fre[] = "INPUT Fre *** Hz";
/******** 延时 *****************/
void delay1 (uint a)
{
    unsigned int k;
    for(k =0;k <=a;k ++);
}
/****** 计算频率 ***************/
void fre_js()
{
    pinglv = (fre[12]-'0') + (fre[11]-'0') * 10 + (fre[10]-'0') * 100;
}
/****** 蜂鸣器 ****************/
void sound(unsigned char shengyin)
{
    unsigned char i;
    for(i =0;i < shengyin;i ++)
    {
        beep =~ beep;
    }
}
/******* 键盘扫描——正弦波调频率用 ***********/
void key_scan(void)//键盘扫描函数,使用行列反转扫描法
{
    uchar cord_h,cord_l,x;                  //行列值
    P2 =0x0f;                               //行线输出全为 0
    cord_h = P2&0x0f;                       //读入列线值
    if(cord_h! =0x0f)                       //先检测有无按键按下
    {
        delay1(800);                        //去抖
        if(cord_h! =0x0f)
        {
            cord_h = P2&0x0f;               //读入列线值
            P2 =cord_h |0xf0;               //输出当前列线值
            cord_l = P2&0xf0;               //读入行线值
```

```
            x = cord_h + cord_l; //键盘最后组合码值
            switch (x)
            {
                case 0xb7: fre[i +10] =1 +'0',i ++;break;
                case 0xbb: fre[i +10] =2 +'0',i ++;break;
                case 0xbd: fre[i +10] =3 +'0',i ++;break;
                case 0xbe: fre[i +10] =4 +'0',i ++;break;
                case 0xd7: fre[i +10] =5 +'0',i ++;break;
                case 0xdb: fre[i +10] =6 +'0',i ++;break;
                case 0xdd: fre[i +10] =7 +'0',i ++;break;
                case 0xde: fre[i +10] =8 +'0',i ++;break;
                case 0xe7: fre[i +10] =9 +'0',i ++;break;
                case 0xeb: fre[i +10] =0 +'0',i ++;break;
                case 0xed: start ++,flag_word =0;break;
            }
          if(i >=3)
          {
             i =0;
             fre_js();
             flag_word =1;
          }
             sound(x);                    //根据按键蜂鸣器发出不同声音
          }
     }
}
/******************** 正弦波频率可调 ***********************/
void timer_set(int p)
{
    TH1 =TL1 =256-14400/p;
}
/************** 定时器1中断服务函数 ***************/
void timer1_ISR(void)interrupt 3 using 2
{
    if(num==63)
    num =0;
    num ++;
    P0 =sin_tab[num];
}
```

2. 综合模块运行

综合模块运行主要用到8个LED灯、温度传感器DS18B20、串行Flash24C08、七段数码管、LCD屏、USB转UART串口等，可实现在LCD屏上显示当前温度、LCD屏和七段数码管上显示系统已运行时间、Flash存储运行时间，实现掉电保护，按下INT0键可使开机时间清零，同时8个LED灯进行流水循环，通过串口发送指令可改变流水灯运行规则，同时单片机定时往计算机上发送系统已运行时间，实现多硬件同时工作。其中24C08与单片机通信采用I^2C总线，单片机用一个I/O口可控制DS18B20，LED灯和七段数码管也均由I/O口控制，根据硬件电路，即可实现程序的编写。利用定时器0实现开机时间的计算及清零，在串口中断服务函数中可实现对流水灯规则的改变。其中温度数值的处理程序为：

```
/**************** 读出温度函数 ************************/
read_temp()
{
  ow_reset();                          //总线复位
  delay(200);
  write_byte(0xcc);                    //发命令
  write_byte(0x44);                    //发转换命令
  ow_reset();
  delay(1);
  write_byte(0xcc);                    //发命令
  write_byte(0xbe);
  temp_data[0]=read_byte();            //读温度值的低字节
  temp_data[1]=read_byte();            //读温度值的高字节
  temp=temp_data[1];
  temp<<=8;
  temp=temp|temp_data[0];              //两字节合成一个整型变量
  return temp;                         //返回温度值
}
/**************** 温度数据处理函数 ************************/
/*二进制高字节的低半字节和低字节的高半字节组成一个字节，这个
字节的二进制转换为十进制后，就是温度值的百、十、个位值，而剩
下的低字节的低半字节转化成十进制后，就是温度值的小数部分*/
work_temp(uint tem)
{
    uchar n=0;
    if(tem>6348)                                  //温度值正负判断
    {
      tem=65536-tem;n=1;
    }                                             //负温度求补码，标志位置1
```

```
        display[4]=tem&0x0f;                    //取小数部分的值
        display[0]=ditab[display[4]];           //存入小数部分显示值
        display[4]=tem>>4;                      //取中间8位,即整数部分的值
        display[3]=display[4]/100;              //取百位数据暂存
        display[1]=display[4]%100;              //取后两位数据暂存
        display[2]=display[1]/10;               //取十位数据暂存
        display[1]=display[1]%10;               //符号位显示判断
    if(!display[3])
    {
        display[3]=43;                          //最高位为0时不显示
        if(!display[2])
        {
          display[2]=20;                        //次高位为0时不显示
        }
    }
    if(n){display[3]=45;}                       //负温度时最高位显示"-"
}
```

3. 直流电流表设计

直流电流表设计主要用到的是AD转换器CS5550,根据CS5550芯片的技术文档和实验板电路设计图(VREFIN需和VREFOUT连接)可知,CS5550采样过程自带10倍放大,内部基准电压为2.5 V,所以CS5550能测量的最大直流电压是250 mV。题目要求待测直流电流为5～40 mA,考虑到CS5550自带的偏置,取采样电阻为5～6 Ω,由此设计出测量直流电流的电路图,如图37-1所示。自行产生电流源,通过调节1 kΩ滑动变阻器来实现电流的大小控制,从而实现恒流电源输出,实验时务必将VF1和VF2保留出来供万用表串入监测电流。VF2直接连接CS5550的AIN1端,用于测量采样电压。AIN1端是13位分辨率,但由于后几位不太准确,此处取12位数据。

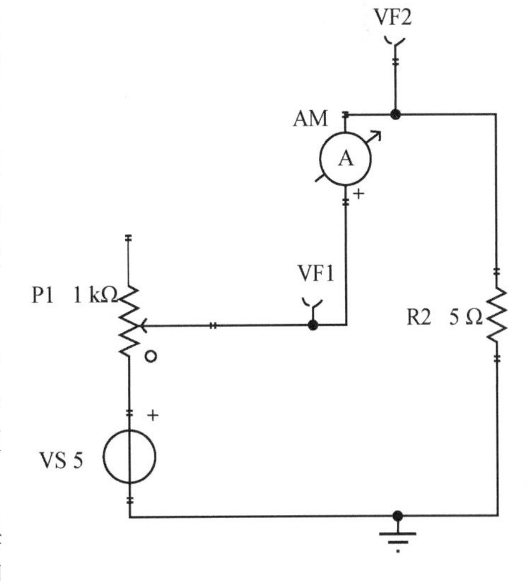

图37-1　产生直流电流的电路

直流电流表软件设计通过多次采样累计求和、取平均,可以保证单片机数码管上的数据显示稳定。同时,在获得初步数据后,通过软件对数据进行校正,测量误差基本不大于1%。

其中,实验要求误差不大于1%,同时具有切换量程功能,所以要对AD转换的数据进行校正及判断,部分参考程序为:

```
/************ 外部中断 1 的中断服务函数 CS5550 采样 **********/
void  INT1_ISR()interrupt 2
{
    CS5550_SCLK =0;
    CS5550_CS =0;
    write_to_register(0x5e,0xff,0xff,0xfe);    //清状态寄存器
    transfer_byte(0x0e);                       //读输出寄存器 1
    for(a =0;a <3;a ++)
    {
        for(b =0;b <8;b ++)
        {
          CS5550_RECEIVE_TABLE1[a] <<=1;
          if(CS5550_SDO)
            CS5550_RECEIVE_TABLE1[a] |=0x01;
          else
            CS5550_RECEIVE_TABLE1[a]& =0xfe;
          CS5550_SCLK =1;
          delay_ad();
          CS5550_SCLK =0;
          if((b +1)%8 ==0)
          {CS5550_SDI =0;}// 同时输入空命令 0xfe 以保证读取数据期间不
                          //出错
          else
          {CS5550_SDI =1;}
          delay_ad();
        }
    }
DCtest1 =CS5550_RECEIVE_TABLE1[0] * 16 + (CS5550_RECEIVE_TABLE1
[1] >>4);
          DCtest1 = (double)(DCtest1 /47);
          sum = sum + DCtest1;
          count_dc ++;

          P1 =0x80;
          P0 =0xd5;
          delay_dc(300);

          P1 =0x40;
          P0 =tab_dc[dian];
```

```
delay_dc(300);

P1 =0x20;
if(DCtest1 <10.0)  P0 =tab_dc[gw];
if(DCtest1 >=10.0) P0 =tab_dc[gw] -0x01;
delay_dc(300);

P1 =0x10;
if(DCtest1 <10.0)  P0 =tab_dc[sw] -0x01;
if(DCtest1 >=10.0) P0 =tab_dc[sw];
delay_dc(300);

P1 =0x00;
if(count_dc==20)
{
  DC = (double)(sum/20);
  if(DC >=10.0)
  {
    if((DC >=29.9)&&(DC <42.9))DC +=0.9;
    else if((DC >=19.9)&&(DC <29.9))DC +=0.4;
    else if((DC >=9.9)&&(DC <10.9))DC -=0.2;
    else DC =DC;
    sw = ((unsigned int)DC)/10;
    gw = ((unsigned int)DC)%10;
    dian = ((unsigned int)(DC *10))%10;
  }
  if(DC <10.0)
  {
    if((DC >4.55)&&(DC <=7.05))DC - =0.39;
    else if((DC >7.05)&&(DC <=8.48))DC - =0.36;
    else if((DC >=8.49)&&(DC <=10.05))DC - =0.26;
    else DC =DC;
    sw = (unsigned int)DC;
    gw = ((unsigned int)(DC *10))%10;
    dian = ((unsigned int)(DC *100))%10;
  }
  P1 =0x80;
  P0 =0xd5;
  delay_dc(300);
```

```
            P1 =0x40;
            P0 =tab_dc[dian];
            delay_dc(300);

            P1 =0x20;
            if(DC <10.0)  P0 =tab_dc[gw];
            if(DC >=10.0) P0 =tab_dc[gw] -0x01;
            delay_dc(300);

            P1 =0x10;
            if(DC <10.0)  P0 =tab_dc[sw] -0x01;
            if(DC >=10.0) P0 =tab_dc[sw];
            delay_dc(300);

            P1 =0x00;

            sum =0;
            count_dc =0;
        }
          CS5550_SCLK =0;
          CS5550_CS =1;
          for(n =0;n <100;n ++);
    }
```

37.4 实验小结

本实验以 STC89C51 单片机实验板的各模块为基础,进行了单片机各模块综合运用编程的实践,难度较大。但是,只要扎实学好分模块的编程设计,再认真思考本实验的设计方案和思路,经过不断地调试,定能实现实验题目的各项要求。读者也可根据自己的设计,使实验板上各模块同时工作,提升综合实践和解决问题的能力。

第 38 章　数字频率计的设计

38.1　实验目的

本实验以 2015 年全国大学生电子设计竞赛本科组 F 题为背景，介绍系统的设计方案，详细论述其中软硬件的实现。在设计中掌握和分析系统需求，提出解决方案，掌握综合 FPGA 及相关外设构成电路系统的方法，在综合实践中提升 FPGA 构建系统的能力及Nios Ⅱ编程的思路，同时提升硬件电路设计和调试的能力。

38.2　实验要求

1. 任务

设计并制作一台闸门时间为 1 s 的数字频率计。

2. 要求

（1）基本要求。

① 频率和周期测量功能。

a. 被测信号为正弦波，频率范围为 1 Hz～10 MHz。

b. 测量相对误差的绝对值不大于 10^{-4}。

c. 被测信号有效值电压范围为 50 mV～1 V。

② 时间间隔测量功能。

a. 被测信号为数字信号（方波），频率范围为 100 Hz～1 MHz。

b. 被测时间间隔的范围为 0.1 μs～100 ms。

c. 测量相对误差的绝对值不大于 10^{-2}。

d. 被测信号峰值电压范围为 50 mV～1 V。

③ 测量数据刷新时间不大于 2 s，测量结果稳定，并自动显示单位。

（2）发挥部分。

① 频率和周期测量的正弦信号频率范围为 1 Hz～100 MHz，其他要求同基本要求①和③。

② 频率和周期测量时被测正弦信号的最小有效值电压为 10 mV，其他要求同基本要求①和③。

③ 增加数字信号（方波）占空比的测量功能，要求如下。

a. 被测信号为数字信号，频率范围为 1 Hz～5 MHz。

b. 被测数字信号占空比的范围为 10%～90%。

c. 显示的分辨率为 0.1%，测量相对误差的绝对值不大于 10^{-2}。

d. 被测脉冲信号峰值电压范围为 50 mV～1 V。

3. 说明

本题时间间隔测量是指 A、B 两路同频周期信号之间的时间间隔。测试时可以使用双通道 DDS 函数信号发生器,提供 A、B 两路信号。

38.3 实验方案

1. 方案比较与选择

(1) 频率测量实现方法。

方案一:直接测频法。系统给定一个已知时间的闸门,在该闸门信号有效期间对被测信号的完整数量进行累加,通过计算得出被测信号的频率或周期。本方案适合频率较高的信号测量。

方案二:周期测频法。在直接测频法的基础上,将被测信号作为闸门信号对频率更高的标准频率信号脉冲计数。本方案适合频率较低的信号测量。

方案三:频差倍增—多周期法。这种测量方法将频差倍增法和差拍法相结合,通过频差倍增把被测信号和参考信号的相位起伏扩大,再通过混频器获得差拍信号,最后用电子计数器在低频下进行多周期测量。

方案四:多周期同步等精度测频法。通过采用预置闸门,用被测信号对预置闸门同步,在实际的同步闸门时间内,同时对被测信号计数得到被测信号整周期计数值。为确定同步闸门时间,需用另一计数器对标准频率计数得到标准频率的计数值,最后,经过公式计算得到其相应的频率值。

方案一在闸门时间确定不变的条件下,被测信号频率值越大,测量误差越小,适合频率较高的信号;方案二的测试精度会受到时标不稳和触发误差的影响;方案三存在计数误差和系统频率信号的误差;方案四具有较高的测量精度,而且在整个频率区域保持恒定的测试精度,满足题目中的各项指标要求,系统频率测量实现方案选择了方案四。

(2) 主控选择方案。

方案一:采用测频集成芯片,如 5G7226B。该集成芯片使用便捷,只需简单的外围电路即可构成一台通用计数器。其直接测频范围为 0～10 MHz,测周范围为 0.5 μs～10 s;有 4 个内部闸门时间(0.01 s,0.1 s,1 s,10 s)可供选择,可以很方便地驱动数码管。

方案二:采用 MCS-51 系列单片机为控制核心,使系统有很大的灵活性。宏晶公司的 STC15 系列拥有较高频率的系统时钟,相比上一代 89C51 已经有很大提升,可以直接用软件实现计数功能。

方案三:采用 FPGA 作为核心。FPGA 极适合用来采集高速数字信号。搭配 Nios 软核,系统设计更加灵活便捷。使用集成开发环境,系统搭建迅速、高效,代码重用性高。此外,片上极其丰富的逻辑资源可以用来构建 VHDL 模块,编程灵活方便。

显然方案一和方案二很难达到要求,所以选用 FPGA 完成任务设计。

(3) 硬件设计方案。

方案一:为满足大频率、小信号的测量要求,利用 OPA695 对输入信号进行一级放大,并提供 1.2 V 的偏置电压,输出 OUT1,同时利用 LT1112 产生 1.2 V 的参考电压,将 OUT1 和参考电压接入 LMM7220 比较器进行比较,产生与输入信号同频率、同相位的方波信号,方波信号接入 FPGA 主控板进行频率测量。

方案二：利用 OPA695 进行多级放大，并在第一级输入、第二级输入和输出接入钳位二极管，将第三级输出接入 FPGA 主控板 LVDS 差分输入端口进行频率测量。

方案三：利用 OPA695 对输入信号做一级放大，后接入 MC10116 整形电路进行信号调整，将调整后的信号直接接入 FPGA 主控板进行频率测量。同时增加一路由 LM324 及其他元件构成的低频信号放大电路测量低频信号的频率，以满足题目对于误差的要求。

方案一中需要提供精准的 1.2 V 参考电压，计算烦琐，实际操作困难；方案二中 LVDS 对于信号的幅值有较高的要求，同时低频性能很差无法达到题目要求；方案三可以输出较稳定的信号，能够很好地达到各项指标。故选择方案三。

2. 系统结构

为满足高速测量和良好人机交互的需求，系统以 FPGA 为主控，搭载 Nios 平台，配合高速子模块和子 CPU 完成信号频率、周期、占空比和时间间隔测量任务。图 38-1 所示为系统结构框图。

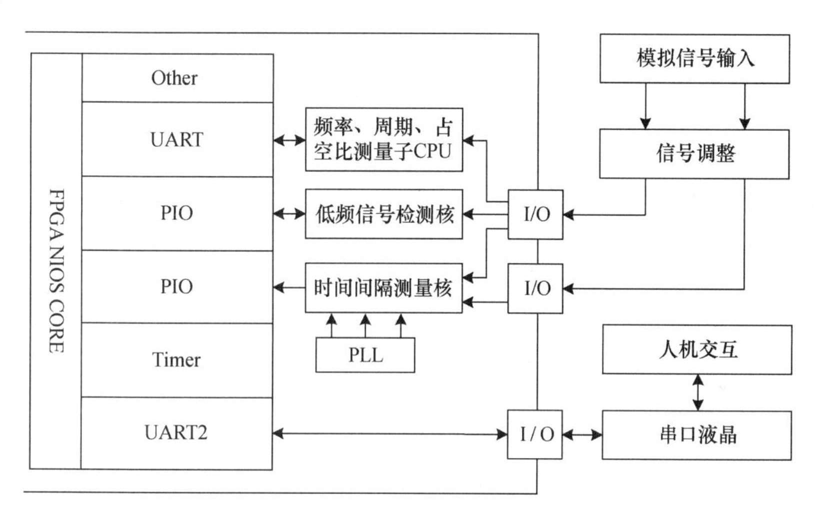

图 38-1　系统结构框图

为满足 10 mV～1 V 的有效值范围，模拟信号通过信号调整后输入 FPGA，在 FPGA 内部固化了由 VHDL 综合的高速数字信号采集模块和主 CPU。数字处理模块包括一个可以测量信号频率、周期、占空比的子 CPU，一个可以测量两个通道时间间隔的模块和一个帮助提高低频测量精度的模块。子 CPU 与主 CPU 通过串口通信传递命令和数据，其余两个模块功能较为简单。为了节省资源，减小系统复杂度和提高效率，直接使用 PIO 做数据线和控制线进行数据交互。

Nios 主 CPU 是系统的核心单元，负责整个频率计的系统控制和人机交互，所以在控制上，采用定时器中断和串口中断，提高系统的响应速度和可靠性。除了上述功能外，CPU 还需要处理子模块和子 CPU 返回的采集数据，包括异常值剔除、输出格式转换、优选采集方案等。

此外，系统使用串口触摸屏完成数据显示和人机交互功能。串口屏支持一个独立的图形化的交叉编译环境，在该环境中可以设置显示单元和按键单元，并生成一一对应的控件名称。完成所需的固件并烧录后，可以通过串口发送命令完成数据显示，触摸按键位置，屏幕会向 Nios 内核发送对应的消息，完成交互功能。

3. 理论分析与计算

(1) 宽带通道放大器分析。

根据频率测量的正弦波频率范围为 1 Hz ~ 100 MHz，被测信号有效值电压范围为 50 mV ~1 V，测量相对误差的绝对值不大于 0.01%，与此同时，被测信号电压值需要放大到 FPGA 主控板能够识别的电压幅值，因此需要选择一款带宽大于 100 MHz 的高速放大器。OPA695 是一款低功耗、电流反馈放大器，可在 +5 V 单电源下工作，能够以 2500 V/usec 的转换率提供 1.4 GHz 的带宽，完全满足对 100 MHz 带宽内信号进行电压放大的要求，因此选择 OPA695 作为宽带通道放大器。

(2) 提高仪器灵敏度的措施——三时钟时间间隔测量。

FPGA 实验板板载晶振频率为 50 MHz，可以通过 PLL 倍频以提高精度。理论上，为了达到指标(分辨率 1 ns)，需要 1000 MHz 的时钟，但是当钟达到 500 MHz 左右时，就会产生很多毛刺，使得内核工作异常，所以必须提出一种以低频时钟抓获高频信号的方案。

本实验提出一种三时钟相位互补双边沿触发的方式，可以使用三路 200 MHz 的时钟做到 1200 MHz 的采样率。

具体实现方法如图 38-2 所示，三个时钟相位各差 120°，使得在原先的一个时钟周期中出现 3 个上升沿、3 个下降沿共 6 个边沿信号。检测时间间隔时，高速信号采集模块会在信号 1 的上升沿至信号 2 的上升沿间将模块内标志位置 1。标志位置 1 之后，每有时钟信号边沿到来都会令内部计数器加 1，直到标志位由于信号 2 的上升沿被置 0。之后计数器的计数值会由主 CPU 读取，并送来复位信号，继续进行计数操作。

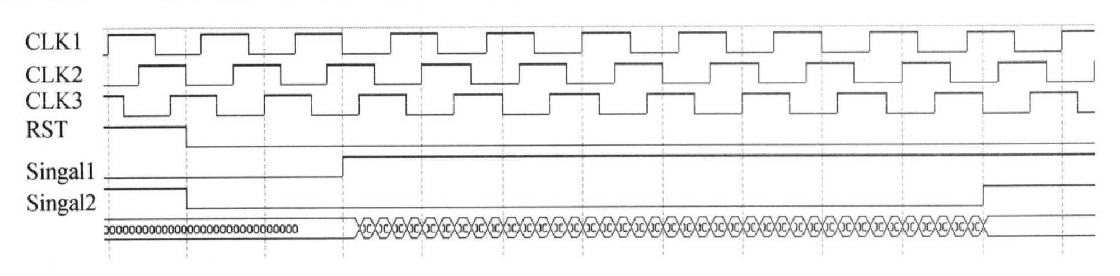

图 38-2 三时钟相位互补仿真图

(3) 等精度测量。

① 等精度测量的优势。等精度测量的一个最大的特点是测量的实际门控时间不是一个固定值，而是一个与被测信号有关的值，且是被测信号的整数倍，即与被测信号同步。因此，避免了对被测信号计数所产生的 ±1 个字误差，并且达到了在整个测试频段的等精度测量。在计数允许的时间内，同时对标准信号和被测信号进行计数，再通过数学公式推导出被测信号的频率。

② 具体实现。等精度测量的时序图如图 38-3 所示，以被测信号 TCLK 的上升沿作为开启闸门和关闭闸门的驱动信号。只有被测信号的上升沿才将预置闸门的状态锁存，因此在实际闸门 Tc 内被测信号的个数就能保证整数个周期，这样就避免被测信号的 ±1 的误差。但此操作会产生高频的标准频率信号 BCLK 的 ±1 周期误差，由于标准频率 BCLK 的频率远高于被测信号，因此所产生的 ±1 周期误差对测量精度的影响有限，可以大大提高测量精度。

本实验选择预置闸门信号的时间长度为 1 s。测量时，由 FPGA 产生预置闸门信号，启动 FPGA 内的两个计数器，分别对应被测信号和基准信号计数。首先给出闸门开启信号(预置闸门上升沿)，此时计数器并不会马上开始计数，而是等到被测信号的上升沿到来时，计数器才真正开始计数。然后预置闸门关闭信号(下降沿)到来时，计数器并不立即停止计数，而是等到被测信号的上升沿到来时才结束计数，完成一次测量过程。

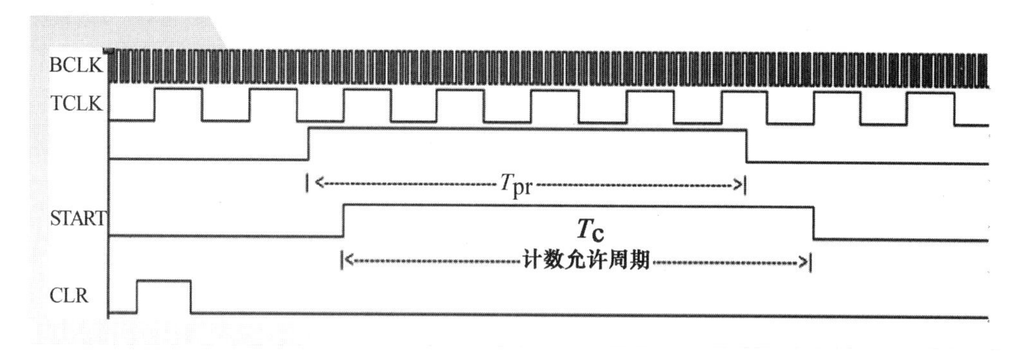

图 38-3　等精度测量时序图

③ 误差分析。若被测频率为f_x，设其真实值为f_t，在一次测量中，计数的启停是由被测频率的上升沿决定的，因此在T时间内对被测信号的脉冲个数N_x的计数是无误差的。而在此时间内对标准信号脉冲个数N_0的计数与N_x的值最多相差一个脉冲，即$\Delta N \leqslant 1$，则可得到：$f_t/N_x = f_0/(N_0+\Delta N)$。又因为$\Delta f_t/f_t=(f_t-f_x)/f_t$，所以可得：$\Delta f_t/f_t=\Delta N/N_0$。又因为$\Delta N \leqslant 1$，所以$\Delta f_t/f_t \leqslant 1/N_0$，而$N_0=T\times f_0$。因此可得出结论：标准频率越大，误差越小。

4. 主要电路设计

(1) OPA695 放大电路。

放大电路如图 38-4 所示，电路增益由 R1 和 R2 决定，1N4148 二极管起到保护电路的作用。

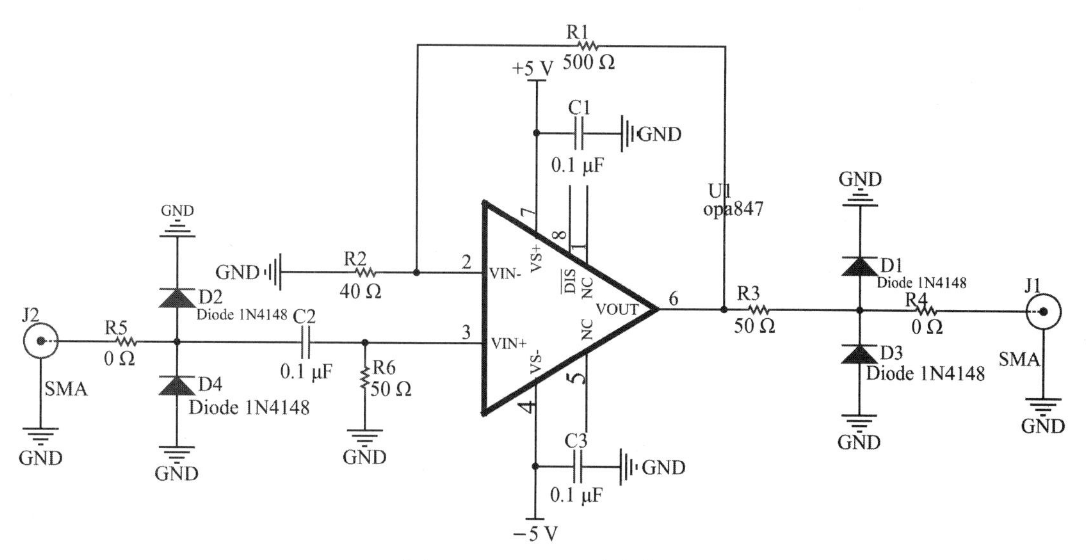

图 38-4　OPA695 放大电路

(2) 后级信号处理电路。

① 2N5485 与 5771 调理电路：对信号进行衰减、跟随，扩展电路的频带宽度。

② MC10116 整形电路：把经过滤波的正弦波信号转换为方波。

③ 5771：提供直流偏置，驱动输出。

MC10116 整形电路如图 38-5 所示。

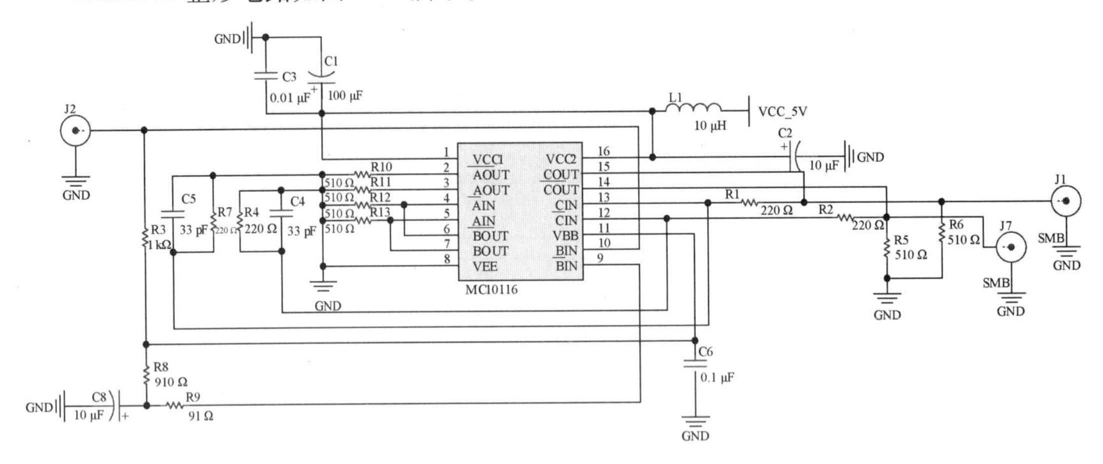

图 38-5　MC10116 整形电路

5. 主要程序设计

本设计中，以 FPGA 为核心，以 VHDL 语言搭建不同的模块，进行频率、周期、占空比的测量，C51 单片机主要完成人机交互的功能。

(1) 频率测量模块，如图 38-6 所示。

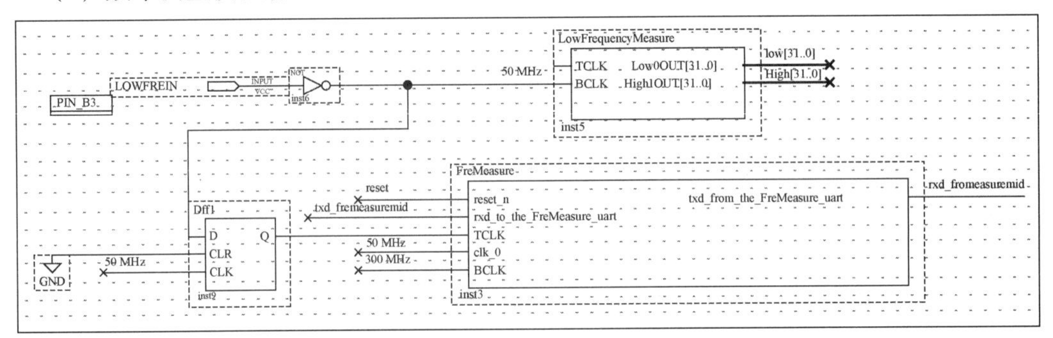

图 38-6　频率测量模块图

(2) 三时钟时间间隔测量模块，如图 38-7 所示。

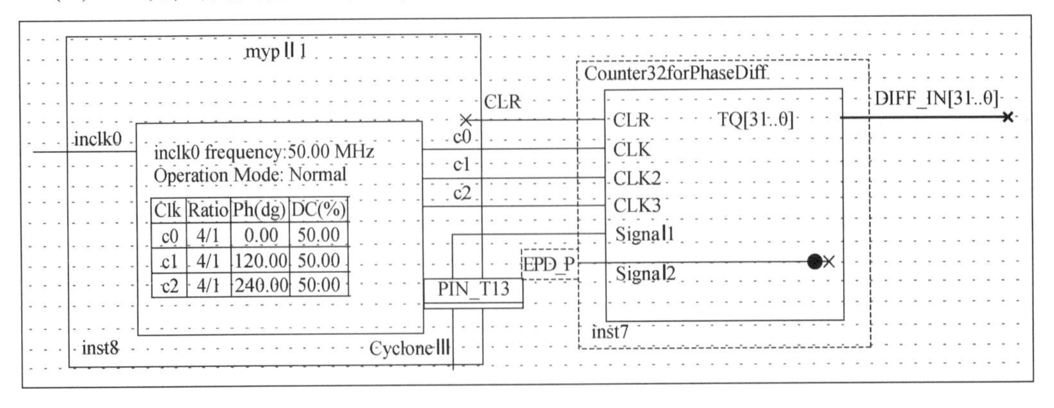

图 38-7　三时钟时间间隔测量模块图

Counter32forPhaseDiff 模块中代码为：

```
LIBRARY IEEE;
USE IEEE.STD_LOGIC_1164.ALL;
USE IEEE.STD_LOGIC_UNSIGNED.ALL;
    ENTITY Counter32forPhaseDiff IS
    PORT(CLR,CLK,CLK2,CLK3: IN STD_LOGIC;
          Signal1,Signal2: IN STD_LOGIC;
          TQ: OUT STD_LOGIC_VECTOR(31 DOWNTO 0));
    END;
    ARCHITECTURE BEV1 OF Counter32forPhaseDiff IS
          SIGNAL TQtmp1,TQtmp2,TQtmp: STD_LOGIC: ='0';
          SIGNAL Temp1,Temp2,Temp3,Temp4,Temp5,Temp6: STD_LOGIC_
          VECTOR(31 DOWNTO 0): = (OTHERS =>'0');
    BEGIN
          PROCESS(CLR,Signal1)
          BEGIN
              IF CLR ='1' THEN
                TQtmp1 <='0';
              ELSIF Signal1'EVENT AND Signal1 ='1' THEN
                TQtmp1 <='1';
              END IF;
          END PROCESS;

          PROCESS(CLR,Signal2)
          BEGIN
              IF CLR ='1' THEN
                TQtmp2 <='0';
              ELSIF Signal2'EVENT AND Signal2 ='1' THEN
                TQtmp2 <='1';
              END IF;
          END PROCESS;

          TQtmp <= TQtmp1 AND (NOT TQtmp2);

          PROCESS(CLR,CLK)
          BEGIN
              IF CLR ='1' THEN
                Temp1 <= (OTHERS =>'0');
              ELSIF CLK'EVENT AND CLK ='1' THEN
```

```
      IF TQtmp ='1' THEN
      Temp1 <=Temp1 +1;
      END IF;
    END IF;
END PROCESS;
PROCESS(CLR,CLK)
BEGIN
    IF CLR ='1' THEN
      Temp2 <= (OTHERS =>'0');
    ELSIF CLK'EVENT AND CLK ='0' THEN
      IF TQtmp ='1' THEN
      Temp2 <=Temp2 +1;
      END IF;
    END IF;
END PROCESS;
PROCESS(CLR,CLK2)
BEGIN
    IF CLR ='1' THEN
      Temp3 <= (OTHERS =>'0');
    ELSIF CLK2'EVENT AND CLK2 ='1' THEN
      IF TQtmp ='1' THEN
      Temp3 <=Temp3 +1;
      END IF;
    END IF;
END PROCESS;
PROCESS(CLR,CLK2)
BEGIN
  IF CLR ='1' THEN
    Temp4 <= (OTHERS =>'0');
  ELSIF CLK2'EVENT AND CLK2 ='0' THEN
    IF TQtmp ='1' THEN
    Temp4 <=Temp4 +1;
    END IF;
  END IF;
END PROCESS;
PROCESS(CLR,CLK3)
BEGIN
    IF CLR ='1' THEN
      Temp5 <= (OTHERS =>'0');
```

```
        ELSIF CLK3'EVENT AND CLK3 ='1' THEN
            IF TQtmp ='1' THEN
            Temp5 <=Temp5 +1;
            END IF;
        END IF;
    END PROCESS;
    PROCESS(CLR,CLK3)
    BEGIN
        IF CLR ='1' THEN
            Temp6 <= (OTHERS =>'0');
        ELSIF CLK3'EVENT AND CLK3 ='0' THEN
            IF TQtmp ='1' THEN
            Temp6 <=Temp6 +1;
            END IF;
        END IF;
    END PROCESS;
    TQ <=Temp1 +Temp2 +Temp3 +Temp4 +Temp5 +Temp6;
END;
```

（3）C51 单片机主要代码。

```
#include <reg51.h>
#include <stdio.h>
#include "Lcd12864.h"
#include "key.h"

sbit int0 =P3^2;
unsigned char flag =0;
unsigned char MODE;
unsigned char count =0;

unsigned char code Lcd_char1[] ="frequency meter";
unsigned char code Lcd_char2[] ="1 sin wave";
unsigned char code Lcd_char3[] ="2 squ wave";
unsigned char code Lcd_char4[] ="3 rec wave";

unsigned char ReceiveData[20] ="";
unsigned char AllDisplayData[20] ="";
unsigned char ReceiveGoing =0;
unsigned char ReceiveNum =0;
```

```
void Init_Com(void);
void SerialSend(unsigned char);
/********************* 串口中断子程序 ***************/
void serial ()interrupt 4 using 1
{
  unsigned char ch;
  unsigned char i;
  EA = 0;
  ch = SBUF;
    if(RI)
    {
      RI = 0;
        if(ch=='\t')
        {
          for(i = 0;i <14;i ++)
          {
            ReceiveData[i] ='';
          }
          ReceiveNum = 0;
        }
        else if(ch=='\n')
            ReceiveGoing = 0;
        else
        {
            ReceiveData[ReceiveNum] = ch;
            ReceiveNum ++;
        }
    }
  EA = 1;
}

/****************************** 主程序 ******************************/
void main()
{
  unsigned char key;
  MODE = 0;
  Lcd_Reset();/* LCD 初始化 */
  Lcd_Clear(0);
  Lcd_WriteStr(0,0,Lcd_char1);
```

```
Lcd_WriteStr(0,1,Lcd_char2);
Lcd_WriteStr(0,2,Lcd_char3);
Lcd_WriteStr(0,3,Lcd_char4);
Init_Com();  /*初始化串口及 T0 */
P1 = P1&0x0f;
EA =1;
while(1)
{
/****************** 方式 0-开机菜单显示 ******************/
key = Key_Scan();
switch(key)
{
  case 1: TR0 =0;
          MODE =1;
          Lcd_Reset();/* LCD 初始化 */
          Lcd_Clear(0);
          Lcd_WriteStr(0,0,"f =");
          Lcd_WriteStr(0,1,"T =");
          Lcd_WriteStr(0,3,"sin wave measure");
          TR0 =1;
          break;
  case 2: TR0 =0;
          MODE =2;
          Lcd_Reset();/* LCD 初始化 */
          Lcd_Clear(0);
          Lcd_WriteStr(0,0,"f =");
          Lcd_WriteStr(0,1,"T =");
          Lcd_WriteStr(0,2,"I =");
          Lcd_WriteStr(0,3,"squ wave measure");
          TR0 =1;
          break;
  case 3: TR0 =0;
          MODE =3;
          Lcd_Reset();/* LCD 初始化 */
          Lcd_Clear(0);
          Lcd_WriteStr(0,0,"f =");
          Lcd_WriteStr(0,1,"T =");
          Lcd_WriteStr(0,2,"D =");
          Lcd_WriteStr(0,3,"rec wave measure");
```

```
            TR0 =1;
            break;
         default: break;
      }
    }
  }
/************** 串口和 T0 初始化子程序 ********************/
void Init_Com()
{
  TMOD =0x21;      /* 定时/计数器 1 工作方式为方式 2:8 位自动重装;T0 工作
                   方式 1 */
  TH1 =0xfd;       /* 波特率位 9600 */
  TL1 =0xfd;
  PCON =0x00;      /* 波特率不增倍 */
  TR1 =1;          /* T1 运行控制位 */
  SCON =0x50;      /* 串行口工作方式为方式 1,允许串口接收位置一 */
  PS =1;
  TL0 =0x00;       /* 设置定时初值 */
  TH0 =0x4c;       /* 设置定时初值 */
  TR0 =1;
  ET0 =1;          /* 定时器 T0 中断允许 */
}
/****************** 串口发送数据子程序 ******************/
void SerialSend(unsigned char dat)
{
    SBUF =dat;
    while(TI==0);
    TI =0;
}
/****************** T0 中断子程序 *********************/
void Timer_T0()interrupt 1
{
      TL0 =0x00;        //设置定时初值
      TH0 =0x4c;        //设置定时初值
      count =count +1;
      if(count ==10)
      {
          count =0;
          /******************* 方式 1-正弦波测量 ***************/
          if(MODE ==1)
```

```
{
  ES =1;
  ReceiveGoing =1;
  SerialSend(0xff);
  while(ReceiveGoing);
  ES =0;
  sprintf(AllDisplayData,"f =%s",ReceiveData);
  Lcd_WriteStr(0,0,AllDisplayData);        //显示频率

  ES =1;
  ReceiveGoing =1;
  SerialSend(0xfe);
  while(ReceiveGoing);
  ES =0;
  sprintf(AllDisplayData,"T =%s",ReceiveData);
  Lcd_WriteStr(0,1,AllDisplayData);        //显示周期
}
/******************** 方式2-方波测量 ********************/
if(MODE ==2)
{
    ES =1;
    ReceiveGoing =1;
    SerialSend(0xff);
    while(ReceiveGoing);
    ES =0;
    sprintf(AllDisplayData,"f =%s",ReceiveData);
    Lcd_WriteStr(0,0,AllDisplayData);     //显示频率
    ES =1;
    ReceiveGoing =1;
    SerialSend(0xfe);
    while(ReceiveGoing);
    ES =0;
    sprintf(AllDisplayData,"T =%s",ReceiveData);
    Lcd_WriteStr(0,1,AllDisplayData);     //显示周期
    ES =1;
    ReceiveGoing =1;
    SerialSend(0xfc);
    while(ReceiveGoing);
    ES =0;
```

```
            sprintf(AllDisplayData,"I =%s",ReceiveData);
            Lcd_WriteStr(0,2,AllDisplayData);//显示时间间隔
        }
        /******************** 方式3-矩形波测量 ***********************/
        if(MODE == 3)
        {
          ES =1;
          ReceiveGoing =1;
          SerialSend(0xff);
          while(ReceiveGoing);
          ES =0;
          sprintf(AllDisplayData,"f =%s",ReceiveData);
          Lcd_WriteStr(0,0,AllDisplayData);        //显示频率
          ES =1;
          ReceiveGoing =1;
          SerialSend(0xfe);
          while(ReceiveGoing);
          ES =0;
          sprintf(AllDisplayData,"T =%s",ReceiveData);
          Lcd_WriteStr(0,1,AllDisplayData);        //显示周期
          ES =1;
          ReceiveGoing =1;
          SerialSend(0xfd);
          while(ReceiveGoing);
          ES =0;
          sprintf(AllDisplayData,"D =%s",ReceiveData);
          Lcd_WriteStr(0,2,AllDisplayData);      //显示占空比
      }
    }
```

38.4 实验小结

本实验以全国大学生电子设计竞赛题目为背景，以 FPGA + C51 单片机的方案达到了题目的测量和指标要求，难度较大，重点分析了等精度测量的原理，以及其在本实验中的重要用途。通过综合运用 Quartus Ⅱ、Nios II 软件和 C51 单片机在实践项目中的设计与具体实现，提升了运用 FPGA 和单片机解决问题的能力。

参 考 文 献

[1] 汤书森,张北斗,安红心,等.嵌入式 FPGA/SoPC 技术实验与实践教程[M].北京:清华大学出版社,2011.

[2] 赫建国,倪德克,郑燕.基于 Nios Ⅱ内核的 FPGA 电路系统设计[M].北京:电子工业出版社,2010.

[3] 潘松,黄继业,曾毓.SOPC 技术实用教程[M].北京:清华大学出版社,2005.

[4] 潘松,黄继业.EDA 技术与 VHDL[M].5 版.北京:清华大学出版社,2017.

[5] 刘福奇.FPGA 嵌入式项目开发实战[M].北京:电子工业出版社,2009.

[6] 王金明.数字系统设计与 Verilog HDL[M].5 版.北京:电子工业出版社,2014.

[7] 王旭东,靳雁霞.MATLAB 及其在 FPGA 中的应用[M].2 版.北京:国防工业出版社,2008.

[8] 周润景,李志,刘艳珍.基于 Quartus Prime 的 FPGA/CPLD 数字系统设计实例[M].3 版.北京:电子工业出版社,2016.

[9] 郑亚民,董晓舟.可编程逻辑器件开发软件 Quartus Ⅱ[M].北京:国防工业出版社,2006.

[10] 李秀霞,李兴保,王心水.电子系统 EDA 设计实训[M].北京:北京航空航天大学出版社,2011.

[11] 刘福奇.基于 VHDL 的 FPGA 和 Nios Ⅱ实例精炼[M].北京:北京航空航天大学出版社,2011.

[12] 王道宪.CPLD/FPGA 可编程逻辑器件应用与开发[M].北京:国防工业出版社,2004.

[13] 王刚,张潋.基于 FPGA 的 SOPC 嵌入式系统设计与典型实例[M].北京:电子工业出版社,2009.

[14] 周立功.SOPC 嵌入式系统基础教程[M].北京:北京航空航天大学出版社,2006.

[15] 林明权.VHDL 数字控制系统设计范例[M].北京:电子工业出版社,2003.

[16] 蔡杏山,蔡玉山.新编 51 单片机 C 语言教程:从入门到精通实例详解全攻略[M].北京:电子工业出版社,2017.

[17] 姜志海,赵艳雷,陈松.单片机的 C 语言程序设计与应用——基于 Proteus 仿真[M].2 版.北京:电子工业出版社,2011.

[18] 刘同法,肖志刚,彭继卫.C51 单片机 C 程序模板与应用工程实践[M].北京:北京航空航天大学出版社,2010.

[19] 孙育才,王荣兴,孙华芳.ATMEL 新型 AT89S52 系列单片机及其应用[M].北京:清华大学出版社,2005.

[20] 郭天祥.新概念 51 单片机 C 语言教程:入门、提高、开发、拓展全攻略[M].2 版.北京:电子工业出版社,2018.

[21] 丁元杰.单片微机原理及应用[M].3版.北京：机械工业出版社,2011.
[22] 马忠梅,籍顺心,张凯,等.单片机的C语言应用程序设计[M].3版.北京：北京航空航天大学出版社,2003.
[23] 戴佳,戴卫恒.51单片机C语言应用程序设计实例精讲[M].北京：电子工业出版社,2006.
[24] 李勋,刘源,李静东,等.单片机实用教程[M].2版.北京：北京航空航天大学出版社,2006.